I0874760

Naturkräfte.

Vierzehnter Band.

Das

Mikroskop

und

seine Anwendung.

Von

Dr. Friedrich Merkel,
Professor an der Universität Rostock.

Mit 132 Holzschnitten.

München.
Druck und Verlag von R. Oldenbourg.
1875.

Vorwort.

Beim Ueberdenken der Aufgabe, welche ich mir durch den Entschluß stellte, ein „populäres" Buch über das Mikroskop zu schreiben, konnte es mir nicht zweifelhaft sein, daß nur zwei Wege zu deren Lösung führten. Entweder trat ich in die Fußtapfen der vielen schon existirenden Bücher über „die Wunder der unsichtbaren Welt", welche dem Leser ein Kaleidoskop von allerlei bunten und zierlichen, verwunderlichen und ungeheuerlichen Gestalten vorführen und also eine Art von mikroskopischer Tausend-und-eine-Nacht darstellen, — oder ich versuchte es, an der Hand der geschichtlichen und wissenschaftlichen Thatsachen ein Bild des Instrumentes und seiner Leistungen zu entrollen, welches den Leser weniger unterhält als belehrt. Daß ich vor einer solchen Alternative nicht überlegend stehen blieb, sondern unbedenklich für die zweite Art der Behandlung des Stoffes entschied, bedarf keiner Erörterung.

Ein Werk aber, welches darauf berechnet ist, sein Publikum unter solchen Gebildeten zu finden, welche die mikroskopische Forschung mehr vom Hörensagen, als aus eigener Anschauung kennen, durfte sich nicht damit begnügen, die Thatsachen selbst zu bringen, sondern mußte sich angelegen sein lassen, dem Leser in steter kritischer Sichtung und Beleuchtung einen Führer mitzugeben, welcher ihn durch das Labyrinth der ungewohnten Dinge und Eindrücke hindurch sicher auf die Höhe leitet, von welcher aus er dann selbst abwägend die Bedeutung des behandelten Wissensgebietes überschaut.

Das so entstandene Buch hat sich deßhalb durch seine Behandlung nach zwei Richtungen brauchbar gestaltet. Einmal wird es dem gebildeten Laien überhaupt eine Anschauung von der mikroskopischen Arbeit geben, und dann wird es dem Studirenden der Naturwissenschaften, bevor er seine mikroskopischen Beobachtungen beginnt, ein Hilfsmittel sein können, welches seine Bekanntschaft mit dem bisher ferne stehenden Instrumente vermittelt und die Einarbeitung in die ihm neue Forschungsmethode erleichtert.

Das vorliegende Werkchen ist deßhalb, weil es auch ernsteren Studien dienen soll, nicht etwa aus einigen vorhandenen Schriften zusammengetragen, sondern muß den Namen eines Originalwerkes in Anspruch nehmen. Die im geschichtlichen Theile befindlichen Abbildungen sind sämmtlich, soweit es überhaupt heute, wo so viele alte literarische Schätze schon unwiederbringlich verloren sind, noch möglich ist, nach photographischen Aufnahmen der Originalabbildungen in Holz geschnitten, und ein Blick in das am Schlusse angehängte Literaturverzeichniß wird dem Leser sagen, daß es mir gelungen ist, auch sehr seltene Werke zur Benützung herbeizuschaffen. —

Wenn es nun zwar mein Bestreben war, dem Leser ein ganz mir selbst eigenes Buch vorzulegen, so ist dies natürlich nur bis zu einem gewissen Grade durchführbar. Bei der Besprechung der Theorie des Mikroskopes, wo zumeist nur durchaus feststehende Sätze zu reproduciren waren, mußte ich oft auf Literaturangaben stoßen, die dasjenige, was zu sagen war, in der klarsten Weise ausdrückten. So ist besonders das klassische Werk von Harting geradezu unübertrefflich. Auch Mohl, Dippel u. a. haben oft genug vorzügliche Auseinandersetzungen gegeben. Wo ich also auf Sätze stieß, welche den zu behandelnden Gegenstand so klar und erschöpfend darstellten, daß ich glaubte, eine Verbesserung nicht mehr vornehmen zu können, hielt ich es für ehrlicher, die Worte der Autoren mit Nennung derselben auch ungeschmälert wiederzugeben, als wenn ich sie durch einige stilistische Veränderungen dem wahren Eigenthümer entfremdet und mir selbst nicht zu eigen gemacht hätte.

Da die Mikroskopie keine eigene Wissenschaft, sondern nur eine Präparations- und Forschungsmethode ist, welche vielen naturwissenschaftlichen Disciplinen gemeinsam zukommt, so war es nöthig, Streifzüge auf alle möglichen Gebiete zu unternehmen. Da nun aber der Verfasser ebenso wenig, wie irgend ein anderer Forscher der heutigen specialisirenden Wissenschaft, alle die verschiedenen Disciplinen, welche sich des Mikroskopes bedienen, völlig beherrscht, so ist zu befürchten, daß trotz allen Strebens nach Unpartheilichkeit, doch vielleicht gar oft die individuelle Färbung der Thierhistologie zu sehr in den Vordergrund tritt. Möge der freundliche Leser mit mildem Urtheil über solche Mängel hinwegsehen und möge er trotzdem durch seine Lectüre die Ueberzeugung gewinnen, daß das Mikroskop ein Instrument ist, dem eine universelle Bedeutung zukommt! —

Dies ist der Wunsch, welchen ich meinem Büchlein mit auf den Weg geben möchte.

Rostock, Ostern 1875.

Fr. Merkel.

Inhaltsverzeichniß.

I. Die Lichtbrechung.

Das Auge, eines der schönsten Kunstwerke unseres Organismus, stellt ein optisches Instrument von einer Vollkommenheit dar, wie sie größer nicht gedacht werden kann. Erst in der letzten Zeit hat man künstliche Werkzeuge hergestellt, welche sich dem natürlichen Sehorgane einigermaßen nähern; zu erreichen ist dieses jedoch mit den uns zu Gebote stehenden mechanischen und physikalischen Hilfsmitteln niemals.

So vollkommen das menschliche Auge aber auch ist, so hat es dennoch, wie alle unsere Organe eine begränzte Leistungsfähigkeit. Es werden nur Gegenstände bis zu einer gewissen Größe herab gesehen, was unter derselben liegt, ist auch dem schärfsten Auge nicht mehr wahrnehmbar.

Um diese Thatsache vollkommen klar zu legen, ist es jedoch geboten, erst mit einigen Worten der Art und Weise zu gedenken, wie überhaupt in unserem Auge ein Bild zu Stande kommt.

Die empfindende Nervenfläche, welche sich aus dem in das Auge eintretenden Sehnerven (Fig. 1 o) entwickelt, ist eine Membran, welche im Hintergrunde des Auges liegt (Fig. 1 n). Man nennt sie „Netzhaut“, lat. **Retina**. Auf ihr werden die von außen her kommenden Strahlen vereinigt, um sich in Nervenschwingungen umzusetzen und

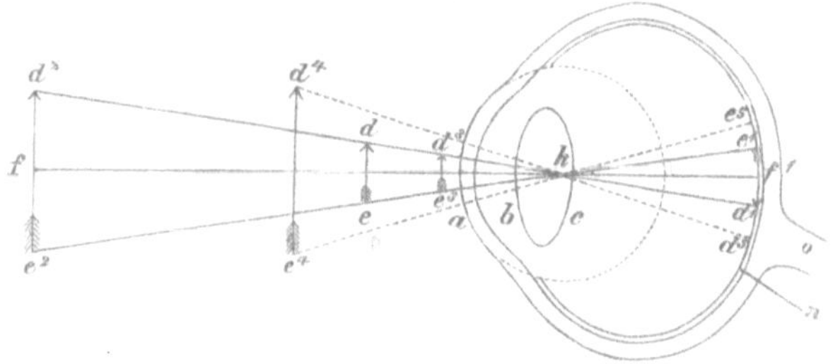

Fig. 1. Schema des menschlichen Auges.

o Eintretender Sehnerve. n Empfindende Nervenfläche (Netzhant). bc Crystalllinse. a Hornhaut, vordere Fläche. d—e (2—4) Gegenstände, von welchen ausgehend, Strahlen in's Innere des Auges fallen. k Kreuzungspunkt der Strahlen. d^1—e^1, d^5—e^5, auf der Netzhaut entworfene Bilder. f—f^1 Augenaxe und deren Verlängerung.

durch den Sehnerven in das Gehirn geleitet zu werden. Zur Erreichung dieses Zweckes sind im Vordergrunde des Augapfels drei das Licht brechende Flächen angebracht, welche die einfallenden Strahlen in der Art sammeln, daß sie möglichst concentrirt die empfindende Nervenhaut erreichen. Die beiden Flächen b und c, die der Krystalllinse angehören, wollen wir hier zur Vereinfachung der Darstellung als nicht vorhanden betrachten, und wollen nur die Fläche a, welche die in der Augenöffnung frei sichtbare Hornhautoberfläche ist, berücksichtigen.

Fallen auf solche halbkugelige Flächen, wie die Hornhaut, Lichtstrahlen auf, so werden nach den Gesetzen der Optik nur diejenigen, ohne eine Brechung zu erleiden, durchtreten, welche in ihrer Verlängerung gerade durch den

Mittelpunkt der Kugel gehen, von welcher die Hornhaut einen Theil darstellt, und die in Fig. 1 mit einer unterbrochenen Linie angedeutet ist. Dieser Mittelpunkt, in welchem sich die einfallenden Strahlen, wie aus der Zeichnung hervorgeht, sämmtlich schneiden, (k) wird „Knotenpunkt" genannt.

Alle übrigen Strahlen, welche nicht, wie die beschriebenen, senkrecht auf die Oberfläche der Hornhaut treffen, werden gebrochen, das heißt, sie schlagen eine andere Richtung ein, als die bisherige. Von diesen Strahlen soll später die Rede sein, für jetzt aber werden sie als nicht vorhanden betrachtet und es sind in der Fig. 1 nur einige der ohne Brechung die Hornhaut passirenden Strahlen — man nennt sie „Richtungslinien" — gezeichnet.

Der Pfeil d — e sei ein Gegenstand, der in gewisser Entfernung vor dem Auge steht und betrachtet wird. Es gehen von allen seinen Theilen Lichtstrahlen aus, welche durch die Hornhaut durch ins Innere des Auges hineinfallen. In der Figur sind nun die beiden äußersten geradlinig durch die Hornhaut durchfallenden Strahlen ausgezogen. Dieselben treffen in dem Knotenpunkte (k) zusammen, schneiden sich und gehen dann weiter, bis sie in d' — e' die empfindende Nervenhaut erreicht haben, wo sie nun natürlich das Bild des betrachteten Gegenstandes entwerfen. Ein Blick auf die Fig. 1 beweist freilich, daß das Bild ein umgekehrtes ist, daß wir folglich die ganze Welt auf dem Kopfe stehend sehen, doch genirt uns das wenig, da wir, unterstützt durch die übrigen Sinne, gar leicht ergründen, daß wir jedes Bild im Geiste umdrehen müssen, um es richtig zu sehen. Und was die Uebung und Gewohnheit im Leben der organischen Welt thut, davon haben wir erst durch die Forschungen der letzten Jahrzehnte einen annähernden Begriff erhalten. Wer weiß denn, ob nicht wirklich neugeborene Kinder alles auf dem Kopfe stehend erblicken?

Bei der Entwerfung des Bildes auf dem Augenhintergrund kommt es natürlich nur auf die Größe des Winkels e' k d' an, bleibt dieser sich gleich, dann kann der betrachtete Gegenstand so groß oder so klein sein, wie er will, unserem Auge wird er stets gleich groß erscheinen.

Aus der Fig. 1 erhellt, wie dies möglich ist. Der bei d — e gezeichnete Pfeil wird auf dem Augenhintergrunde genau in seiner natürlichen Größe entworfen. Die beiden Pfeile d^2 — e^2 und d^3 — e^3 werden uns eben so groß erscheinen, denn der Winkel e' k d' bleibt ja derselbe. Das Bild lehrt uns, daß man nur nöthig hat, den größeren Pfeil weiter vom Auge weg, den kleineren näher heran zu bringen, um diesen Erfolg zu erzielen. Drückt man diese Erscheinung als ein allgemeines Gesetz aus, dann kann man sagen: Alle Körper, deren Endpunkte die Linien k — d und k — e oder deren Verlängerung berühren, erscheinen dem Auge gleich groß.

Es ist leicht, dieses aus Fig. 1 resultirende Gesetz auch praktisch zu beweisen. Auf jedem Spaziergange kann man z. B. eine Telegraphenstange ebenso groß erscheinen lassen, wie ein Streichholz. Man braucht nur in die gehörige Entfernung zu treten und das vor das eine Auge gehaltene Streichholz in eine Richtung mit der Telegraphenstange zu bringen, so wird man sehen, daß sich beide vollkommen decken. Es beruht ja auch auf der richtigen Erkenntniß dieses Fundamentalsatzes der größte Theil der Lehre von der Perspective, und es fallen uns die Bilder der mittelalterlichen Maler lächerlich auf, die noch nicht durch die Wissenschaft darüber aufgeklärt waren, daß ein Ding, je weiter es entfernt wird, um so kleiner, je näher es heranrückt, um so größer aussieht.

Um auch den Controllbeweis nicht zu versäumen, wurde auf Fig. 1 der große Pfeil d^2-e^2 näher heran, auf die Stelle d^4-e^4 gerückt. Die unterbrochen ausgezogenen Strahlen d^4-d^5 und e^4-e^5 zeigen, daß jetzt der Pfeil im Augenhintergrund doppelt so groß erscheint als vorher.

In der Optik nennt man nun den Winkel, den die äußersten geraden, durch die Hornhaut durchtretenden Strahlen, welche ein Gegenstand aussendet, bilden, also z. B. in der Fig. 1 den Winkel $d-k-e$, der dieselbe Größe hat, wie der Winkel d^1-k-e^1 den „Sehwinkel", und es geht aus den vorstehenden Zeilen hervor, daß auf seiner Beschaffenheit die Entstehung eines jeden Bildes auf der Nervenhaut beruht. Es kann der Sehwinkel in außerordentlich weiten Gränzen schwanken, aber Gränzen sind eben doch vorhanden. Wird er zu groß, so wissen wir uns sehr gut zu helfen; wir schneiden gleichsam aus dem betrachteten Gegenstand, z. B. einer Landschaft, die wir von einem Berggipfel aus übersehen, mit dem Blick ein Stück heraus, dessen Sehwinkel die richtige Größe hat und entwerfen uns von demselben rasch ein Bild; dann richten wir das Auge auf eine andere Stelle und machen es ebenso, man läßt den Blick über die Gegend „hinschweifen". Aus der Combination aller dieser einzelnen Bilder entwerfen wir uns dann im Geiste das Gesammtbild, welches also nicht wirklich gesehen wird, sondern blos ein Gebilde unserer nach dieser Richtung äußerst entwickelten Phantasie ist.

Auch nach der anderen Seite ist eine Beschränkung der Sehkraft vorhanden. Durch zweckmäßige Beleuchtung des Gegenstandes, z. B. dadurch daß man etwas Weißes auf schwarzen Grund legt und umgekehrt, oder dadurch, daß man kleine Körper günstig beleuchtet und dabei bewegt — ich erinnere nur an die Sonnenstäubchen —, ferner vermittelst einer möglichsten Vergrößerung des Sehwinkels durch Annäherung an das Auge, können wir bei kleinen Dingen viel erreichen, allein endlich will es doch nicht mehr gehen, die Gegenstände sind und bleiben uns unsichtbar. Diese Thatsache hat ihren Grund nicht etwa in dem Sehwinkel, denn dieser ist ja immer noch vorhanden, wenn er auch sehr klein geworden ist, sondern in der Beschaffenheit der empfindenden Fläche, die durch ihre Zusammensetzung die Erkennung von Gegenständen, welche unter einem bestimmten Sehwinkel bleiben, unmöglich macht.

Die Netzhaut ist nämlich nicht durchaus gleichmäßig, sondern sie besteht in dem empfindenden Theil aus lauter mosaikartig dicht neben einander stehenden Stäbchen und zapfenförmigen Säulchen, welche ein Bild entwerfen, das man treffend mit einem Stickmuster vergleicht. In den Figuren 2 und 3 sind sie von der Fläche und von der Seite gesehen abgebildet. So weit man nun jetzt weiß, sind Bilder, welche einen kleineren Sehwinkel haben, als der geringste Durchmesser eines solchen Zapfens beträgt, 0,002 Mm., für unser Auge nicht mehr wahrnehmbar. Doch ist das Aufhören der Sichtbarkeit nicht für alle Gegenstände und auch nicht für alle Augen gleich. Kurzsichtige sehen bekanntlich noch kleinere Dinge als Weitsichtige. Kugelige oder würfelförmige Körper verschwinden dem Auge früher, als fadenförmige, u. s. w. Es können ferner auch Lichtpunkte unsichtbar werden, welche man für gewöhnlich noch sieht, wenn nämlich das Bild gerade zwischen zwei solche zapfenförmige Säulchen hineinfällt. Doch kommt hier dem Auge eine kleine Unvollkommenheit zu Hilfe,

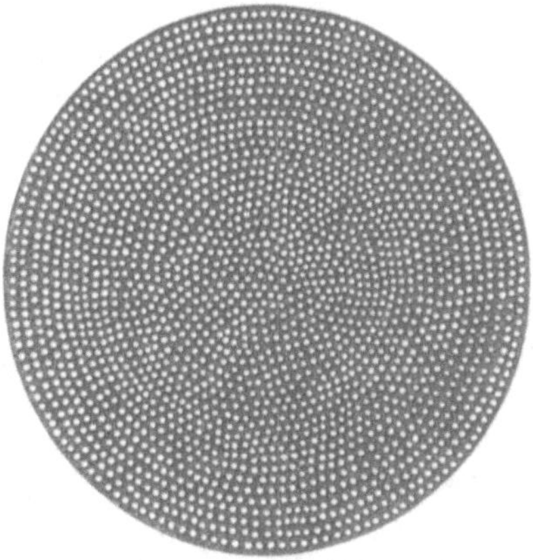

Fig. 2. Centralgrube der menschlichen Netzhaut von der Fläche gesehen. Die hellen Punkte sind die Köpfe der Zapfen.

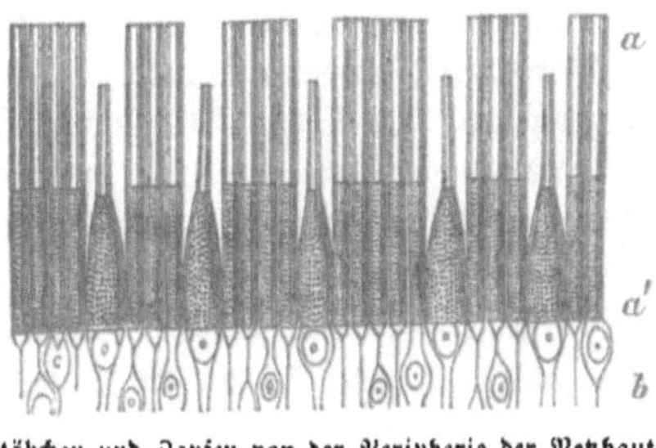

Fig 3. Stäbchen und Zapfen von der Peripherie der Netzhaut im Profil. a-a' Stäbchenschichte. b. Tiefere Netzhautschichten.

nämlich die, daß es absolut nicht ganz unbeweglich gehalten werden kann.

Fixiren wir das Auge noch so starr, so macht es doch stets ganz kleine, unsichtbare Bewegungen, durch die dann ein solches Bild, welches in dem einen Moment zwischen zwei Stäbchen fällt, in einem anderen auf ein solches zu stehen kommt. Als Beispiel kann man hierfür das Flimmern der Sterne anführen, welche unserem unsteten Auge in unregelmäßigen Intervallen zu verschwinden und wieder aufzutauchen scheinen.

Die Verkleinerung des Sehwinkels eines Gegenstandes kann nach dem Vorstehenden aus zwei Gründen unter die Wahrnehmbarkeit herabsinken. Entweder wird der Gegenstand wirklich zu klein oder er ist zu weit entfernt: denn der Sehwinkel wird, wie aus Fig. 1 d^2 k e^2 einerseits und d^4 k e^4 anderseits hervorgeht, immer kleiner, je weiter man einen Körper vom Auge abrückt. Wie instructiv kann man dies an einem Waldsaum beobachten! Zuerst sieht man nur eine dunkle Linie, kommt man näher, dann sondern sich die einzelnen Bäume und zuletzt, wenn man ganz nahe gekommen ist, das heißt, wenn man den Sehwinkel der einzelnen Gegenstände bedeutend vergrößert hat, dann sehen wir erst die Blätter und anderen Details.

Die Vergrößerung des Sehwinkels könnten wir, wie es aus dem Vorstehenden scheinen möchte, durch eine fortwährend gesteigerte Annäherung an das Auge so lange fortsetzen bis der betrachtete Gegenstand die Vorderfläche der Hornhaut berührt. Jedes beliebige ausgeführte Experiment zeigt aber, daß man Dinge, die man dem Auge sehr stark nähert, wohl immer größer, aber auch immer undeutlicher, verschwommener und nebelhafter sieht, bis sie zuletzt entweder ganz unsichtbar werden, oder nur noch als ein unbestimmter Schatten wahrnehmbar sind. Die Thatsache hat ihren Grund in dem Bau des Auges, dessen brechende Flächen die Lichtstrahlen, welche von einem Punkte kommen, nur bei einer gewissen Entfernung des letzteren vom Auge auf der empfindenden Netzhaut concentriren kann. Tritt der Punkt näher, dann divergiren die Lichtstrahlen die von dem Punkte ausgehen so sehr, daß ihre Concentration erst hinter der Netzhaut erfolgen kann; das Bild wird in Folge dessen undeutlich und immer größer und verschwommener, wie es aus Fig. 4 ersichtlich ist, wo ein Punkt an drei verschiedene Stellen gestellt ist. Die von a ausgehenden Strahlen vereinigen sich noch auf der Netzhaut; die von b ausgehenden treffen eine kleinere, die von c ausgehenden eine größere Strecke hinter der Netzhaut zusammen. Der letzte Punkt von dem aus die Strahlen noch in der Netzhaut vereinigt werden, wird „Nähepunkt“ genannt. Er ist nicht bei allen Menschen in gleicher Entfernung vom Auge, sondern zeigt die gleichen individuellen Schwankungen, wie die Augen selbst. Jeder Mensch sucht beim Sehen kleiner Gegenstände immer unbewußt diesen Nähepunkt auf und man unterschied im gewöhnlichen Leben schon früher, als die Wissenschaft die Gründe der Verschiedenheiten der Augen nachgewiesen hatte, weitsichtige und kurzsichtige Personen.

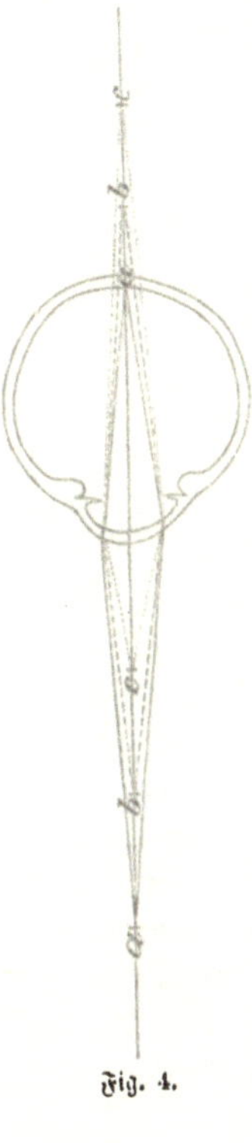

Fig. 4.

Man kann das optische Gesetz des Nähepunktes bequem an Instrumenten prüfen, die einen Gang der Lichtstrahlen zeigen, welcher dem des Auges ähnlich ist, zum Beispiel an einer Laterna magica. Geht man mit einer solchen zu nahe an die weiße Wand, auf welcher das Bild entworfen werden soll, dann bekommt man auch hier ein Bild, in welchem Farben und Linien, wie in einander geflossen erscheinen.

Um die Gränzen des Sehens mit bloßem Auge, deren es also zwei giebt, die Verkleinerung des Sehwinkels und die Ueberschreitung des Nähpunktes, weiter hinauszurücken, bedient man sich der optischen, aus Glas geschliffenen Linsen. Diejenigen Instrumente welche man benützt, um den Sehwinkel sehr weit entfernter Gegenstände zu vergrößern, nennt man bekanntlich „Ferngläser." Sie fallen nicht in den Bereich unserer Betrachtungen.

Diejenigen Linsen, welche den Sehwinkel sehr kleiner Gegenstände vergrößern, welche auch theilweise den Nähepunkt der Gegenstände zu corrigiren im Stande sind, führen den Namen „Vergrößerungsgläser" und sie sollen uns nun beschäftigen.

Der Gang eines Lichtstrahles bleibt in jeder Substanz, welche er durchzieht, zum Beispiel in der Luft oder im Glase sich selbst gleich; er geht stets in der geraden Linie die er einmal eingeschlagen hat, vorwärts. Auch verschiedene Substanzen durchdringt das Licht gleichmäßig, wenn sie den Wellen des Lichtäthers den gleichen Widerstand entgegensetzen. Dies sieht man zum Beispiel am Auge. Die Hornhaut ist, wie der Name sagt, eine Membran; hinter ihr befindet sich bis zur Linse (vergl. Fig. 1) eine Flüssigkeit, die sogenannte wässerige Feuchtigkeit (Humor aqueus). Beide sind in ihrem Aggregatzustande so verschieden wie möglich, aber dennoch werden sie vom Licht durchdrungen als wären sie eine einzige Masse von gleicher Beschaffenheit.

Tritt aber ein Lichtstrahl in ein Medium von einer anderen optischen Dichtigkeit ein, als das bis dahin durchlaufene war, dann ändert er seinen Gang, er erfährt eine Ablenkung, er wird „gebrochen". Aber es geschieht dies nur, wenn der Strahl schief die neue Substanz berührt. Fällt er lothrecht auf deren Oberfläche, so tritt er, ohne eine Brechung zu erleiden, ein, wie dies schon oben p. 2 erwähnt wurde.

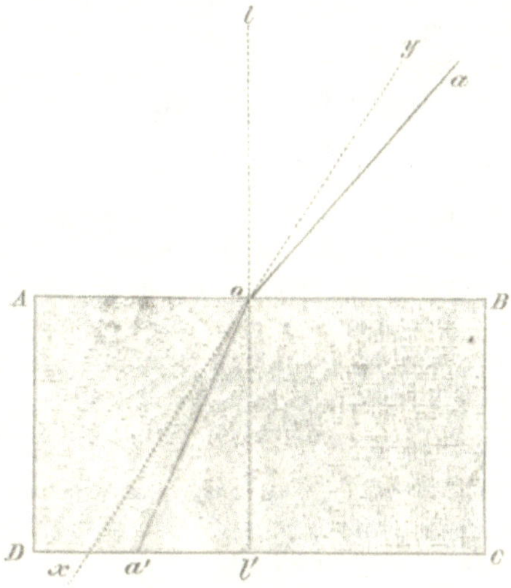

Fig. 5.

In Fig. 5 soll das Viereck A B C D ein Stück Glas bedeuten, während das weiße Papier von dem es umgeben ist, die Luft sein soll. Ein Strahl a kommt durch die Luft nach dem optisch dichteren Glase heran und trifft bei o auf dasselbe. An der Glasfläche A B erfolgt nun die Brechung und der Strahl — welcher, wenn er in der Luft geblieben wäre, nach x weiter gegangen sein würde —, biegt ab und geht nach a' hin. Bei der Brechung der Lichtstrahlen spielt nun aber die senkrechte Linie, welche man auf den Punkt (o) fällen kann, an welchem der Lichtstrahl gebrochen wird, eine große Rolle. Man nennt diese Linie, in Fig. 5 mit l — l bezeichnet, das „Einfallsloth"; und es lehrt uns die Figur bei der Betrachtung das Gesetz, daß der Strahl, wenn er in eine optisch dichtere Substanz übertritt nach dem Einfallsloth zu gebrochen wird und umgekehrt. Der Strahl a tritt in der Fig. 5 aus der optisch weniger dichteren Luft bei o in das dichtere Glas und wird aus der Richtung o — x nach dem Einfallslothe zu in die Richtung o — a' abgelenkt. Dreht man die Sache um, dann wird der Strahl a', der bei o aus dem Glase in die weniger dichte Luft übertritt, aus seiner eigentlichen Richtung o — y vom Einfallsloth weg nach der Richtung o — a gebrochen.

Schon frühzeitig war man zwar auf die Thatsache der Strahlenbrechung aufmerksam geworden, denn es konnte ja Niemanden entgehen, daß zum Beispiel ein Ruder, welches man in klares Wasser hält, wie abgeknickt aussieht.[1])

[1]) Noch hübscher und womöglich noch schlagender für die winkelige Knickung der Lichtstrahlen ist aber ein Experiment, welches man in jeder Minute selbst anstellen kann. Man sieht dabei im wahrsten Sinne des Wortes um die Ecke. Man legt in eine Obertasse ein kleines Geldstück und hält das Auge so, daß die Münze eben hinter dem Rand der Tasse verschwindet. Nun verdrängt man die Luft in der Tasse mit einem stärker lichtbrechenden Medium, z. B. dadurch, daß man Wasser hineingießt; und man wird dann vermöge der Winkelknickung der Strahlen wieder solche, die vom Geldstück ausgehen, ins Auge bekommen, man wird es wieder sehen. (Vergl. Bd. II. der Naturkräfte p. 86.)

Im Alterthum und im Mittelalter wußte man bereits von einer Anzahl von Brechungswinkeln, das eigentliche Brechungsgesetz aber wurde erst im 16. und 17. Jahrhundert entdeckt, nachdem man sich sicher davon überzeugt hatte, daß die Brechung der Lichtstrahlen immer stärker wird, je schiefer sie auf eine plane Fläche auffallen. In Fig. 6, welche dasselbe Stück Glas bedeuten soll, wie Fig. 5, ist neben dem Strahl a — o — a' ein zweiter b—o—b' gezeichnet,

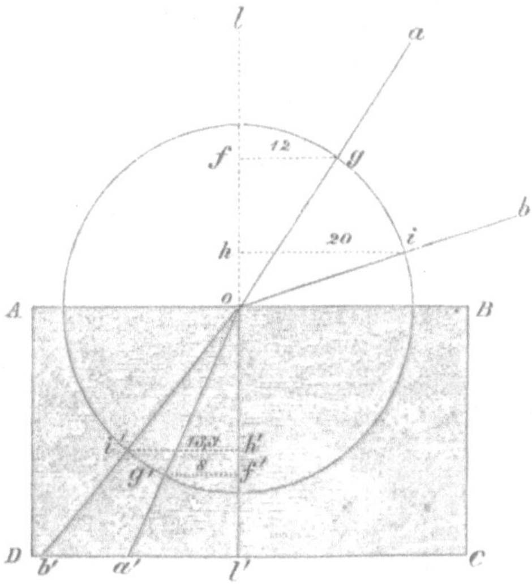

Fig. 6.

und man sieht auf den ersten Blick, daß die zweite Linie b — o — b' weit stärker geknickt ist, als die erste a — o — a'. Auch für die Erklärung dieser Thatsache ist wieder das Einfallsloth von hervorragender Wichtigkeit, indem eine senkrechte Linie, welche man von einem gegebenen Punkte des ungebrochenen Strahles zu dem Einfallsloth zieht (Fig. 6 g—f), in einem ganz bestimmten Verhältniß zu einer gleichen Linie steht, welche zwischen correspondirende Stellen des gebrochenen Strahles und des Einfallslothes gezogen wird (g'—f'). Man kann dieses Verhältniß natürlich auch in Zahlen ausdrücken, und eine solche Zahl wird „Brechungsexponent“ oder „Brechungsindex“ genannt.

Der Brechungsindex einer Substanz bleibt bei gleichen Umständen stets derselbe, so daß also zum Beispiel Glas von gleicher Zusammensetzung und gleicher Dichtigkeit auch stets den gleichen Brechungsindex besitzt.

Zur Klarlegung mögen zwei Beispiele dienen.

Der Brechungsindex der Luft ist 1,000294, er kann hier wohl ohne zu großen Fehler als 1, angenommen werden. Der des Glases schwankt zwischen 1,5 und 2,0; es mag hier die Zahl 1,5 gewählt werden. Der Brechungsindex des Diamants ist 2,439, ich will ihn einfach zu 2,4 setzen.

In Fig. 6 sind nun 2 Strahlen gezeichnet, welche aus der Luft in Glas eintreten. Der Strahl a trifft in o auf die Glasfläche und wird hier zum Einfallsloth in der Richtung o—a' gebrochen. Um nun gleiche Theile der beiden Hälften des Strahles a—o—a' abzuschneiden, zieht man einen Kreis mit dem Mittelpunkt in o. Von den Stellen aus, an welchen sich der Strahl und der Umfang des Kreises schneiden (g und g'), fällt man dann den Perpendikel auf das Einfallsloth, der bei den Buchstaben f und f' das letztere erreicht. Da nun aber der Brechungsindex der Luft 1, der des zum Beispiel benutzten Glases 1,5 ist, so müssen sich die Linien g—f und g'—f' verhalten wie 1 zu 1,5 oder in ganzen Zahlen ausgedrückt 2:3; in der That ergibt nun eine Messung, daß die Linie g—f 12 Mm., die Linie g'—f' 8 Mm. lang ist. Ein zweiter Strahl der bei b beginnt und bei b' endigt, wird einen Perpendikel i—h von 20 Mm. Länge zeigen. Durch Ansatz einer einfachen Gleichung läßt sich nun finden, daß die Linie i'—h' eine Länge von 13,33 Mm. haben muß. — In Fig. 7 ist derselbe Strahl a, der auch in den Figg. 4 und 5 gezeichnet ist, ausgezogen, jedoch ist angenommen, daß das Viereck E F G H aus Diamant bestehe. Dieser hat aber, wie erwähnt, einen Brechungsindex von 2,4, es muß also die Linie g'-f' bedeutend kürzer werden, als sie in Fig. 6 war, sie beträgt nur 5 Mm. Der Strahl ist hier, wie aus Zeichnung und Rechnung gleichmäßig zu ersehen ist, weit stärker gebrochen worden, wie dort und es ist ja auch wirklich Jedermann die starklichtbrechende Eigenschaft des Diamants bekannt.

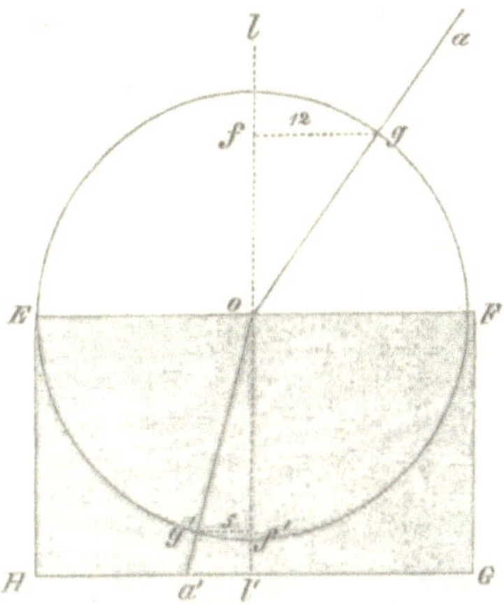

Fig. 7.

Tritt nun der Strahl aus der dichten Substanz wieder in die frühere weniger dichte aus, also geht zum Beispiel ein Strahl aus dem Glas wieder in Luft, (was ja bei jedem Fenster geschieht), dann findet sich natürlich genau das umgekehrte Verhältniß, wie beim Eintritt. Ebensoviel wie dort der Strahl zum Einfallsloth hin gebrochen wurde, ebensoviel wird er hier von demselben weggebrochen, so daß dann die Richtung wieder die Alte wird, die Strahlen sind nur eine Strecke weit verschoben. In Fig. 8 wo der Strahl b—b' aus der Fig. 6 benutzt ist, sind diese Verhältnisse veranschaulicht.

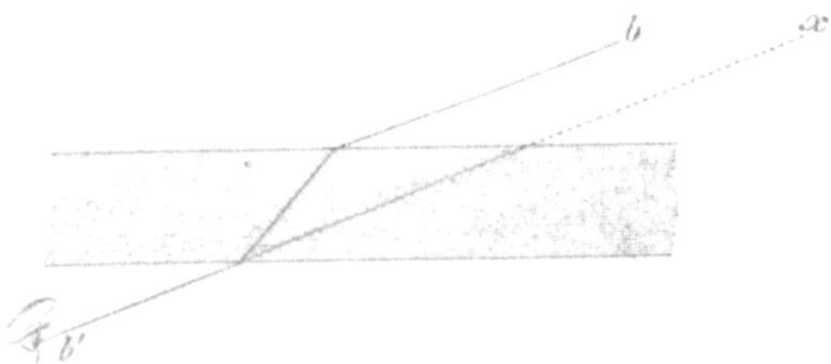

Fig. 8.

Nun ist aber unser Auge nicht im Stande die winkelige Brechung eines Strahles aufzufassen, sondern es scheint uns ein solcher immer eine gerade Linie zu bilden, deßhalb erscheinen uns Gegenstände, die wir durch eine dickere Glasscheibe besehen, verschoben, und versuchen wir es beim Durchblicken durch ein Glas einen fixirten Punkt zu treffen, so wird uns dies nicht gelingen. Wir werden in einem Fall, wie der in Fig. 8 dargestellt ist, stets nach dem Punkte x fassen, wenn wir b ergreifen wollen und werden also einen Fehlgriff thun. —

Bis jetzt wurde nur die Brechung der Lichtstrahlen, die durch Gläser mit zwei planen parallelen Flächen gehen, berücksichtigt. Nach dem Verständniß dieser Verhältnisse ist es aber leicht, die Brechungsgesetze, die natürlich stets die gleichen bleiben, auch auf alle anderen Glasflächen anzuwenden, wenn man nur festhält, daß im optisch dichteren

Medium nach dem Einfallsloth zu, im optisch weniger dichten Medium vom Einfallsloth weg gebrochen wird. Ein Beispiel mag dies anschaulich machen. In Fig. 9 soll A—B ein Stück Glas bedeuten, dessen Brechungsindex, wie in den bisherigen Beispielen wieder zu 1,5 gedacht ist. Es sind nun diesem Glas Facetten aufgeschliffen, die ja ganz unregelmäßig sein könnten, welche jedoch im Hinblick auf die folgenden Seiten so angeordnet sind, daß sie sich um eine verticale und eine horizontale Mittellinie gruppiren, oder verständlicher ausgedrückt, daß man das Glasstück in vier gleiche Viertel zerlegen könnte.

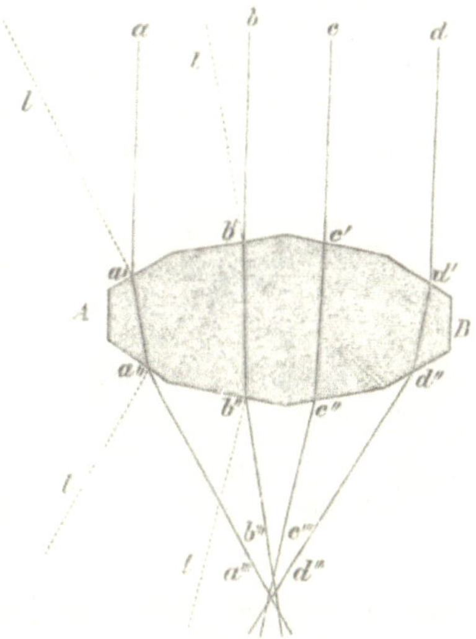

Fig. 9.

Von oben her fallen parallele Lichtstrahlen auf die einzelnen Facetten und treffen bei a' b' c' und d' auf das Glas. Man verfährt mit der ganzen Berechnung so wie es oben für Glasflächen angegeben und verfolgt auf diese Art die Strahlen bis zu den Stellen a'', b'', c'', d''. Da aber diese Flächen den Flächen a' bis d' nicht parallel sind, so werden auch die nun wieder in die Luft austretenden Strahlen keine der ersten Richtung parallele annehmen wie in Fig. 8, sondern sie werden nach einer bestimmten anderen Richtung hingehen. Die Strahlen sind nun in Fig. 9 weiter fortgeführt und es zeigt sich, was gleich nebenbei bemerkt werden mag, daß sich die entsprechenden beider Seiten immer mehr und mehr nähern bis sie sich endlich schneiden.

So ist denn der Hauptgegenstand der vorliegenden optischen Betrachtungen erreicht, denn genau so, wie es ganz im Groben in Fig. 9. angegeben ist, zeigt sich die Lichtbrechung in den optischen Linsen.

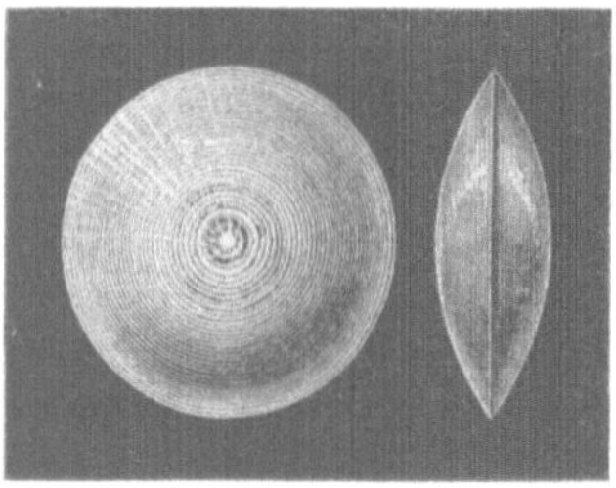

Fig. 10.

Fig. 10 stellt eine solche Linse dar, die gleichsam die feinere Ausarbeitung der vorhergehenden Abbildung ist. Die Linse ist hier von der Fläche und von der Seite gesehen abgebildet und erklärt durch ihr Aussehen, warum man sie gerade „Linse" genannt hat. Um den Gang der Lichtstrahlen durch sie vollkommen zu verstehen, braucht man nur anzunehmen, daß ihre beiden kugelig gekrümmten Flächen aus einer ungeheuren Menge ganz außerordentlich kleiner ebener Flächen zusammen gesetzt ist, wie deren je 2 in jedem Viertel der Fig. 9 gezeichnet sind. In der That ist auch wirklich ein Stückchen Linsenoberfläche, auf welche ein Lichtstrahl fällt, einer planen Fläche gleich zu achten, denn der Raum, den ein Lichtstrahl einnimmt, ist so verschwindend, daß auch die Krümmung der Linse dabei nicht in Betracht kommen kann.

Wie schon erwähnt geht aus der Construction der Fig. 9 hervor, daß die sämmtlichen Strahlen, die durch ein so geformtes Stück Glas fallen, sich an bestimmten Stellen schneiden. Für die ähnlich geformten Linsen gilt das gleiche; und zwar treffen sich hier Lichtstrahlen, wenn sie parallel verlaufen, wie in Fig. 9, — zum Beispiel die Sonnenstrahlen — alle in einem einzigen Punkte, den wir „Brennpunkt" oder Focus nennen. Unsere Jugend pflegt mit ihren linsenförmigen Brenngläsern den Brennpunkt öfter zu demonstriren, als den um Kleider und Mützen besorgten Müttern lieb ist.

Der Brennpunkt einer Linse, wie der beschriebenen, liegt, was gleich bemerkt werden soll, im Mittelpunkt desjenigen Kreises, von dem die beiden Oberflächen Abschnitte darstellen, wie es in Fig. 11 veranschaulicht ist. Nun gibt es aber noch anders geformte, optische Gläser, welche man

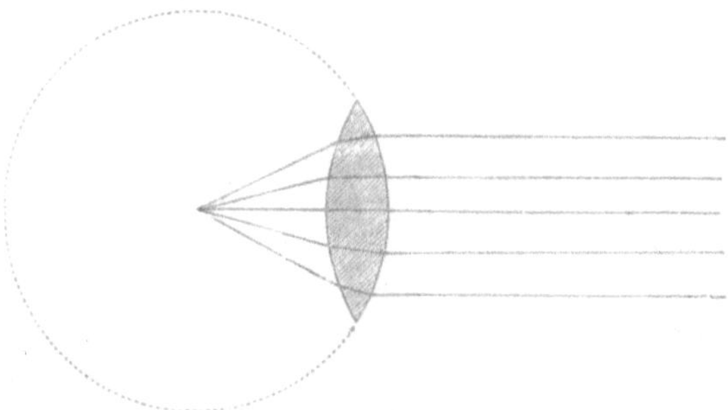

Fig. 11.

zwar ebenfalls Linsen nennt, die sich aber der ursprünglichen, eben beschriebenen Linsenform entweder nur theilweise anschließen oder ihr gar nicht gleichen. In Fig. 12 sind die verschiedenen Linsenformen im Durchschnitte abgebildet. Es fällt auf den ersten Blick auf, daß die Linsen

2*

alle einen gemeinsamen Charakter haben und zweitens, daß sie sich nach einem Hauptmerkmal in zwei Gruppen eintheilen lassen. Der gemeinsame Charakter ist der, daß alle gekrümmten Flächen der Linsen Abschnitte von Kugeln darstellen, entweder aufgesetzte oder einspringende.

Die Verschiedenheit der zwei Abtheilungen (1—3 und 4—6) beruht darin, daß in der ersten die dickste Stelle der Linsen in der Mitte, die dünnste am Rand, bei der zweiten die dünnste Stelle in der Mitte, die dickste dagegen am Rand ist. Die beiden Flächen einer Linse sind also in jedem Falle von ihrem Mittelpunkt radiär nach dem Rande hin keilförmig (wenn ich einen solchen ungenauen Ausdruck gebrauchen darf), von 1—3 (Fig. 12) die breite Seite des Keiles nach dem Centrum von 4 bis 6 dieselbe nach dem Rande zugekehrt.

Fig. 12.

Der Gang der Lichtstrahlen wird nun, wie eine einfache Anwendung des oben genügend auseinander gesetzten Brechungsgesetzes darthut, bei den beiden principiell entgegengesetzten Arten von Linsen ein diametral verschiedener sein. Die Linsen 1—3 werden parallel einfallende Strahlen in der Art wie es Figur 11 darstellt, in einem Brennpunkt sammeln, die andere Art wird gleiche Lichtstrahlen, sowie es in Fig. 13 veranschaulicht ist, zerstreuen. Man nennt deshalb auch die erste Gruppe der Fig. 12 (1—3) Sammellinsen, die zweite

Gruppe (4—6) Zerstreuungslinsen. Den Zerstreuungslinsen geht natürlich ein Focus, wie ihn die Sammellinsen besitzen, aus naheliegenden Gründen vollkommen ab, doch haben auch sie einen Punkt, welcher eine gewisse theoretische Bedeutung beansprucht. Es ist das der in Fig. 13 mit x bezeichnete Punkt, in welchem sich die aus der Linse kommenden Strahlen in ihrer rückläufigen Verlängerung schneiden. Er stellt ein dem Brennpunkt der Sammellinse analoges Ding dar, man kann ihn daher den Zerstreuungspunkt nennen.

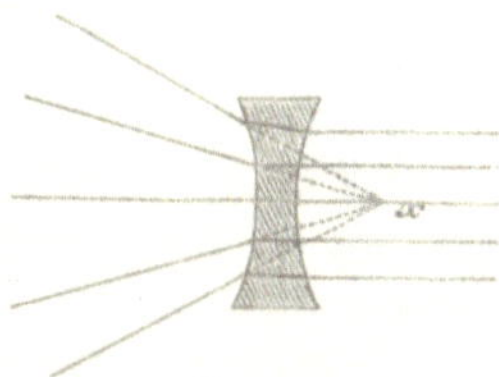

Fig. 13.

Was die Benennung der einzelnen Linsen betrifft, die hier zur leichteren Verständigung sogleich beigefügt werden mag, so ist sie ganz naturgemäß hergenommen von ihrer wichtigsten Eigenschaft, von der Gestalt der Oberflächen. Man unterscheidet:

a) Sammellinsen.

1) Biconvexe Linse. An derselben können beide Flächen entweder die gleiche Krümmung besitzen, wie es in der Figur dargestellt ist, oder sie gehören Kreisen mit verschieden großem Radius an.

2) Planconvexe Linse. Sie ist gleichsam eine halbirte biconvexe Linse und zeigt deßhalb in ihren optischen Eigenschaften auch viele Aehnlichkeiten mit dieser. So ist z. B. der Brennpunkt der planconvexen Linse gerade noch einmal so weit entfernt, wie bei der biconvexen.

3) Convergirender Meniscus. Eine concav-convexe Linse, welche man aber nicht schlechtweg so nennen

kann, da ja 6 ebenfalls eine concav=convexe Form besitzt, und doch das diametrale Gegentheil von 3 darstellt. Die concave Fläche hat hier einen größeren Radius als die convexe.

b) Zerstreuungslinsen.

4) Biconcave Linse. Von ihr gilt das gleiche wie von 1.

5) Planconcave Linse (vergl. 2).

6) Divergirender Meniscus. Hier hat umgekehrt, wie bei 3 die convexe Fläche einen größeren Radius als die concave.

Alle diese Linsen müssen, um ihre Dienste vollkommen leisten zu können, sehr genau gearbeitet sein, besonders kommt es bei der Zusammenstellung von Mikroskopen darauf an, daß das optische Centrum der Linse auch wirklich genau in deren Mittelpunkt liegt. Dieser „optische Mittelpunkt" liegt immer in der Axe der Linse, gleich weit von allen Punkten des Randes entfernt. Bei einer Linse, deren Flächen die gleiche Krümmung haben, befindet er sich genau in der Mitte derselben. Sind die Flächen verschieden gekrümmt, so rückt er im Verhältniß nach der einen oder der andern Seite hin.

Bis jetzt wurden nur Lichtstrahlen zur Erklärung der Wirkungsweise der Linsen herangezogen, welche parallel durch dieselben durchtreten. Da aber parallele Strahlen nur von sehr weit entfernten Lichtpunkten z. B. der Sonne herrühren können, so kommen sie für das Mikroskop, welches hier besprochen werden soll, so gut wie gar nicht in Betracht, sondern es werden hauptsächlich solche Strahlen zur Wirkung kommen, welche von einem ziemlich nahen Punkte ausgehend, kegelförmig auseinanderweichen und so unser Auge treffen. Liegt dieser leuchtende Punkt im Brennpunkte einer Sammellinse, so braucht man Fig. 11 nur umzukehren und man hat den Erfolg; die Strahlen werden an der anderen Seite der Linse parallel herauskommen. Nun wird aber in vielen Fällen der betrachtete Gegenstand, oder wie wir ihn hier nennen, der die Strahlen aussendende Punkt, nicht gerade im Focus der Linse liegen, sondern davor oder dahinter befindlich sein. Wie der Gang der Lichtstrahlen in solchen Fällen sein wird, ist durch einfache Ueberlegung aus den bisher mitgetheilten optischen Gesetzen zu folgern.

Die Figuren 9 und 11 beweisen, daß eine Sammellinse die Fähigkeit hat, Strahlen aus ihrer bisher eingehaltenen Richtung in der Art abzulenken, daß sie sich einander nähern, denn die parallelen Strahlen wurden ja in Einem Punkte vereinigt, oder umgekehrt, die stark divergirenden aus dem Focus einer Linse kommenden Strahlen wurden parallel gemacht. Verlegen wir nun den lichtgebenden Punkt hinter den Focus, so kommen die Strahlen etwas weniger divergirend auf der Linse an, als wenn sie von diesem stammten, sie werden dieselbe also auch auf der anderen Seite weniger divergirend verlassen. Und da, nach einem der Fundamentalgesetze der Mathematik, Linien, die aus der parallelen Richtung abweichend sich gegenseitig nähern, in ihrem Verlaufe einander immer näher kommen müssen, bis sie sich endlich schneiden, so werden auch die durch die Linse hindurch gegangenen Strahlen an einer bestimmten Stelle aufeinander treffen und sich hier schneiden. Fig. 14 zeigt die besprochenen Verhältnisse in schematischer Darstellung. Ein Strahlenbündel welches von dem Punkte a hinter dem Brennpunkt der Linse (F), ausgeht, trifft auf der anderen Seite der Linse in c wieder zusammen.

— Rückt man den Punkt von dem die Strahlen ausgehen weiter hinaus, dann wird auf der andern Seite der Linse der Weg der Strahlen bis zu ihrem Wiedervereinigungspunkte immer kürzer und kürzer. Es kommt eine Stellung, wo die vom lichtgebenden Punkte ausgehenden und die sich wieder sammelnden Strahlen gleiche Länge haben. (Doppelte Brennweite.) Geht man mit dem Punkte, der die Strahlen ausschickt, noch weiter rückwärts, z. B. an die Stelle b, dann kehrt sich das anfängliche Verhältniß um, die Strahlen vereinigen sich schon in dem Punkte d; und wenn zuletzt die einfallenden Strahlen in unendliche Entfernung gerückt sind, werden sie parallel sein, sich also auf der andern Seite der Linse im Brennpunkt treffen. So ist man wieder bei den in Fig. 11 dargestellten Verhältnissen angelangt.

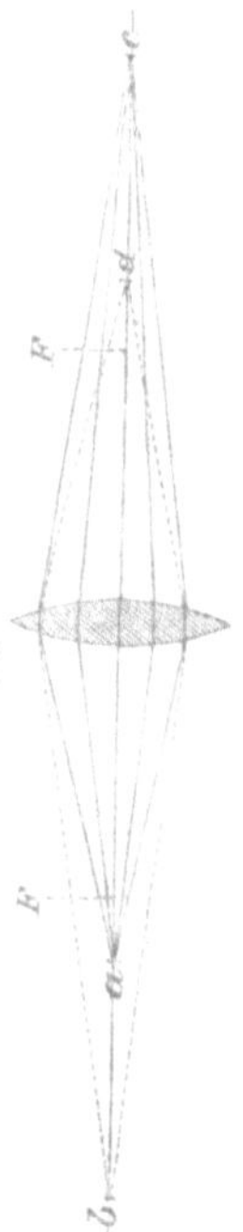

Fig. 14.

Rückt aber der strahlengebende Punkt zwischen den Brennpunkt und die Linse, dann wird die Diverganz der Strahlen eine so beträchtliche, daß die Linse nicht mehr genug Brechungskraft hat, sie zur Vereinigung zu bringen, sie werden wohl gegen einander zu gebrochen, doch ist der Effect der Linse nur der, die Strahlen etwas weniger divergirend zu machen als sie es vorher waren (Fig. 15).

Kommen die Strahlen, die durch eine Linse gehen, nicht von einem Punkte, sondern von einem größeren Objecte her, so ändert sich natürlich an der Sache nichts. Jeder einzelne Punkt des Gegenstandes sendet seine Strahlen uns, ohne von den neben ihm entstehenden Strahlkegeln beeinflußt zu werden. Wenn der Verlauf der Strahlen ein derartiger ist, daß sie sich jenseits der Linse wieder zu Punkten vereinigen, so entsteht an der Stelle der Vereinigung ein Bild, welches dem Gegenstande gleicht. Besser als alle Worte erläutert Fig. 16 das Zustandekommen dieses Bildes. Ein Object in Form eines aufrechtstehenden Pfeiles a — b sendet das von ihm ausgehende Licht durch eine Sammellinse (L L').

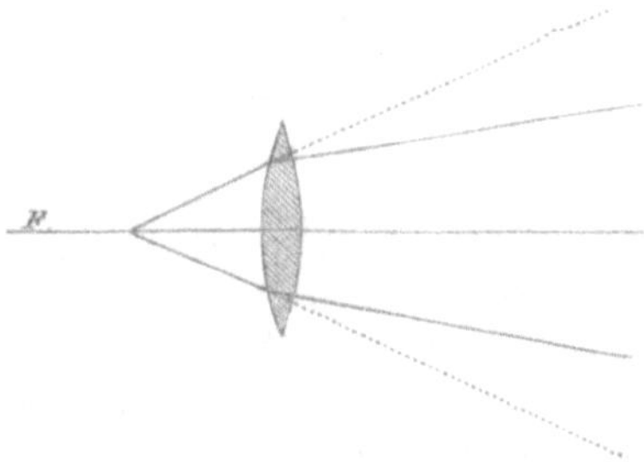

Fig. 15.

Es sind nur die beiden Strahlenkegel gezeichnet, welche von den Endpunkten des Objectes ausgehen, um nicht durch allzuviele Linien die Zeichnung zu verwirren. Der Klarheit

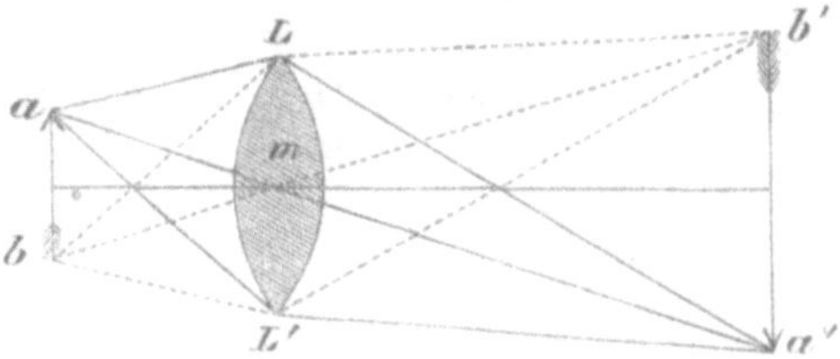

Fig. 16.

wegen sind die von dem Punkte a ausgehenden in a' wiedervereinigten Strahlen mit continuirlichen Linien, die von b zu b' verlaufenden mit unterbrochenen Linien gezeichnet. Das Verhalten der Strahlenkegel ist genau das Gleiche, wie es in Fig. 14 dargestellt ist und ich kann auch auf die dort gegebene Auseinandersetzung verweisen.

Da das Verhältniß der Lichtstrahlen zu einer Linse im Allgemeinen ebenso ist, wie zu den linsenförmigen Oberflächen des Auges, so werden wir hier auch denselben Vorgängen begegnen, wie dort. Auch hier finden wir einen Kreuzungspunkt, in welchen alle lothrecht, das heißt in der Verlängerung eines Radius, auf die Linsenoberfläche auffallen.

Er befindet sich genau im optischen Mittelpunkt der Linse. Es müssen also hier ebenso wie im Auge, diejenigen Strahlenkegel, welche von der oberen Seite des Objectes kommen, nach dem Passiren der Linse nach unten hin weiter gehen, die von unten kommenden ihren Weg nach oben fortsetzen, oder wenn man es mit kurzen Worten sagt, das Bild muß ein umgekehrtes werden.

Was die Größe des Bildes anlangt, so kommt es ganz auf die gegenseitige Stellung des Objectes und der Linse an, welche ja den Wiedervereinigungspunkt der von dem Object ausgehenden Strahlen bestimmt. Betrachtet man in Fig. 16 die beiden ungebrochen durch den Mittelpunkt der Linse durchgehenden Strahlen, so sieht man, daß sie zwei Winkel von ganz gleicher Größe einschließen ($\llcorner$ a m b und $\llcorner$ b' m a').

Je länger aber die Schenkel eines Winkels werden, um so mehr weichen sie auseinander, um so länger wird auch eine Linie werden, welche von ihnen gleiche Theile abschneidet. Eine Vergleichung der Fig. 14 zeigt diesen Einfluß der gegenseitigen Stellung des Objectes und der Linse deutlich. Steht das Object in der doppelten Brennweite vor der Linse, so steht das umgekehrte Bild desselben hinter der Linse, an derselben Stelle, muß also nach dem eben gesagten dem Object an Größe völlig gleichkommen. Rückt der Gegenstand der die Strahlen aussendet weiter von der Linse weg, so rückt das Bild näher an letztere heran, wird also kleiner; kommt umgekehrt der Gegenstand näher an die Linse, dann rückt das Bild weiter weg und wird also auch größer als das Object (Fig. 16).

II. Die optischen Linsen als Vergrößerungs-Gläser.

Für die Verwendung der Sammellinsen als Vergrößerungsgläser sind beide Haupteigenschaften derselben von Wichtigkeit, erstlich das Vermögen, divergirende Strahlen weniger divergent zu machen und dann die eben erörterte Eigenschaft, bei einer bestimmten Lage des Objects zur Linse eine Vergrößerung herbeizuführen. Hauptsächlich erstere Eigenschaft ist es, welche ihren Werth für die Mikroskopie bedingt und welche sie als einfachste Art der Mikroskope als „Lupen" brauchbar macht. Jeder Leser wird ja solche Instrumente schon aufs Beste kennen und es ist unnöthig, hier eine genauere Beschreibung der gewöhnlicheren Formen beizufügen. Eine größere oder kleinere mehr oder weniger (bis zum 20fachen Durchmesser) vergrößernde biconvexe oder planconvexe Linse ist in Horn oder Elfenbein, Hartgummi oder Metall mehr oder minder kostbar und elegant gefaßt und wird mit dem Namen Lupe belegt.

In welcher Weise eine solche Lupe für die Besichtigung kleiner Gegenstände nutzbar gemacht wird, dies ist leicht zu verstehen, wenn man sich Fig. 4 vergegenwärtigt.

Man hat ein Object so nahe an das Auge gebracht, daß die von ihm ausgehenden stark divergirenden Strahlen erst hinter der Netzhaut zur Vereinigung kommen. Das Bild, welches sich in dem Auge erzeugt, ist deßhalb verwaschen und unkenntlich. Wir werden es aber scharf und deutlich sehen, wenn wir ein Mittel finden, die Strahlen einander soweit zuzubeugen, daß sie dennoch in der Netzhaut zur Vereinigung kommen, und dies können wir ja, wie aus der obenstehenden Auseinandersetzung hervorgeht, durch die Einschaltung einer Sammellinse zwischen Auge und Object bewirken. Fig. 17 zeigt, wie einfach der Gang des Lichtes in einem solchen Falle ist. Würde die Linse

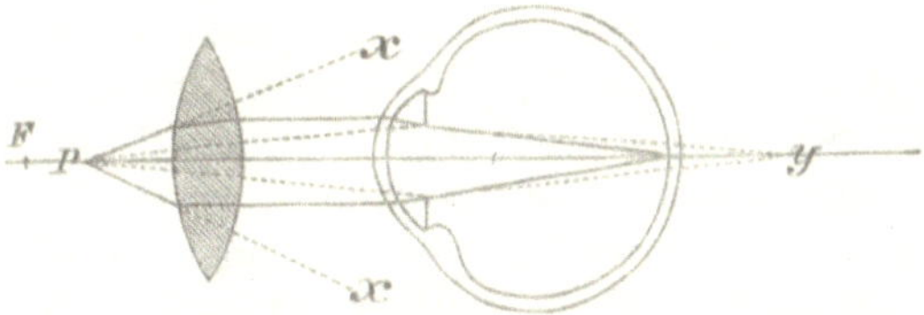

Fig. 17.

fehlen, so würden die vom Punkte P ausgehenden Strahlen sich erst im Punkte y hinter der Netzhaut vereinigen, wie dies mit den unterbrochenen Linien angedeutet ist. Die eingeschaltete Linse aber beugt die Strahlen einander so weit zu, daß dann der optische Apparat des Auges im Stande ist, sie auf der Netzhaut zu vereinigen. Es erhellt aus Fig. 17 ferner, daß durch eine Sammellinse eine Menge von Strahlen in das Auge hineingelenkt werden (x x), welche ohne dieselbe für die Betrachtung verloren gewesen wären.

Wie sich die Strahlen, die von einem Gegenstande ausgehen, verhalten, wird durch Fig. 18a erläutert. Von dem Objecte a—b aus sind zwei Strahlenbündel verfolgt, welche von dem oberen (a) resp. unteren Ende (b) desselben ausgehen. Die einzelnen Strahlen divergiren stark und werden durch die Linse einander genähert, ohne jedoch bis zur Convergenz gebracht zu werden. Diesen Einfluß hat erst das Auge selbst und es ist die Art der Vereinigung der Strahlen auf der Netzhaut deutlich aus der Figur zu ersehen. Der Vortheil einer Sammellinse besteht aber nicht allein darin, daß sie überhaupt ein deutliches Bild des Gegenstandes auf der Netzhaut zu Stande kommen läßt, sondern auch darin, daß der Gesichtswinkel unter dem dasselbe zu Stande kommt größer wird, als es sonst hätte sein können. Dies ergibt eine Vergleichung der Figg. 18 A und B. In Fig. 18 B ist der Gesichtswinkel c k d gezeichnet, unter dem das Object a—b der Fig. 18 A erscheinen würde, wenn man es ohne Lupe betrachtete. In Fig. 18 A aber bestimmen die Richtungslinien k m und k n die Größe des Gesichtswinkels und diese schließen ja einen sehr viel größeren Winkel ein, als der in Fig. 18 B gezeichnete ∟ c k d ist.

Oben wurde nun aber schon bei Betrachtung von Fig. 8 erwähnt, daß unser Auge nur im Stande ist, gerade verlaufende Strahlen zu empfinden und daß wir in unserer Phantasie die gebrochenen Strahlen unwillkürlich in gerader Richtung verlängern. Wir glauben deßhalb auch bei der Betrachtung eines Gegenstandes mittelst der Lupe, denselben unter einen weit größeren Gesichtswinkel zu sehen, als er ihn wirklich besitzt.

Unsere Phantasie verlängert die Richtungslinien m und n (Fig. 18) nebst den zu ihnen gehörigen gebrochenen Strahlen in gerader Richtung bis zu dem Punkte, an welchem sie sich schneiden würden (a'' und b''). Hier erscheint uns dann das aufrechtstehende mehr oder weniger stark vergrößerte Bild. Den Gegenstand a—b selbst, der vor der Lupe steht, sehen wir also überhaupt gar nicht, sondern wir erblicken nur ein Phantasiegebilde, welches durch die Gesetze der Strahlenbrechung hervorgebracht wird und eine Strecke hinter dem eigentlichen Objecte steht. Man kann dies sehr schlagend durch das Experiment an sich selbst nachweisen. Besieht man durch eine Lupe einen passenden Gegenstand, z. B. die Ecke eines Blattes Papier und sucht man mit einer Nadel oder einem Stift den Gegenstand zu berühren, dann wird man regelmäßig zu weit unten hinfassen, da man eben die Stelle, an der unsere Phantasie das Bild entworfen hat, berührt.

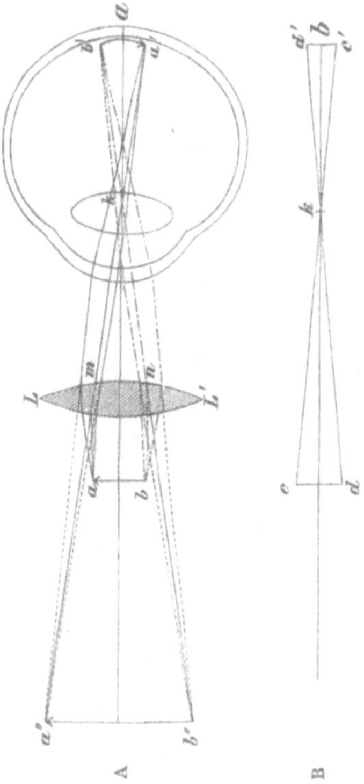

Fig. 18. A. a—b ist ein Object, welches durch die Lupe L—L' betrachtet wird. a'—b' vergrößertes Netzhautbild. a''—b'' von dem Beschauer gesehenes Bild des Gegenstandes a—b. Dasselbe ist größer und weiter entfernt als a—b selbst. B. S. Text.

So vollkommen, wie es aus der bis jetzt gegebenen Darstellung geschlossen werden könnte, sind leider die optischen Linsen in Wirklichkeit nicht; denn es genügt nicht etwa, daß eine Linse gut centrirt und aus reinem Glase gefertigt ist, um sie für alle Fälle brauchbar zu machen, sondern es muß auch auf eine Reihe von Unvollkommenheiten Rücksicht genommen werden, die sich theils aus dem mangelhaften Material theils aus der ungenügenden Technik ergeben.

Der erste und wichtigste Hauptfehler an dem viele Linsen leiden, ist der Mangel an Licht überhaupt; das heißt die Construction der Linse ist so mangelhaft, daß sie die vom betrachteten Gegenstand herkommenden Strahlen in einer so ungenügenden Menge durchläßt, daß man nur mit Mühe ein deutliches Bild erkennt, oder Theile des Objectes, die an sich weniger Licht aussenden, gar nicht mehr sieht. Die sogenannte Lichtstärke einer Linse wird bedingt von der Größe ihres „Oeffnungswinkels". Es ist dies der Winkel o in Fig. 19. Er wird durch zwei Linien gebildet, die man vom Focus (F) nach correspondirenden Randpunkten der Linse hin zieht. Es ist klar, daß nur Strahlen, welche innerhalb dieses Winkels liegen, im Brennpunkte vereinigt werden können. Je kleiner dieser Winkel wird, je mehr also der Durchmesser der Linse abnimmt, desto mehr verlieren die Bilder an Licht und Helligkeit; denn für zwei Linsen, die gleiche Krümmung

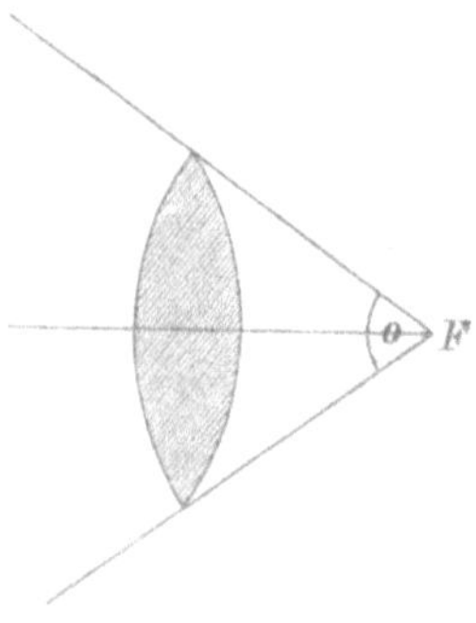

Fig. 19.

aber ungleiche Durchmesser besitzen, ist das Verhältniß der Lichtstärke gleich den Quadraten dieser Durchmesser. Eine Linse von 5 mm. Durchmesser wird mithin nur ¼ des Lichtes durchlassen, wie eine andere Linse von 10 mm. Durchmesser. Daraus ist ersichtlich, wie vortheilhaft es für Linsen in optischen Instrumenten, zumal in Mikroskopen ist, wenn sie eine möglichst große Oeffnung haben." So sagt überaus klar und richtig Harting.

Hat man bei Herstellung einer Linse das Licht möglichst verstärkt, so ist sie jedoch immer noch nicht mustergiltig, sondern es kommen nun noch zwei Unvollkommenheiten der Linsen in Betracht, welche ihren Gebrauch oft noch mehr beeinträchtigen als die Lichtarmuth. Es ist dies die sphärische und die chromatische Aberration. Beide sind durch die Form der Linsen bedingt.

Was die erstere, die „sphärische Abweichung" anlangt, so liegt schon im Worte, daß sie der Oberfläche der Linse, welche einen Kugelabschnitt darstellt, ihr Dasein verdankt. Es werden nämlich die dem Rande zunächst durchtretenden Strahlen stärker gebrochen, als die durch das Centrum gehenden, woraus folgt, daß sich auch nicht alle Strahlen genau in einem einzigen Brennpunkt vereinigen können; es muß vielmehr eine Reihe von Brennpunkten geben, die hintereinander liegen (Fig. 20 auf folg. S.). Sammelt man also parallele (Sonnen-)Strahlen durch eine biconvexe Linse in der Fläche a—a', dann wird man wohl ein deutliches Bild der Randstrahlen erhalten, die Centralstrahlen aber haben sich noch nicht getroffen und werden deßhalb einen verwaschenen Ring um den hellen Lichtpunkt geben. Sammeln wir dagegen auf der Fläche b—b' dann bekommen wir ein Bild der Centralstrahlen, die Randstrahlen aber haben ihren Vereinigungspunkt längst passirt und geben ein Zerstreuungsbild.

Würden wir im Stande sein, elliptische oder hyperbolische Linsen zu schleifen, so könnten wir es dahin bringen

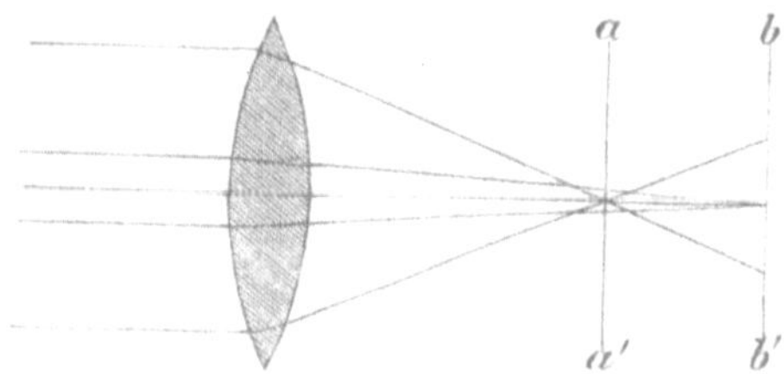

Fig. 20.

daß sich alle Strahlen in einem einzigen Brennpunkte sammelten. Dies können jedoch unsere Mechaniker nicht, deßhalb mußte man sich nach anderen Mitteln umsehen, um diesen störenden Fehler der Linse zu verbessern. Dippel gibt die Mittel hierzu folgendermaßen an: Erstens wird die sphärische Abweichung dadurch bedeutend vermindert, daß man der Linse eine entsprechende durch verschiedene Krümmung der beiden Oberflächen zu erreichende Form gibt. Die beste Form, welche man einer doppeltconvexen Linse von gewöhnlichem Glase geben kann, ist aber die, bei der sich ihre beiden Krümmungshalbmesser zu einander verhalten wie 1:6. Dieser ziemlich nahe kommt die planconvexe Linse, wenn man die ebene Seite dem Gegenstande zuwendet.

Zweitens kann man die Oeffnung der Linse beschränken, indem man die Randtheile, nach denen hin die sphärische Abweichung immer mehr zunimmt, während sie gegen die Mitte auf ein Minimum herabsinkt, abschneidet. In der einfachsten Weise geschieht dies durch Diaphragmen, d. h. durch in der Mitte durchbohrte geschwärzte Plättchen.

Ein drittes Mittel zur Verbesserung der sphärischen Abweichung besteht darin, daß man mehrere schwächere Linsen so mit einander vereinigt, daß sie zusammen gleich einer stark gekrümmten, einfachen Linse wirken. Hierdurch wird nämlich die Vergrößerung erhöht, ohne daß die sphärische Abweichung in demselben Verhältnisse zunimmt.

Die chromatische Abweichung der Strahlen äußert sich darin, daß die durch Linsen betrachteten Bilder mit farbigen Rändern erscheinen. Ihren Grund hat sie in der allbekannten Zusammensetzung des weißen Lichtes aus den Farben des Spectrums. Durch gewisse lichtbrechende Flächen wird dieses weiße Licht in seine einzelnen Bestandtheile zerlegt, wir sehen dies ja bei jedem Gewitter in dem Phänomen des Regenbogens; durch die kleinen prismenartig wirkenden Regentropfen wird hier das weiße Sonnenlicht in seine einzelnen Strahlen zerspalten. Die sieben Farben des Spectrums folgen aufeinander: violett, indigoblau, blau, grün, gelb, orange, roth. Die Strahlen der einzelnen Farben werden in verschieden starkem Grade gebrochen, violett am stärksten, roth am schwächsten. Fällt also ein weißer Lichtstrahl auf eine Linse, so werden seine einzelnen Farben getrennt austreten. Am frühesten (Fig. 21 f. S. v) werden die stark gebrochenen violetten Strahlen, am spätesten die schwach gebrochenen rothen Strahlen (r) zur Vereinigung kommen. Ebenso, wie sich die parallelen Strahlen, die in Fig. 21 angenommen sind, verhalten, so verhalten sich auch die von einem Object kommenden Strahlenkegel und ich verweise auf das oben schon über Zustandekommen von Bildern gesagte. „Die weißen Strahlen, welche von einem Objecte kommend, durch die Linse gebrochen und zerlegt werden, vereinigen sich nicht an irgend einer Stelle zu einem farblosen Bilde, sondern es bilden die rothen Strahlen ein rothes Bild in der Ebene a—a', die violetten Strahlen ein violettes bei c—c'. Zwischen diesen beiden wird aber noch eine ebenso große Anzahl verschieden gefärbter Bilder liegen, als Strahlen von verschiedener Brechbarkeit in dem vom Objecte ausgehenden Lichte enthalten sind. Das rothe Bild ist das größte, da es am meisten

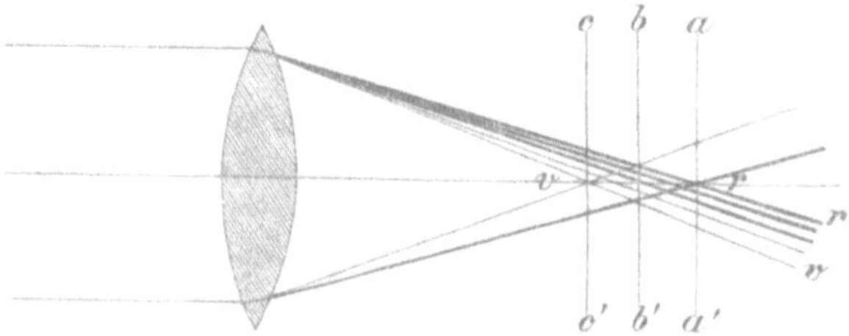

Fig. 21. Darstellung eines weißen Lichtstrahles, der beim Durchtritt durch eine Linse in die Farben des Spectrums zerstreut wird. Die dicken Striche (r) bedeuten die rothen, die dünnen (v) die violetten Strahlen. Die übrigen Bezeichnungen siehe im Text.

von der Linse entfernt ist (s. oben). Kommt nun ein Schirm in die Ebene a—a' zu stehen, so erhält man darauf nicht einfach ein rothes Bild, denn auch die übrigen hintereinander liegenden Bilder werden sich als Zerstreuungsbilder auf dem Schirme abbilden. Da indessen durch die Vereinigung aller verschiedenen Farben des Sonnenbildes wiederum weißes Licht entsteht, so ist auch der Sammelplatz aller Bilder, d. h. der mittlere Theil des gesammten Bildes, farblos, und nur der Rand ist blau, weil dieser durch das Diffusionsbild der nach erfolgter Kreuzung wiederum divergirenden Strahlen gebildet wird. Befindet sich der Schirm in c—c', dann hat das Bild einen rothen

Rand. Hält man ihn an die zwischen liegende Stelle b—b', dann werden zwar die farbigen Ränder verschwinden, aber immer noch wird das nur aus Zerstreuungsbildern zusammengesetzte Bild verwirrt und undeutlich sein. Die Verwirrung und Undeutlichkeit nimmt in Folge der sphärischen Aberration noch mehr zu; denn diese hat nothwendig zu Folge, daß die Menge der besonderen farbigen Bilder noch beträchtlich zunimmt.“ (Harting.)

Man sieht, es ist immerhin sehr mißlich, wirklich gute Vergrößerungsgläser herzustellen. Bei einer einfachen Linse ist auch an der chromatischen Aberration weiter nichts zu ändern. Man kann sie nur dadurch etwas abschwächen, daß man die am meisten zur Farbenzerstreuung beitragenden Randtheile der Linse mittelst eines Diaphragmas unschädlich macht. Freilich wird dadurch auch der Oeffnungswinkel kleiner und damit die Lichtstärke bedeutend geringer. Glücklicherweise hat man aber doch ein Mittel gefunden, diese bei zusammengesetzten Mikroskopen wahrhaft unerträglichen Eigenschaften der Linsen sehr wesentlich zu verbessern, wenn auch nicht ganz zu entfernen. Man hat nämlich die Beobachtung gemacht, daß verschiedene Medien, die eine fast gleiche Brechungskraft besitzen, in verschiedener Weise die Farbenzerstreuung hervorrufen. So haben verschiedene Edelsteine, z. B. Diamant, Topas, Granat ꝛc. eine chromatische Aberration, welche entweder schwächer ist, als die des Glases oder derselben gleichkommt. Das Brechungsvermögen derselben aber ist weit stärker, als bei diesem, so daß also Edelsteinlinsen ein weit besseres optisches Ergebniß zeigen würden, wie Glaslinsen von gleicher Krümmung. Allein man hat nicht nöthig dieses theure und überaus schwierig zu bearbeitende Material heranzuziehen, da auch die verschiedenen Glassorten glücklicherweise in verschiedenem Grade die Farben zerstreuen. Das härtere Kronglas läßt die Strahlen weit weniger divergiren, als das weichere bleihaltige Flintglas. Man verbindet deßhalb eine biconvexe Kronglaslinse mit einer planconcaven oder auch biconcaven Flintglaslinse und erzielt dadurch bei genauer Auswahl der Linsen eine so bedeutende Verringerung der chromatischen Aberration, daß sie der Farblosigkeit fast gleich kommt. Das Verhalten des durchtretenden Lichtstrahls ist folgendes.

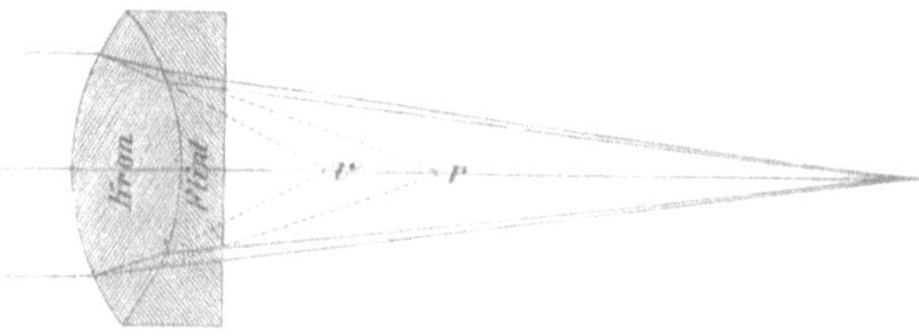

Fig. 22.

In der Kronglaslinse (Fig. 22 Kron) zerlegt sich der eintretende Strahl und es würden die Farbenstrahlen nach v, beziehungsweise r weitergehen. Die angefügte Flintglaslinse ist nach ihrer Form eine Zerstreuungslinse, wird also die sammelnde Wirkung der Kronglaslinse zum Theil aufheben; der Focus wird deßhalb weiter hinausgerückt. Die Farbenstrahlen, aus denen sich jeder weiße Lichtstrahl zusammensetzt, werden natürlich alle eine kleine Beugung nach außen hin erfahren. Rufen wir uns aber ins Gedächtniß einmal, daß die violetten Strahlen überhaupt weit stärker gebrochen werden, als die rothen und ferner, daß das Flintglas ein stärkeres Farbenzerstreuungsvermögen besitzt, als das Kronglas, so ergibt sich der Schluß ganz von selbst, daß die violetten Strahlen am stärksten, die rothen am wenigsten nach außen gebeugt werden. Stellt man nun eine Berechnung an oder probirt man es aus, so wird man leicht zwei Linsen zusammenfinden, welche die sämmtlichen Strahlen des Spectrums soweit sammeln (vergl. Fig. 22), daß sie auf einem gemeinschaftlichen Punkt vereinigt werden und dadurch ein farbloses Bild geben.

Theoretisch muß man wohl annehmen, daß ein vollkommen farbloses Bild erzeugt werden könnte, in praxi ist es jedoch nicht völlig zu erreichen, da in den verschiedenen Substanzen die Zerstreuung der einzelnen Farben nicht allein in der Stärke, sondern auch im gegenseitigen Verhältniß etwas verschieden ist. Man sieht deßhalb bei einer vollkommen richtig construirten Doppellinse um das Bild doch noch einen ganz schwachen Rand von unbestimmter, grünlich gelber Farbe. Da dieselbe jedoch dem Auge wenig zusagt, so richtet man die Linsen absichtlich so ein, daß durch unbedeutendes Verstärken der Flintglaslinse die Bilder einen zarten blauen Randschimmer bekommen. Man nennt dann die Linse eine „übercorrigirte achromatische Doppellinse". Macht man die Sache umgekehrt, dann erhält man einen rothen Rand und spricht von unterverbesserten Linsen. Linsen, deren sphärische und chromatische Abweichung in gleicher Weise beseitigt ist, nennt man „aplanatische".

III. Optische Instrumente.

1. Lupe und einfaches Mikroskop.

Die Herstellung von optischen Instrumenten dreht sich lediglich um die eben auseinandergesetzten Punkte.

Für die Fertigung ganz schwacher Vergrößerungen freilich, hat man schon soviel Uebung erlangt, daß ein Optiker, der darin nicht tadelloses leistet, unfähig ist, in die Concurrenz mit einzutreten. Bei stärkeren Linsensystemen aber heißt es: bei bedeutender Vergrößerung viel Licht, keine sphärische nnd keine chromatische Abweichung. Auch bei diesen Systemen leistet man in Vermeidung der beiden letzten Klippen Bedeutendes, aber die Helligkeit des Bildes diese ist es, welche oft enorme Schwierigkeiten entgegenstellt.

Doch um dem Gange der Darstellung nicht vorzugreifen, wende ich mich wieder zurück zu den Lupen.

Benützt man eine einfache Linse, so wird nach den obigen Mittheilungen eine planconvexe oder eine solche, deren beide Krümmungsradien sich wie 1 : 6 verhalten, allein empfehlenswerth sein. Man hat aber eine Reihe der verschiedensten Verbesserungen vorgenommen, welche alle den

Zweck haben, die Leistungsfähigkeit der Instrumente zu vermehren.

Um bei Lupen, die aus einem Stück bestehen, die sphärische Aberration möglichst zu vermindern, hat man vielfach sogenannte Cylinderlupen angefertigt; sie bestehen aus einem Glascylinder, dem zwei Kugelflächen von verschiedenem Radius aufgeschliffen sind (Fig. 23), oder man

Fig. 23. Fig. 24. Fig. 25. (Nach Dippel.)

hat auch solche mit gleichem Radius auf beiden Seiten geschliffen (Fig. 24, 25); allein wegen ihres geringen Focalabstandes, d. h. wegen der bedeutenden Annäherung an die Linse, die ein im Focus befindliches Object erfordert, um deutlich gesehen zu werden, sind sie so unbequem zu handhaben, daß man sie eigentlich nur noch benützt, wenn man kleine Gegenstände unter Wasser ansehen will, weil sich diese Linsen, welche nur eine sehr einfache, leicht rein zu haltende Metallfassung bedürfen, ohne Nachtheil in Flüssigkeiten eintauchen lassen. Für andere Zwecke hat man jetzt vielfach stärker vergrößernde Lupen eingeführt, welche mit zwei oder drei Linsen versehen sind, da solche bei geringer sphärischer Abweichung eine stärkere Vergrößerung zulassen. Denn es ist ja klar, daß ein Gegenstand, welcher durch eine Lupe schon vergrößert ist, mittelst einer zweiten, durch welche man die Strahlen noch einmal gehen läßt, noch mehr vergrößert wird. Auch wird obenein die chromatische Aberration durch eine solche Zusammenstellung beseitigt, wodurch sie nur noch brauchbarer wird. Lupen mit zwei Linsen nennt man Doublet, solche mit drei Triplet u. s. w. Zur Vergrößerung des Abstandes der Lupe vom Object hat man auch Concavlinsen beigezogen und auf diese und ähnliche Arten diese wichtigen Instrumentchen zu den verschiedenen Gebrauchszwecken in verschiedener Art eingerichtet und verbessert.

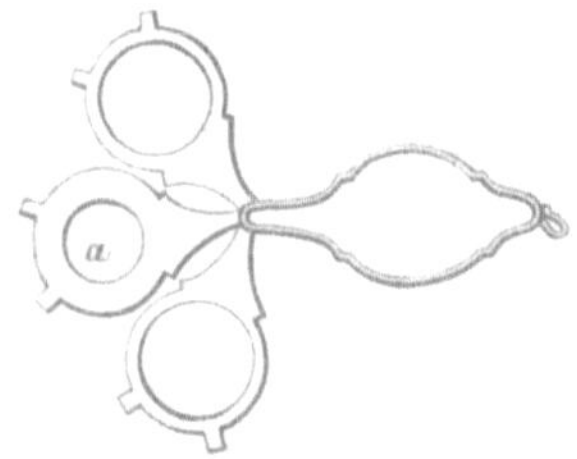

Fig. 26. (Nach Dippel.)

Die Fassung der Lupen ist sehr verschieden, entweder beweglich (Fig. 26), so daß man nach Belieben eine oder mehr Linsen benützen kann, oder fest, wo der Optiker ein für allemal die richtige Stellung der Lupen gegen einander fixirt und eine genaue Centrirung (Fig. 27.) vorgenommen hat.

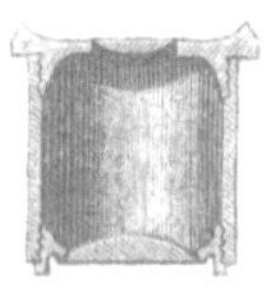

Fig. 27. Durchschnitt einer aus zwei festvereinigten Linsen bestehenden Lupe. (Nach Dippel.)

Zur Erleichterung für die Arbeiten mit der Lupe dient auch die Befestigung derselben auf ein mehr oder minder complicirtes Stativ, wodurch der Beobachter die Hände frei bekommt und bequem zu präpariren im Stande ist. (Fig. 28.)

Mit der Einführung eines Statives war in der Herstellung der Lupe ein großer Schritt vorwärts gethan und es bedurfte an demselben einer nur kleinen Verbesserung um das Vergrößerungsglas zu einem sogenannten „einfachen Mikroskop“ zu machen. Bei einem solchen kommt nämlich zum eigentlichen Vergrößerungsglas noch ein weiteres optisches Element hinzu, welches für die Erreichung einer größeren Lichtstärke von hervorragender Wichtigkeit ist, nämlich ein Spiegel.

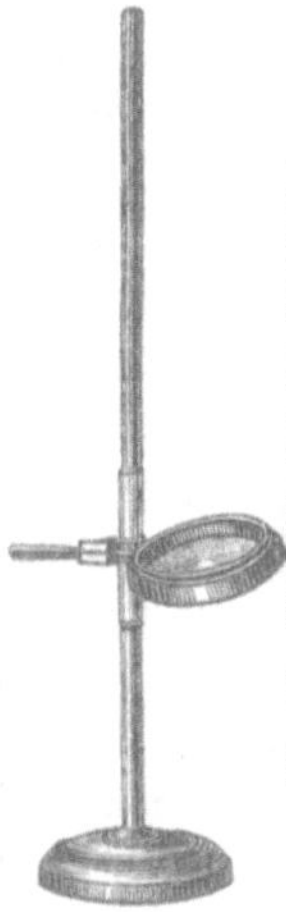

Fig. 28. Einfachste Art der Stativlupe.
Die Linse ist an dem Stativ mittelst einer Hülse auf und ab, in der Hülse selbst durch eine kurze Stange hin und her zu bewegen.

Bei der Betrachtung mit der gewöhnlichen Lupe ist man auf das Licht angewiesen, welches von der Sonne auf das Object fällt und von da durch Reflex den Weg ins Vergrößerungsglas und schließlich ins Auge findet. Daß dieser Weg nicht der kürzeste und wohl auch nicht immer der sicherste ist, bedarf keiner Ausführung. Man hat deßhalb die Aenderung getroffen, daß man bei kleinen, ziemlich durchscheinenden Gegenständen, mit welchen man ja meist zu thun hat, die Lichtstrahlen durch sie durch und so also direkt in das Auge leitet. Zu dem Zweck bringt man an dem die Lupe tragenden Stativ (Fig. 29 St) eine horizontale Metallplatte (t) an, die von einer runden Oeffnung dem Diaphragma (d) durchbohrt ist. Die Platte nennt man wegen ihrer Bestimmung „Objecttisch". Tiefer unten am Stativ befindet sich der Spiegel (Sp), entweder ein Concavspiegel

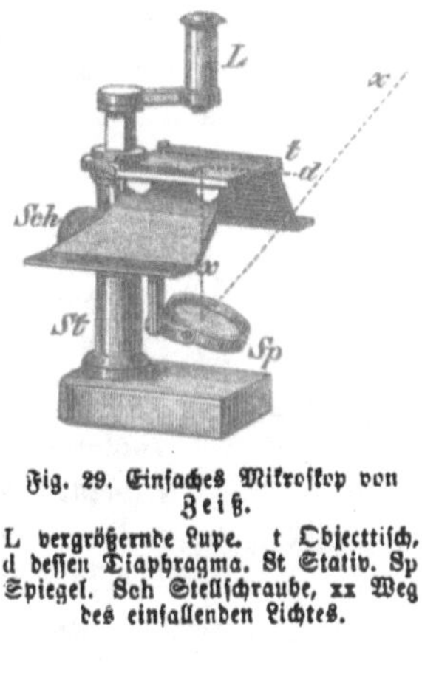

Fig. 29. Einfaches Mikroskop von Zeiß.
L vergrößernde Lupe. t Objecttisch, d dessen Diaphragma. St Stativ. Sp Spiegel. Sch Stellschraube, xx Weg des einfallenden Lichtes.

oder ein Planspiegel, oder was noch bequemer ist, auf der einen Seite des spiegeltragenden Scheibchens ein planes, auf der andern Seite ein concaves Glas. Das durch das Fenster einströmende Tageslicht wird mittelst des Spiegels gesammelt und in der Richtung der Linie xx in das Diaphragma des Objectisches geleitet. Das Object selbst liegt auf einer Glasplatte oder in der Höhlung eines Uhrglases über dem Diaphragma. — Mittelst einer Schraube (Sch), die ein Zahntriebwerk treibt, kann der Tisch (t) gegen die Lupe (L) oder umgekehrt auf und nieder bewegt werden und man kann so mit weit größerer Bequemlichkeit beobachten, als wenn man die Lupe ohne Spiegel benützte.

Ausstattung und Herstellung der einfachen Mikroskope wird je nach den Zwecken in verschiedener Weise modificirt, ebenso sind natürlich auch die verwendeten Linsensysteme verschieden. Man fertigt sie bis zu einer 200 maligen Vergrößerung an. Doch sind nach meinen Erfahrungen irgendwie bedeutende Vergrößerungen für einfache Mikroskope unpraktisch und werden weit besser durch zusammengesetzte Mikroskope erzielt, zu deren Betrachtung ich mich nun wende.

2. Zusammengesetztes Mikroskop.

Bei den bis jetzt betrachteten optischen Instrumenten werden die vom Objekt ausgehenden Lichtstrahlen direkt in das Auge geleitet. Wir sehen den Gegenstand — so sagt Vogel sehr richtig —, die durch die Linse bewirkte größere Deutlichkeit ausgenommen, gerade so, als wir ihn sehen würden, wenn keine Linse dazwischen stände.

Die zusammengesetzten Mikroskope aber beruhen auf ganz anderen Grundlagen. Hier betrachtet nämlich das

Auge nicht den Gegenstand selbst, sondern ein durch die Linse hervorgebrachtes Bild desselben.

Mittelst des einen Linsensystems (Fig. 30 Ob) erzeugt man ein verkehrtes Bild (a'—b') des Objectes (a—b), wie es oben p. 25 beschrieben und in Figur 16 abgebildet ist. Dieses in der Luft schwebende Bild betrachtet man mit einer Lupe (Oc) und erhält dadurch nach den oben entwickelten Sätzen ein vergrößertes Bild des Bildes, oder wenn man es anders ausdrückt, ein umgekehrtes Bild des Gegenstandes in der Ebene a''—b''. Die dem Objecte zunächst gelegene Linse, welche die eigentliche Vergrößerung desselben besorgt, und das Luftbild hervorruft, nennt man Objectivlinse oder schlechtweg Objectiv, die Lupe, mit welcher wir das Luftbild betrachten, führt den Namen „Ocular".

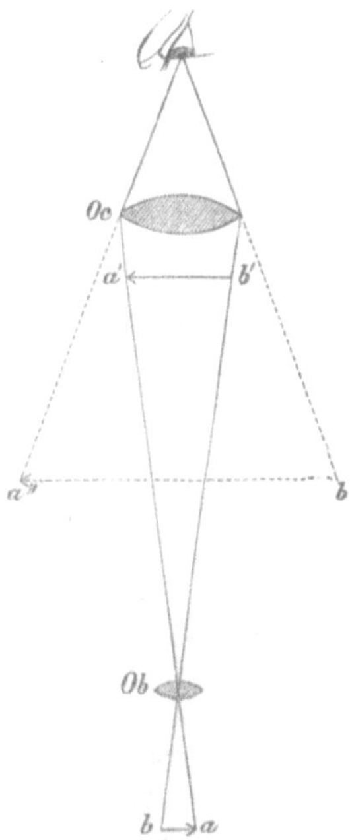

Fig. 30.

So primitiv, wie es die nebenstehende Abbildung veranschaulicht, macht man jedoch lange keine zusammengesetzten Mikroskope mehr, sondern man hat, abgesehen von der unten noch näher zu erläuternden Verbesserung der Objective, in der Metallröhre, welche die sämmtlichen Linsen des Mikroskopes vereinigt, noch eine weitere Linse angebracht, welche man mit dem Namen Collectivglas oder -linse belegt. Seine Wirkung erläutert Fig. 31. Von dem Object a — b gehen die Strahlen in der mehrfach erwähnten Weise aus und würden ohne eine weitere Vorrichtung in der unterbrochenen Linie a'—b' das vergrößerte umgekehrte Bild entwerfen. Durch die eingeschobene Collectivlinse (Co) aber werden die Strahlen, ehe sie sich zu dem erwähnten Bild vereinigen, gebrochen und das Bild entsteht nun schon etwas früher (a'' b'') und ist auch etwas kleiner, als es ohne diese Linse der Fall gewesen wäre. Dieser letztere Umstand aber, die Verkleinerung des Bildes, die man eigentlich einen Nachtheil nennen müßte, da ja der Zweck des Mikroskopes gerade eine möglichst starke Vergrößerung des Bildes ist, hat doch so günstige Folgen, daß der kleine Nachtheil vielemale aufgewogen wird.

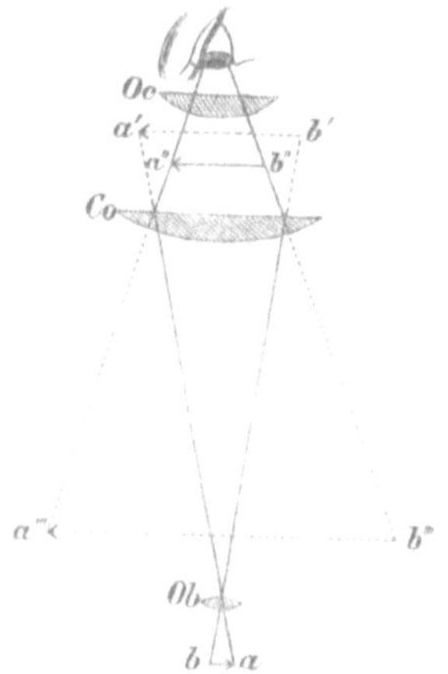

Fig. 31.

Denn erstlich kann wegen dieser Verkleinerung jetzt eine weit größere Fläche übersehen werden, als es ohne das Collectiv möglich gewesen wäre; oder wie man sich auszudrücken pflegt, das Gesichtsfeld gewinnt an Ausdehnung. Dieser Wirkung, die eine Folge der „Sammlung" der von dem Objecte divergirend ausgehenden Lichtkegel ist, welch' letztere im anderen Falle zum Theil an dem Ocular vorbei gehen würden, verdankt auch das Collectivglas seinen Namen.

Mit der Vergrößerung des Gesichtsfeldes nimmt aber zweitens zugleich die Lichtstärke des Bildes zu. Die Strahlen nämlich, welche zur Bildung des ursprünglichen Luftbildes a'—b' beigetragen hätten, werden jetzt alle in dem kleineren Raume a''—b'' vereinigt. Und zwar geht die Zunahme der Lichtstärke im umgekehrten Verhältnisse mit dem Durchmesser des Bildes vor sich. Wäre demnach a''—b'' halb so groß als a'—b', so würde jenes Bild etwa viermal heller erleuchtet sein als dieses.

Ueberdies findet noch eine Correction der sphärischen und chromatischen Aberration statt, so daß man also das Collectiv als eine in jeder Hinsicht zweckmäßige Bereicherung des Mikroskopes rühmen muß.

Der Abstand zwischen Ocularglas und Collectivlinse muß ganz bestimmt sein, so daß das Bild genau in den Focus des ersteren fällt. Sie sind deßhalb beide gemeinschaftlich in einer Röhre befestigt, welche wie die Hauptröhre des Mikroskopes auf ihrer Innenfläche geschwärzt ist, um die Spiegelung der Lichtstrahlen an ihren Wänden zu verhüten. An allen neueren Instrumenten sind die beiden genannten Linsen in einer festen Verschraubung, so daß sie gegeneinander durchaus unbeweglich sind und es befindet sich an der Stelle, an welcher zwischen Collectivglas und eigentlichem Ocular das Luftbild entworfen wird, ein Diaphragma (Fig. 33 BD). Diese Verbindung wird nach ihrem Erfinder „Huygens'sches Ocular" genannt[1]). Setzt man die Collectivlinse aus den zwei

[1]) Das Huygens'sche Ocular nennt man auch noch Campanisches Ocular. Campani benutzte es schon in früherer Zeit für das Fernrohr. — Das Ramsden'sche Ocular, welches man für Mikroskope wenig oder gar nicht benützt, hat eine andre Ein=

verschiedenen Glassorten zusammen, dann erhält man ein „aplanatisches Ocular“.

Das Objectiv, welches das eigentliche Bild des Gegenstandes liefert, ist es natürlich, welches hauptsächlich die vergrößernde Wirkung ausübt. Ihm muß deßhalb auch die größte Sorgfalt gewidmet werden.

Einfache Linsen benützt man aus naheliegenden Gründen seit längerer Zeit gar nicht mehr als Objective, sondern man verwendet nur noch sogenannte „aplanatische Doppellinsen“ (s. o.). Da jedoch mit der Stärke der Vergrößerung die Krümmung der Linsenoberfläche zu und die Entfernung des Focus von derselben abnimmt, so hat man davon Abstand genommen, stärkere Vergrößerungen mit solchen einfachen Doppellinsen zu erzielen und begnügt sich, sie für schwache Vergrößerungen zu verwenden. Schieck in Berlin fertigte vor mehreren Jahrzehnten derartige Linsen an, welche heute noch in ihrem unglaublich großen Gesichtsfeld und in ihrer Lichtstärke unübertroffen dastehen. Für stärkere Vergrößerungen macht man von der oben erwähnten Thatsache Gebrauch, daß mehrere schwächere Linsen durch ihre Verbindung eine ebenso bedeutende Vergrößerung erzielen lassen, als eine einzige weit stärkere.

Die Linsen werden in einer Messingfassung mit einander vereinigt und man nennt sie „Linsensysteme“.

In der Regel bestehen die schwächeren und mittleren

---

richtung als das beschriebene. Es besteht zwar ebenfalls aus zwei Linsen, doch fällt das Luftbild nicht wie dort zwischen beide, sondern schon vor die erste. Es stellt dieses Ocular also nur ein Doublet dar, und man begibt sich bei seiner Anwendung einiger unbedeutender Annehmlichkeiten wegen aller der großen Vortheile der Huygens'schen Einrichtung.

Systeme aus drei Doppellinsen, und es werden diese aus je einer planconcaven Flintglaslinse und einer doppeltconvexen Kronglaslinse gebildet, welche mittelst einer dünnen Schicht Canadabalsams miteinander vereinigt werden. Bei sehr starken und vollkommenen Systemen der besten Werkstätten bildet indessen häufig die vordere Linse eine dreifache Combination aus zwei planconvexen Kronglaslinsen mit einer planconcaven Flintglaslinse in der Mitte, die mittlere eine Doppellinse aus einer doppeltconvexen Kron- und einer doppeltconcaven Flintglaslinse, während die hinterste wieder eine dreifache Combination aus zwei doppeltconvexen Kronglaslinsen und einer doppeltconcaven Flintglaslinse vorstellt.

Bei der Verbindung der einzelnen Linsencombinationen unter sich bringt man dieselben in solcher Ordnung hintereinander, daß die Kleinste, d. h. die stärkste, dem Gegenstande zugewendet wird. Dadurch rückt einmal der Brennpunkt oder die Stelle, an welcher das Object liegt, etwas weiter von dieser vordersten Linse weg[1]) und dann gewinnt das ganze System an Größe der Oeffnung und folglich an Helligkeit, sowie an dem Vermögen, sehr zarte Structurverhältnisse sichtbar zu machen, welche Eigenschaft man als „auflösendes Vermögen" bezeichnet. Bei dieser Anordnungsweise kann man nämlich die Oeffnungen der hintereinander zu stehen kommenden Linsencombinationen in ein solches Verhältniß bringen, daß, wie Fig. 32 zeigt, alle auf die vorderste Linse treffenden Lichtstrahlen ohne

[1]) Leser, welche sich dafür interessiren, die Gründe dieser Thatsache kennen zu lernen, verweise ich auf Harting, Mikroskop Braunschweig, Vieweg, 1866, 2. Aufl., I. Theil, §. 124, pag. 115—118.

Verlust wieder aus der hintersten Linse austreten. Im umgekehrten Stellungsverhältnisse dagegen würden die von der vorderen größeren Linse durchgelassenen Strahlen an den dahinter befindlichen Linsen von kleinerem Durchmesser zum Theil vorbei und für das Luftbild verloren gehen.

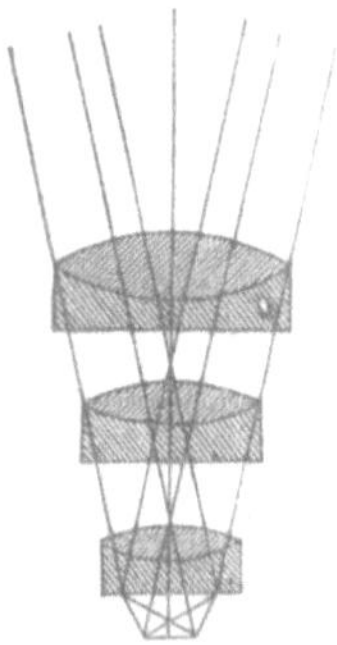

Fig. 32.

Die Anfertigung solcher Objectivsysteme könnte nun als eine sehr sichere Arbeit erscheinen. Wenn der Optiker erst die Krümmung der einzelnen Linsen berechnet, die Formen zurecht gemacht und endlich die Linse geschliffen hat, so sollte man glauben, nun habe er nur nöthig, sie genau nach dem Maaß zusammenzusetzen, um sie sofort zum Gebrauche fertig zu haben. Allein leider ist dem nicht so, und es ist zu fürchten, daß es noch lange nicht so sein wird. Denn die Kleinheit der Linsen, die Beschaffenheit des Materials, und manche andere Ursachen gestatten es nicht, mikroskopische Linsen mit solcher Exactheit zu schleifen, daß sie genau der Berechnung entsprechen. Bei der Zusammensetzung der einzelnen Linsen zu Systemen muß deßhalb so lange probirt werden, bis der Optiker eine Wirkung erzielt hat, die er glaubt, nicht mehr verbessern zu können. Die Chefs der berühmten Firmen pflegen diese Arbeit auch immer persönlich zu besorgen, während sie die vorbereitenden Operationen ihren Arbeitern überlassen. Selbstverständlich werden aber unter solchen Umständen auch nicht zwei Mikroskope aufzutreiben sein, welche vollkommen gleich sind.

So stehen z. B. zwei gleichzeitig aus demselben Geschäfte hervorgegangene Mikroskope vor mir, von welchen die beiden stärksten Systeme, obwohl sie mit der gleichen Nummer bezeichnet sind, sich so sehr in ihrer Güte unterscheiden, daß das eine nahezu unbrauchbar, das andere von der höchsten Leistungsfähigkeit ist. Obwohl nun solche bedeutende Ungleichmäßigkeiten bei wahrhaft reelen Geschäften nicht vorkommen dürfen, so thut man bei dem Ankauf eines Mikroskopes doch immer gut, wenn man erst eine genaue Prüfung aller Linsen vornimmt, oder von einem Sachverständigen vornehmen läßt, ehe man sich entscheidet. (Darüber unten mehr.)

Harting deutet noch im Jahre 1865 an, daß man wohl stets die gleichen Schwierigkeiten bei der Herstellung von Linsensystemen zu überwinden haben wird. Im verflossenen Jahre aber hat ein jüngerer Forscher, Abbe in Jena ausgesprochen, daß man Objective auch genau nach Berechnung anfertigen könne. Er ließ der Theorie gleich die Praxis folgen und erzählt, „daß seit einiger Zeit in der Werkstatt von Zeiß in Jena Mikroskopsysteme angefertigt werden, die einigermassen auf der Höhe der dermaligen Leistungen stehen dürften, vom schwächsten bis zum stärksten, durchaus nach theoretischen Vorschriften ausgeführt. Es zeigt sich dabei, daß eine hinreichend gründliche Theorie in Verbindung mit einer rationellen Technik, die alle Hilfsmittel benutzt, welche die Physik der praktischen Optik bietet, auch bei der Construction der Mikroskope die empirischen Verfahrungsweisen mit Erfolg ersetzen kann.“

So schön dieser Fortschritt in der Verfertigung von Mikroskopen auch ist, so nimmt uns der erwähnte Gelehrte doch selbst die Hoffnung auf eine dadurch angebahnte größere Weiterentwickelung, indem er im Laufe seiner Deductionen zu dem Schlusse kommt, daß wir eigentlich bereits am Ende unserer Wissenschaft angelangt seien, und daß stärkere Vergrößerungen, auch wenn sie angefertigt werden können, unserm Auge nicht mehr nützen; wir würden nach seiner Meinung doch nicht mehr damit sehen können, als wir dies jetzt schon vermögen.

Da er aber trotz seiner sorgfältigen Berechnungen doch auch „unvermeidliche kleine Abweichungen" bei den nach seinen Angaben gefertigten Linsen zugeben muß, da ferner die neuesten Mikroskope von Zeiß, die nach der Berechnung angefertigt sind, zwar sehr gut sind, aber doch durch andere nicht nach der Abbe'schen Berechnung hergestellte in mehreren nicht unwesentlichen Punkten übertroffen werden, und da zuletzt auch schon früher mehrmals allgemein für wahr gehaltene Berechnungen einen weiteren Fortschritt der Mikroskopverfertigung verneinten, ohne doch wahr prophezeit zu haben — so wollen wir trotz Allem die Hoffnung noch nicht aufgeben, daß noch ein weiterer Fortschritt in der Verfertigung des Instrumentes, welches uns schon heute so wundervolle Geheimnisse der Natur enthüllt hat, stattfinden kann, der uns in Stand setzt, noch tiefer in das Verständniß des Lebens einzudringen und uns so der Lösung des Problems der Existenz desselben überhaupt zu nähern.

Das Vorstehende kennzeichnet den Standpunkt der heutigen Herstellung mikroskopischer Linsen im Allgemeinen; einige Details sind weiter unten noch nachzutragen.

Ich wende mich jetzt zur Betrachtung der wenn auch nebensächlichen doch auf die Güte des Instrumentes nicht wenig einflußreichen Metallarbeit.

Dieselbe hat neben dem Tragen der optischen Linsen noch mehrere Zwecke. Einmal muß sie so bequem wie möglich gearbeitet sein, um bei einer länger dauernden

Arbeit am Mikroskop den Beobachter nicht zu stören; ferner soll sie dazu dienen, die gegenseitige Centrirung der Linsen stets unverrückt aufrecht zu erhalten, dann muß sie die Concentration des Lichtes, soviel es durch sie möglich ist, erhöhen, und zuletzt muß sie eine gröbere und feinere verticale Beweglichkeit der Linsen unter sich und der Linsen gegen das Object gestatten.

Schon seit lange wird für die Fassung des optischen Theiles der Mikroskope fast ausschließlich Messing benutzt und es war Sache der allmählig immer größeren Erfahrung, diejenigen Einrichtungen, welche sich als die am meisten praktischen bewährt hatten, zu conserviren und weiter zu entwickeln.

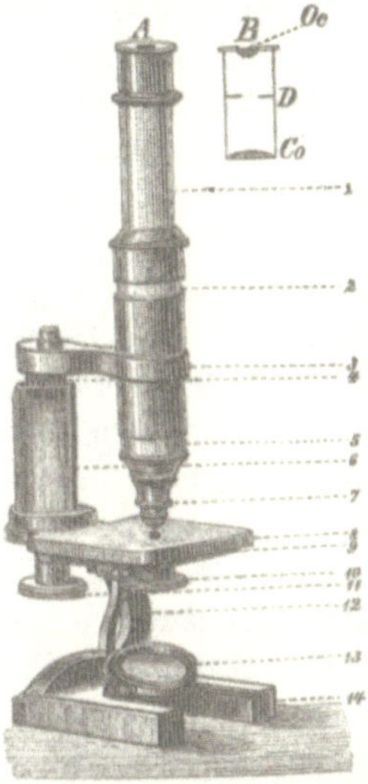

Fig. 33. A Mikroskop aus der Werkstätte von R. Winkel in Göttingen.

1, 2 und 5 Tubus, welcher oben das Ocular eingesteckt, unten das Objectiv angeschraubt enthält; dadurch, daß 1 in 2 eingeschoben werden kann, läßt sich die Röhre verkürzen. 3 Querbügel, welcher die Hülse für den Tubus trägt. 4 Prisma. 6 Hülse desselben. 7 Objectivsystem. 8 Objecttisch. 9 Schlittenvorrichtung für das Cylinderdiaphragma (10). 11 Mikrometerschraube. 12 Bügel. 13 Spiegel. 14 Fuß. B Das aus dem Tubus herausgenommene Ocular im Durchschnitte. Oc Eigentliches Ocularglas. D Diaphragma. Co Collectivglas.

Der folgenden Beschreibung lege ich ein Mikroskop zu Grunde, wie es jetzt nach den berühmtesten Modellen und nach den Angaben und Wünschen mehrerer Sachverständiger von der Firma Winkel in Göttingen angefertigt wird.

Im Princip ist die Einrichtung von Objectisch (Figur 33, 8), Fuß (12 und 14) und Spiegel (13) ebenso, wie beim einfachen Mikroskop, doch sind hier beim zusammengesetzten Mikroskop die einzelnen Theile weit massiver gearbeitet, um eine größere Sicherheit der Centrirung und ein recht festes Stehen des ganzen Instrumentes herbeizuführen. Außerdem sind noch an der Construction der Stellschraube (11), sowie des eigentlichen Rohres (1, 2 und 5) Modificationen angebracht, die durch die Natur der optischen Einrichtung bedingt sind.

Beginne ich mit dem Fuß (14), so hat man demselben in der letzten Zeit allgemein die Form eines Hufeisens gegeben, da man sich überzeugt hat, daß dieselbe trotz des verhältnißmäßig kleinen Raumes, den sie einnimmt, doch durch Gestalt und Gewicht die größte Gewähr für ein sicheres Stehen des werthvollen Instrumentes leistet. Von ihm aus erhebt sich eine kräftige Säule oder ein gekrümmter Bügel (12), der den oberen Theil des Instrumentes trägt. Nach oben schließt sich an diesen eine Hülse (6), die man jetzt nur noch mit einer drei- oder vierseitigen Oeffnung macht, um dem genauestens eingepaßten Prisma eine seitliche Verschiebung unmöglich zu machen. Das letztere (4) trägt an einem horizontal laufenden Stück (3) ein kurzes federndes Rohr, in welchem der Tubus (1, 2 und 5), d. h. das Rohr, in welchem die eigentliche optische Vorrichtung angebracht ist, mit der Hand hin- und hergeschoben werden kann. Der Tubus muß an seiner Hülse soviel Reibung haben, daß er in jeder ihm gegebenen Stellung feststeht, muß aber doch so beweglich sein, daß ein Wechseln der Linsensysteme und ein nöthig werdendes Reinigen derselben leicht ausgeführt werden kann. Die früher ganz allgemein benützte Zahntriebwerkeinrichtung zum Zweck dieser groben Verschiebung hat man fast ganz verlassen, seit man sich überzeugt hat, daß die Verschiebung der Hand sicherer und praktischer ist.

Doch genügt natürlich eine solche Verschiebung nicht, um die unendlich geringen Hebungen und Senkungen auszuführen, welche stets beim Durchmustern der ganzen Dicke eines Präparates gemacht werden müssen. Es ist zu diesem Zwecke eine „Mikrometerschraube" vorhanden, d. h. ein Schraubengang von einer so bedeutenden Feinheit, daß er auch bei einer vollen Umdrehung der Schraube nur eine ganz unbedeutende Bewegung macht; er übersetzt also die groben Bewegungen, die unsere Hand allein ausführen kann, in die unendlich feine, welche für die Einstellung bei starker Vergrößerung nöthig ist. Die Schraube (Fig. 33, 10; Fig. 34, S) bewegt in den guten neueren

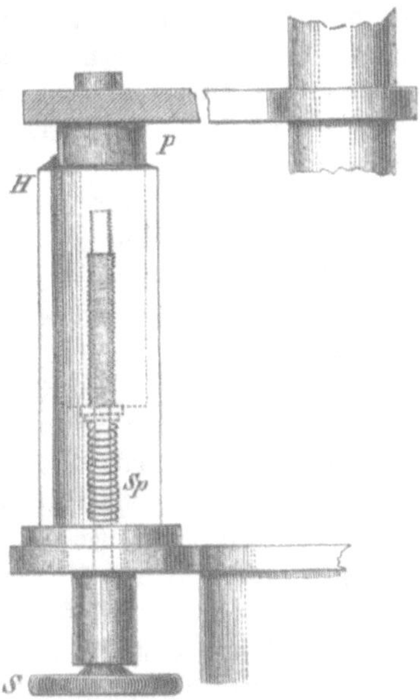

Fig. 34. Mikrometerschraube in schematischer Zeichnung
Die Schraube S faßt in einen Schraubengang des Prisma's P. Der Widerstand wird durch die Spiralfeder Sp gegeben. H Hülse des Prismas.

Instrumenten stets den ganzen oberen Theil des Instrumentes gegen den Objecttisch hin und her, indem sie das Prisma (Fig. 33, 4; Fig. 34 P) in seiner Hülse (Fig. 33, 6; Fig. 34 H) verschiebt. Sie ist entweder, wie in der Figur, am unteren oder auch oft am oberen Ende des Prismas angebracht. Als Widerstand gegen die Schraube benutzt man eine stählerne Spiralfeder, die so angebracht ist, wie es die Fig. 34 (Sp) veranschaulicht. Aeltere Mikroskope und von den neueren einzelne sehr billige tragen die Schraube auch am Objecttisch und bewegen diesen mit dem darauf liegenden Präparat gegen die Linse hin und her. Doch ist diese Einrichtung deßhalb allgemein verlassen worden, weil bei ihr neben anderen Uebelständen stets die Centrirung schnell leidet, oder auch von Anfang an nicht vollständig hergestellt wird.

In der heutigen Fabrikation besserer Mikroskope legt man gerade auf die Solidität des Objecttisches einen besonderen Werth, und zwar mit Recht. Denn es fordert die jetzige Vielseitigkeit in der Behandlung der Präparate sowohl Raum als auch festes und sicheres Stehen. Der Objecttisch muß quadratisch sein, da eine runde Form die Hand, die nicht gehörig unterstützt ist, leicht ermüden läßt, und eine rechteckige an Platzmangel leidet. Eine Seite des Quadrates muß mindestens 60 Mm. betragen, mißt aber am besten 100 Mm. Die Dicke der Platte beträgt bis zu 5 Mm. Ihre Entfernung vom Tisch, auf dem das ganze Instrument steht, wählt man so, daß die Handwurzel noch bequem auf ersterem aufruht, während sich die Finger auf dem Objecttische befinden. In der Mitte trägt die Platte die Oeffnung, welche das Licht vom Spiegel aus durch das Object leitet. Für die verschieden starken Objectivsysteme ist es nöthig, verschieden weite Oeffnungen zu haben, man hat deßhalb Einrichtungen getroffen, um dies Diaphragma zu erweitern und zu verengen. Die Bohrung im Tische selbst hat einen so großen Durchmesser, wie er bei der schwachsten Vergrößerung gebraucht wird; dieselbe kann durch vorgeschobene Diaphragmen in verschiedener Art verkleinert werden. Entweder bewirkt man dies einfach durch eine runde Scheibe, die von verschieden großen Löchern durchbohrt ist (Fig. 35 A) und die man durch Drehen vor die Tischöffnung stellen kann, oder man benutzt eine Cylinderblendung, welche meist in einer Schlittenvorrichtung geht, und welche viel praktischer ist, als die Drehscheibe. Hierbei gleitet in den Falzen aa (Figur 36 AB und Figur 33, 9) ein Schlitten b an welchem eine kurze Hülse c angebracht ist. In diese paßt ein genau eingeschliffener auf und ab beweglicher Cylinder dd (und Fig. 33, 10) in dessen oberer Oeffnung wieder die kleine, in den Objecttisch passende Blendung ee gesteckt wird. Die letztere kann nach Belieben

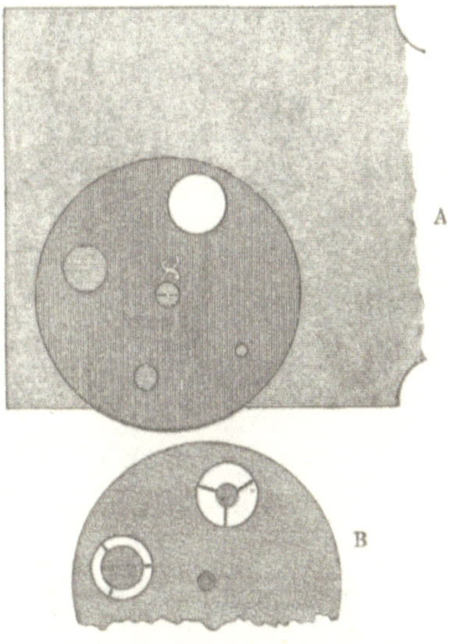

Fig. 35 A und B.
A Scheibendiaphragma von unten gesehen. x Schraube mittelst deren die Scheibe an der unteren Seite des Objekttisches befestigt ist. B Scheibendiaphragma für Abblendung der Centralstrahlen (s. pag. 59).

mit einer anderen vertauscht werden. Hat man in den Cylinder die passende Blendung eingesetzt, dann schiebt

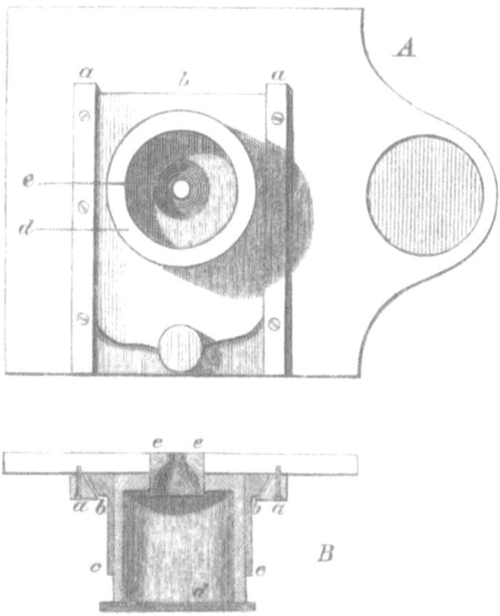

Fig. 26.
A Cylinderblendung von unten gesehen. B Dieselbe im Durchschnitt. Buchstabenerklärung s. Text.

man ihn nur soweit in die Hülse des Schlittens, daß die ganze Vorrichtung noch bequem in den Falz eingeschoben werden kann und setzt erst, wenn dies geschehen ist, durch einen Druck auf den unteren Rand des Cylinders das Diaphragma wirklich in den Objecttisch selbst ein. Es gestattet eine solche Vorrichtung die feinsten Nüancen in der Stärke und Richtung des angewendeten Lichtes, weßhalb man sie auch an keinem besseren Instrumente vermißt.

Will man andererseits die Centralstrahlen, welche das concentrirteste Licht geben, abblenden, so benützt man dazu Diaphragmen, deren Centrum mit einem Metallplättchen undurchsichtig gemacht ist, so daß nur die Randstrahlen zum Object gelangen (Fig. 35 B).

Um das Licht ganz besonders stark zu concentriren, werden von den Optikern auch vielfach Beleuchtungslinsen oder -Systeme construirt, welche man statt des kleinen Diaphragmas e einsetzt. Für besondere Zwecke und bei besonders schlechtem Licht üben sie eine sehr schätzenswerthe Wirkung aus.

Ueber den Spiegel ist nur noch zu sagen, daß er meist doppelt, auf der einen Seite plan auf der andern concav ist, und daß er nach vorne und hinten und nach rechts und links ganz frei beweglich hergestellt wird, um dem Licht nach allen Seiten hin nachgehen zu können. An manchen Mikroskopen ist auch eine Bewegung desselben in der Vertikalen möglich, doch ist diese für die gewöhnlichen Fälle entbehrlich.

Es bleibt nun nur noch übrig zu erwähnen, daß in die Röhre, welche die gesammte optische Einrichtung des Mikroskopes enthält, die Objectivsysteme von unten eingeschraubt werden. Das Ocular ist nur (vergl. Fig. 33 B) eine kurze Röhre, welche locker in den eigentlichen Tubus eingeschoben wird.

Der letztere besteht bei den Instrumenten mit etwas besserer Metallarbeit selbst wieder aus zwei Stücken, von denen das obere (Fig. 33, 1) in dem unteren (2) auf und nieder geschoben werden kann. Es wird dadurch eine Modification in der Vergrößerung herbeigeführt, da man ja mit der oberen Röhre auch das Ocular hin und her schiebt und also die Strahlen mit dem Collectiv auffängt, wenn sie einander noch näher stehen und ein kleines Bild geben oder wenn sie schon mehr divergiren.

Zuletzt mag noch hinzugefügt werden, daß alle Theile, welche einer Spiegelung ausgesetzt wären und welche dadurch eine Störung der eigentlichen Wirkung des Mikroskopes befürchten lassen würden, mit matter Farbe geschwärzt sind, um diesen Effect zu verhindern. Es ist dies vor Allem das Innere aller Röhren, vom Objectiv an bis zum Ocular. Auch der Objecttisch, das Diaphragma und die Spiegelfassung werden mit schwarzer Farbe matt gemacht.

Wenn auch nicht in organischer Verbindung mit dem bis eben beschriebenen modernen Mikroskop, aber doch bei Herstellung fast aller Präparate benutzt, ist nun der „Objectträger“ und das „Deckglas“ zu nennen.

Der erstere ist das Glasplättchen, auf welchem die letzte Vorbereitung für die Untersuchung des Präparates und dann die Beobachtung desselben selbst vorgenommen wird. So einfach diese Glasplatte ist, so hat sie doch mancherlei Discussionen bei den Männern vom Fach hervorgerufen. Größe, Form und Material wurden mehrfach verändert. Was zuerst das Material anlangt, so glaubte man früher nur feines, weißes Spiegelglas benutzen zu können, ist aber jetzt mit Recht von diesem kostspieligen Glauben zurückgekommen und benützt statt dessen gewöhnliches Fensterglas. Ob man die Ecken und Kanten abschleifen will, oder ob man die Platten roh benützt, ist Sache des Geschmackes und der Börse. Die Form betreffend, so benützt man jetzt ausschließlich Rechtecke; die schmale Seite muß jedoch, wenn man genug Platz haben soll, an Länge mindestens einem Drittel der langen Seite gleich kommen. Man legt in die Mitte das Präparat und hat an beiden Seiten noch genügend Raum für aufzuklebende Etiketten.

In Deutschland benützen die meisten mikroskopischen Vereine und eine große Anzahl von Universitätsanstalten das sogenannte Giessener Format, 48 Mm. lang 28 Mm. breit (vergl. unten Fig. 104), doch sieht man in neuerer Zeit beim Größerwerden des Objecttisches auch die Objectgläser vielfach an Größe zunehmen.

Der Objectträger ist deßhalb von einer sehr untergeordneten Bedeutung, weil er vor dem Objecte liegt, und also die von letzterem ausgehenden Strahlen nur dann in unangenehmer Weise beeinflussen könnte, wenn er keine plane glatte Glasplatte wäre.

Ganz anders dagegen ist es mit dem Deckglase. Dasselbe ist ein dünnes Glasplättchen, welches man jetzt ganz allgemein auf das Object zu legen pflegt.

Man könnte zwar die Präparate auch ohne Deckglas betrachten und hat das früher wirklich fast ausschließlich gethan. Allein die Gewohnheit, die Objecte in Flüssigkeiten zu untersuchen und sie in denselben dauernd aufzubewahren, hat die Deckplättchen nöthig und für die meisten Zwecke unentbehrlich gemacht.

Die Benetzung wird deßhalb vorgenommen, weil die meisten organischen Körper eintrocknen und ihre Formen ändern würden, wenn sie nicht beständig von Flüssigkeit umspült wären. Außerdem würden auch die Lichtstrahlen, die von einem nicht ganz regelmäßig gestalteten trockenen Objecte ausgehen, allerlei unliebsame Ablenkungen erleiden und so die Beobachtung erschweren. Legt man aber das Object in ein Tröpfchen Flüssigkeit, so schafft man sich eine neue, nicht vorgesehene optische Linse, da bekanntlich nach den Gesetzen der Physik alle Flüssigkeitstropfen das Bestreben haben, Kugelform anzunehmen. Auf dem Objectträger ist dies freilich nicht vollständig möglich, denn da der Tropfen auf einer planen Fläche aufruht, so wird man das Object in eine planconvexe Flüssigkeitslinse eingeschlossen sehen. Dies scheint nun zwar der Betrachtung nur förderlich zu sein, allein je nach der Größe des Tropfens und seinem Flüssigkeitsgrad wird seine Krümmung eine größere oder kleinere werden, wodurch also ein Faktor in die Combination der Linsensysteme sich eindrängt, der nicht vorher berechnet ist und auch nicht berechnet werden kann. Durch die Benützung des Deckglases wird der Tropfen plattgedrückt und so statt der planconvexen Linse eine planparallele Flüssigkeitsschichte geschaffen, welche keine Störung mehr verursacht. Freilich aber ist durch das Deckglas selbst wieder ein optisches Moment in die Combination der Linsen des Mikroskopes hineingekommen, welches jedoch nicht störend wirkt, da es sich bei der feststehenden und unveränderlichen Form eines Glasplättchens mit Erfolg in die Berechnungen des Optikers hineinziehen läßt.

Die Wirkung des Deckglases beschreibt Mohl, der erste Forscher, der ausführlich darauf aufmerksam macht, folgendermaßen:

Das Object schickt auf die vordere Fläche des Objectives ein Bündel divergirender Strahlen aus. Verfolgen wir nun den Weg divergirender Strahlen (Figur 37 B, a, a. B, b, b.) durch ein Planglas (A A'), so finden wir, daß dieselben nach ihrem Austritte aus der zweiten (oberen) Fläche des Glases eine solche Lage (c — d und e — f) angenommen haben, daß sie rückwärts verlängert im Ganzen genommen von einem Punkte herzukommen scheinen, welcher etwa um ein Drittheil der

Dicke des Deckglases höher als das Object selbst liegt. Außerdem aber und dieses ist der hier vorzugsweise in

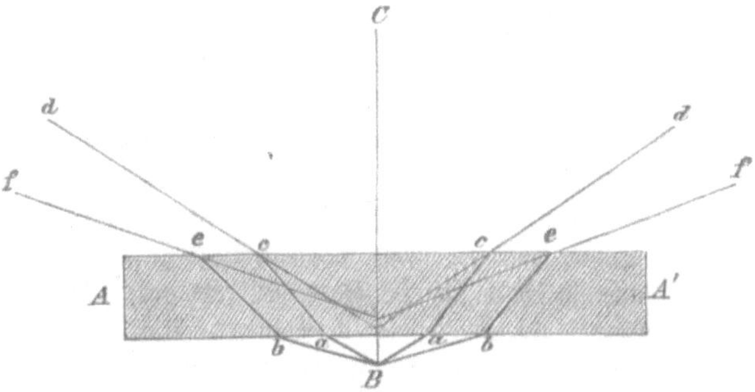

Fig. 37.

Betracht kommende Punkt, findet man, daß die rückwärts verlängerten Strahlen nicht mehr in einem gemeinschaftlichen Punkte zusammentreffen, sondern daß die von der Achse (C — B) stärker divergirenden Strahlen in einem höher oben gelegenen Punkte sich vereinigen, als die der Achse näher liegenden.

Man wird also statt eines einzigen Bildes deren viele, welche übereinander liegen, sehen. Das Deckgläschen übt somit eine ähnliche Wirkung aus, wie die sphärische Aberration, und wird durch eine Verwischung der scharfen Conturen des Objectes die Beobachtung beträchtlich stören, wenn der Optiker nicht gleich bei der Zusammenstellung der Mikroskope auf diesen Umstand Rücksicht nimmt. In der That findet man auch bei allen besseren Mikroskopen auf dem beiliegenden Zettel, der das Verzeichniß der Linsensysteme nebst ihrer Vergrößerung enthält, auf welche Deckglasdicke sie corrigirt sind.

Man wird natürlich am besten thun, wenn man nur Deckgläser benützt, welche genau für die Linsensysteme passen, allein dies ist nicht immer zu erreichen. Denn man wird niemals vom Fabrikanten Deckgläser erhalten können, welche sämmtlich genau die gleiche Dicke haben. Will man also nicht die Hälfte oder mehr unbenützt wegwerfen, so muß man eben wohl oder übel mit den ziemlich theuer erkauften Plättchen arbeiten. Eine Schwankung in der Dicke von über einem Millimeter pflegen schwächere Systeme ohne jeden Schaden für das Bild zu vertragen. Wir können deßhalb für sie jedes der jetzt gebräuchlichen Deckgläschen als brauchbar bezeichnen.. Auch mittlere Systeme lassen noch Schwankungen von mehreren Hunderttheilen eines Millimeters zu. Man kann bei ihnen auch, wenn die Dicke nicht zu sehr ansteigt, durch eine Veränderung in der Länge der Mikroskopröhre helfen. Starke Systeme aber sind so empfindlich, daß sie bei Deckgläschen, welche nicht ganz passend sind, schlechte, oft auch völlig unbrauchbare Bilder geben. Um nun doch auch hier Schwankungen in der Dicke der Deckgläschen zu ermöglichen, hat man die Linsen solcher Objective gegenseitig beweglich gemacht und zwar so, daß sich entweder die oberste oder die unterste gegen die beiden andern verschieben läßt. Durch eine solche Einrichtung (Correction genannt), ist es dem Beobachter selbst möglich, zu jeder Zeit mit einer kleinen Schraubendrehung die Correction des Objectives zu ändern und dem jeweiligen Deckglase anzupassen. Man probirt so lange hin und her, bis man das Bild am schärfsten begränzt sieht. Einige Uebung, die man sich sehr schnell erwirbt, erlaubt die Correction in wenigen Secunden zu vollenden.

Mit der Correction der starken Linsensysteme verbindet man in den meisten Fällen noch eine andere Einrichtung, nämlich die der Immersion (Eintauchung). Man bringt hierbei auf die freiliegende Linse des Objectives ein Tröpfchen Wasser, welches nun beim Herunterschieben der Röhre das Deckglas berührt. Es wird also statt der Luft, die man bei den gewöhnlichen Systemen zwischen Object und Linse hat, Wasser eingefügt. Diese Einrichtung ist sowohl für die Dicke des benützten Deckgläschens, als auch für die Größe der nöthig gewordenen Correction von Bedeutung.

Was zuerst den Einfluß des eingefügten Wassertropfens auf die Dicke des Deckgläschens anlangt, so ist er leicht zu verstehen, wenn man sich vergegenwärtigt, daß das Wasser einen höheren Brechungsexponenten (1,336) hat, als die Luft (1,000) und zwar einen solchen, der sich dem des Glases (1,5) sehr nähert. Es wird also die Wasserschicht eigentlich kaum anders wirken, wie das Deckglas, und man kann für die Praxis annehmen, daß Deckglas und Wasserschichte ein Ganzes bilden. Es ist nun natürlich, daß jetzt die Dicke des wirklichen Deckglases einen weit geringeren zerstreuenden Einfluß ausübt, als wenn statt des Wassers Luft als Zwischensubstanz gebraucht wäre, denn nun ergänzen sich ja Glas- und Wasserschichte wechselseitig und wird die eine dünner, dann verdickt sich die andere, und umgekehrt. — Daß unter solchen Umständen die Correctionseinrichtung weit weniger gebraucht wird, als wenn Luft als Zwischensubstanz angewendet ist, versteht sich von selbst. Außer dieser vor Allem ins Auge fallenden Wirkung der Immersion, ergeben sich noch einige Nebenwirkungen, welche genau besehen, für den Arbeiter am Mikroskope noch schätzenswerther sind, als erstere. — Da das Objectiv für eine bedeutendere Deckglasdicke eingerichtet sein muß, als es bei trockenen Systemen der Fall ist, so müssen die einzelnen Linsen einander mehr genähert werden, die Brennweite verkürzt sich und es steigt in Folge dessen die Vergrößerung. Ferner wird durch die Aehnlichkeit im Brechungsvermögen von Wasser und Glas die Reflexion der Lichtstrahlen, die bei trockenen Systemen an der Vorderfläche des Deckgläschens und an der untersten Linse stets Statt hat, so vermindert, daß man sie in der Praxis als aufgehoben betrachten kann. Es dringen deßhalb weit mehr Lichtstrahlen in das Mikroskop ein, als im andern Fall, und so wird dadurch also die Lichtstärke und das Auflösungsvermögen der Systeme bedeutend erhöht. — Da überdieß noch eine Menge von Lichtstrahlen, die in der schwächer brechenden Luft gar nicht in den optischen Apparat des Mikroskopes gelangt wären, durch das stärker brechende Wasser in denselben geleitet werden, so wird überdies ein Effekt erzielt, als hätte man den Oeffnungswinkel vergrößert; es ist also außer der Aufhebung der Reflexion noch ein zweiter Faktor vorhanden, welcher die Lichtstärke erhöht.

Bei solchen Vorzügen ist es wohl nicht zu verwundern, daß man jetzt allgemein die stärksten Objective nur noch für Immersion anfertigt, und daß die mikroskopischen Arbeiter ohne sie nicht mehr auskommen können.

Vorstehendes mag dem Leser ein Bild von dem geben, was man heute von einem guten Mikroskop verlangen muß; was man davon verlangen kann, darüber werden die folgenden Abschnitte Aufschluß geben.

IV. Geschichte der Mikroskope und der Mikroskopie.

1. Vom Alterthum bis Ende des sechzehnten Jahrhunderts.

Es gibt kein Forschungsgebiet, welches so sehr von seinen Werkzeugen abhängig ist, als die Mikroskopie. Astronomen haben auch mit schlechten Fernröhren großartige Entdeckungen gemacht. Chirurgen haben im Nothfalle mit der Tischlersäge Knochen abgesägt, Chemiker haben die feinsten Untersuchungen schon auf Kochheerden ausgeführt, aber noch nie ist ein Mikroskopiker mit einem schlechten Instrument seiner Zeit vorangeeilt, und dies aus den einfachsten Gründen.

Das Mikroskop ist ein gegebenes Ding, welches vom Beobachter, auch wenn er die Schwächen seines Instrumentes wohl kennt und aufs höchste bedauert, nicht durch eigene praktische Nachhilfe und Aenderung verbessert werden kann. Auch in Bezug auf Aenderung und Variirung des Untersuchungsobjectes sind dem Mikroskopiker die Hände gebunden. Ist es ihm ja doch sogar in den meisten Fällen unmöglich, ein Ding von allen Seiten zu betrachten. Ein einziges Bild ist gegeben, noch unvollkommen dadurch gemacht, daß bei der allgemeinen Durchleuchtung alle Schatten fehlen; aus Strichen und Punkten, welche sich zeigen, muß mühsam auf die Struktur des beobachteten Gegenstandes geschlossen werden. Also nur eine Conturzeichnung hat man vor sich, ähnlich den chinesischen und japanesischen Holzschnitten. Der Schwerpunkt der ganzen Mikroskopie liegt deßhalb natürlich darin, die Conturen, welche ein Gegenstand wirklich besitzt, mögen sie noch so fein, noch so verborgen sein, alle möglichst klar, möglichst scharf sichtbar zu machen. Mit einem Mikroskope, welches nur die Hälfte der Conturen eines Präparates zeigt, kann auch der feinste und scharfsinnigste Beobachter nicht vollständig in das Verständniß des letzteren eindringen.

Es ist deßhalb nur natürlich, daß die Entwickelung des Instrumentes und die seines Gebrauches aufs allerengste zusammenhängen, und daß jeder neuen Verbesserung des Mikroskopes auch eine Reihe mikroskopischer Entdeckungen auf dem Fuße folgten. Es wäre deßhalb gezwungen, wollte man die beiden in der Darstellung trennen und es gewährt viel Vergnügen, die Entwickelungsstufen beider gemeinsam zu verfolgen.

Sieht man sich um, zu welcher Zeit die ersten optischen Linsen gebraucht wurden, so muß weit ins Alterthum zurückgegangen werden. Schon in Niniveh kannte man geschliffene Linsen, wie es die Ausgrabungen von Layard zeigen. Er fand eine solche von Bergkrystall, planconvex, nicht ganz rund und mit einer Brennweite von 4,2 Zoll. Auch in Pompeji hat man ein convexes Glas ausgegraben.

Dies sind wohl die einzigen optischen Instrumente, welche man aus dem Alterthum kennt. In den Schriften der Alten aber findet man gar vielfache Andeutungen, daß man den Werth der Linsen zu schätzen wußte. So ist wohl die erste Sammellinse bei Aristophanes (Wolken Akt 2. Sc. 1) zu finden, wenn er sagt:

Strepsiad: Du hast bei den Heilkrauthändlern doch wohl jenen Stein
Ehemals gesehen, den schönen, den durchsichtigen,
Womit sie Feuer zünden?
Socr: Meinst
Du Brennkrystall?
Streps: Den mein ich.
. . . . Ja nähm ich den,
Indeß der Schreiber jene Klag' ausfertigte,
Abwärts mich stellend also nach der Sonne hin,
Jedweden Buchstaben schmelzt ich hinweg aus der Klagschrift.

Der Dichter bezeichnet mit diesem „Brennkrystall" jedenfalls ein Mineral, wahrscheinlich ebenso Bergkrystall, wie er in Ninive gefunden worden ist. Glas scheint erst später zur Schleifung von Linsen benützt zu sein. So erzählt Plinius, daß die Aerzte gläserne Kugeln zum Brennen bei Operationen benutzt hätten. Die Sammlung der Sonnenstrahlen wurde, wie es scheint, meistens nicht durch solide Glaskugeln besorgt, sondern man benützte kugelige, mit Wasser gefüllte Flaschen, etwa in der Art, wie sie noch heute von den Schustern als Beleuchtungsapparat gebraucht werden. Plinius bringt es auch wirklich fertig, nicht den gekrümmten Glasflächen, sondern dem Wasser die zündende Kraft zuzuschreiben. Er sagt:[1]) Est autem caloris impatiens (vitrum), nisi praecedat frigidus liquor, quum addita aqua vitreae pilae sole ad-

[1]) Plin. Hist. nat. ed. Franzius. Lib. 36. Cap. 47 (26).

verso in tantum candescant, ut vestes exurant. ([Das Glas] ist aber für Wärme unempfindlich, wenn nicht eine kalte Flüssigkeit davor befindlich ist, da Wasser, welches man in eine Glaskugel füllt, gegen die Sonne gehalten, so brennt, daß es Kleider entzündet.) Auch von den Vestalinnen wird erzählt, sie hätten das heilige Feuer mittelst eines Brennglases angezündet und so geht schon aus diesen wenigen Citaten hervor, daß die entzündende Wirkung der Sammellinsen wohl gekannt und sehr geschätzt war.

Ihre vergrößernde Wirkung dagegen wird nur vorübergehend und gelegentlich erwähnt. So sagt Plinius (Lib. 37. XIV.): Nero princeps gladiatorum pugnas spectabat smaragdo. (Der Fürst Nero besah die Kämpfe der Gladiatoren durch einen Smaragd.) Es scheint diese Stelle anzudeuten, daß der Kaiser einen solchen Edelstein als Brille benützt hat, was dadurch noch besonders wahrscheinlich gemacht wird, daß er an anderen Stellen als sehr kurzsichtig geschildert wird. Auch der berühmte Seneca erwähnt mehrmals die Beobachtung, daß er Dinge vergrößert gesehen hätte. Besonders ist die viel citirte Stelle[1]) merkwürdig, wo er sagt: Literae quamvis minutae et obscurae per vitream pilam aqua plenam maiores clarioresque cernuntur. (Noch so kleine und undeutliche Schrift sieht man größer und klarer durch eine mit Wasser gefüllte Glaskugel.)

Aber es ist sehr sonderbar, daß auch er, ebensowenig wie Plinius, daran denkt, die Krümmung der Glaskugel als wirksames Moment anzusehen; sondern ebenso, wie dieser, glaubt er dem Wasser die Hauptwirkung zuschreiben zu müssen.

[1]) Nat. Quaest. Lib. I, Cap. 6.

Sonst finden sich wenig Stellen, welche schließen lassen, daß man die vergrößernde Wirkung von Glaslinsen gekannt habe; allein es läßt sich dies aus anderen Dingen mit Sicherheit entnehmen. Es sind uns nämlich aus alter Zeit Kunstwerke erhalten oder doch Erzählungen überkommen von solchen, welche zu klein waren, um mit bloßem Auge erkannt zu werden. So ist besonders eine unter dem Namen le cachet de Michel-Ange im ersten Bande der Schrift der Academ. des Inscript. p. 270 beschriebene Camee aus durchsichtigem Carneol bemerkenswerth, die eine Höhe von 11,5 und eine Breite von 15 Mm. hat. Auf ihr ist eine Scene von 19 menschlichen und thierischen Gestalten, Bäume, ein Fluß u. dgl. m. in feinster Ausführung gravirt. Dem bloßen Auge ein undeutliches Bild gebend, zeigt sich unter der Lupe ein Relief von großer Schönheit. An die Anfertigung eines solchen Kunstwerkes würde gewiß kein Mensch seine Kräfte verschwendet haben, wenn er nicht sicher gewesen wäre, daß es anderen Leuten möglich war, dasselbe zu bewundern[1]).

Man darf also wohl annehmen, daß Vergrößerungsgläser im Alterthume bekannt waren, jedoch ist ferner zu

---

[1]) Wenn auch Harting anführt, daß solche Kunstwerke mittelst eines verkleinernden Räderwerkes hergestellt werden können und den Beweis führt, daß solche Werke im Alterthum gekannt waren, so ist dies nur ein Beweis dafür, daß bei der Anfertigung möglicher Weise keine Lupe benutzt wurde; allein ich glaube es wird wohl Jedermann zugeben, daß bei der Betrachtung das Bewußtsein, daß man hier eine schöne Darstellung sehen würde, wenn sie dazu nicht überhaupt zu klein wäre, allein für sich nicht genügt, um die Entstehung solch' mühevoller Arbeiten zu erklären. Es scheint demnach ein Kunstwerk wie das Angeführte unbedingt dafür zu sprechen, daß man im Alterthum Vergrößerungsgläser kannte.

vermuthen, daß sie sich nur in den Händen weniger Bevorzugter, des Fürsten-, Priester- und Gelehrtenstandes befanden. Daraus erklärt sich auch, daß bei dem Verfall der Bildung gegen das Ende der altrömischen Zeit mit vielen anderen Dingen die Kenntniß dieser Vergrößerungsgläser verloren ging und erst nach einer Reihe von Jahrhunderten wieder aufgefunden werden mußte; möglicherweise ist auch Hartings[1]) Vermuthung richtig, daß sich in einzelnen Klöstern die Kunst des Glasschleifens erhalten hat, — sichere Beweise dafür sind jedoch nicht beizubringen.

Die ersten Spuren einer neuen Benützung optischer Linsen findet sich im Anfang des 12. Jahrhunderts bei den Arabern. Alhazen erwähnt in seinem optischen Werke, daß ein Kugel-Abschnitt, den man mit der planen Fläche auf einen Gegenstand legt, denselben vergrößert zeige. Etwas ausführlicher behandelt der Pole Vitello im 13. Jahrhundert den Gegenstand, ohne jedoch erheblich weiter zu kommen als sein Vorbild Alhazen. Beide waren merkwürdigerweise nicht auf den Gedanken gekommen, die Linse auch von dem betrachteten Gegenstand zu entfernen und dann ihre Wirkung zu untersuchen.

Roger Bacon[2]), der berühmte Franciskanermönch, welcher Ende des 13. Jahrhunderts in Oxfort lebte, machte eine Menge neuer und scharfsinniger Beobachtungen auf dem Gebiete der Optik. Er wurde nach vielen Berichten wegen seiner tiefen Kenntniß der Natur der Zauberei beschuldigt. Auch das Schleifen eines stärkeren Vergrößerungsglases wurde ihm als eine Gemeinschaft mit dem

[1]) Mikroskop III. Bd. pag 17.

[2]) Nicht zu verwechseln mit Francis Bacon von Verulam, der zu Zeiten der Königin Elisabeth lebte.

Teufel ausgelegt. Seine optischen Kenntnisse waren so groß, daß er schon erkannte, daß die vergrößernde Wirkung der Linsen darauf beruht, daß man die Gegenstände unter einem größeren Winkel sieht. Sein Hauptverdienst aber scheint das zu sein, daß er ausdrücklich darauf aufmerksam macht, daß „dieses Instrument (die Linse) Greisen und solchen, die schwache Augen haben nützlich ist.“ Damit erkennt dieser hervorragende Mann zum ersten Male die große praktische Bedeutung der Vergrößerungsgläser und bahnt denselben so den Weg zu der enormen Verbreitung, die sie schon im 14. Jahrhundert fanden. Die Schriften Bacon's waren noch zu seinen Lebzeiten jedenfalls viel gekannt und gelesen; hatte er ja doch wegen derselben von mehreren Päpsten Einkerkerung von anderen Befreiung und Lobeserhebung erfahren. Es ist nun sehr wahrscheinlich, daß er andere strebende Männer zu eigenen Forschungen anregte und so sehen wir denn wirklich um das Ende des 13. Jahrhunderts die Brillen von Armati erfunden, dessen von Leopoldo del Migliore in der Kirche Santa Maria Maggiore zu Florenz aufgefundene Grabschrift also lautet: Qui giace Salvino d'Armato degli Armati di Fir. Inventore degli Occhiali. Dio gli perdoni la peccata Anno D. MCCCXVIII. (Harting.)

Sein Zeitgenosse Alexander de Spina trug zur Verbreitung dieser Erfindung sehr viel bei und so ist es bei deren hoher Nützlichkeit nicht zu verwundern, wenn man schon in der ersten Hälfte des 14. Jahrhunderts die Brillen bereits in halb Europa kannte und schätzte.

Zwei Jahrhundert blieb es nun bei dieser Verwendung geschliffener Linsen und es geht — wenn man nicht Bacon's Vergrößerungsglas hierherziehen will — aus keiner Urkunde mit Klarheit hervor, daß man Linsen auch als Lupen benützt habe. Doch muß dies in Wirklichkeit der Fall gewesen sein, da man vor Erfindung zusammengesetzter optischer Instrumente sehr bedeutendes im Schleifen einfacher Linsen leistete.

2. Siebenzehntes Jahrhundert.

Um das Jahr 1600 wurde in der Verfertigung optischer Instrumente der bedeutsame und wichtige Schritt vorwärts gethan, der zur Entdeckung des zusammengesetzten Mikroskopes und des Teleskopes führte.

Aeltere Schriften erzählen das Histörchen, es hätten Kinder mit Brillengläsern gespielt, sie hintereinander gehalten und so die große Entdeckung gemacht. Die ältesten Quellen geben uns hierüber keinen Aufschluß und es bleibt dem Geschmacke jedes Einzelnen überlassen, die ziemlich dunkle Entstehung des Mikroskopes mit der Poesie der Sage zu umgeben oder sie nüchtern als das Produkt der Ueberlegung denkender Menschen anzusehen. Ich selbst möchte mit allen neueren Untersuchern des Gegenstandes die letztere Anschauungsweise vorziehen und annehmen, daß eine glückliche und richtig aufgefaßte Beobachtung den Fund veranlaßte.

Hans und Zacharias Janssen, der erstere der Vater des letzteren, zwei Brillenschleifer in der niederländischen Stadt Middelburg waren es, welche das Glück und den Verstand hatten zwischen den Jahren 1590 bis etwa 1610 die beiden für die Naturwissenschaft so unendlich wichtigen Instrumente zu erfinden. Ob das Teleskop oder das Mikroskop das erste war, wird mit voller Sicherheit wohl niemals zu erweisen sein, ist auch ganz gleichgültig. Die beiden Instrumente sind in der innern Zusammensetzung und in der Gebrauchsweise einander so ähnlich, daß es fast nothwendig ist, daß die Entdeckung des einen auch die des anderen Instrumentes nach sich zog. Die Erfinder schenkten Exemplare an den Prinzen Moriz von Oranien und an den Erzherzog Albrecht von Oesterreich. Dieser letztere schenkte sein Mikroskop wieder an einen gewissen Drebbel, ebenfalls Niederländer, von Alkmar gebürtig, welcher Anfangs des 17. Jahrhunderts Hof-Astronom des Königs Jakob von England war. Dieser Drebbel brachte es um 1619 nach England, wo er es mehreren Gelehrten zeigte. Er machte das neue Instrument nach, gab sich für den Erfinder aus und sandte seinen Verwandten Kuffler aus Köln damit über Frankreich nach Italien. Dort starb Kuffler (1622) bald nach seiner Ankunft und man kam nicht eher mit den Instrumenten zurecht, bis Galilei 1624 den Gebrauch gezeigt hatte [1]).

Das Janssen'sche Instrument, welches den nach Italien gekommenen zu Grunde liegt, muß ein ziemlich ungefüges Ding gewesen sein. Willem Boreel, der als Gesandter in England war und dort das Mikroskop zu sehen Gelegenheit hatte, beschreibt es folgendermaßen: „Es war fast anderthalb Fuß lang [2]). Das Rohr selbst war aus vergoldetem Erz und seine Breite betrug 2 Zoll im Durchmesser. Es stand auf drei ehernen Delphinen, die sich ihrerseits auf eine runde Platte aus Ebenholz stützten. Auf die Platte legte man Bruchstücke (quisquilias) oder

---

[1]) Beiläufig mag bemerkt sein, daß auch Galilei, sowie einem Neapolitaner Fontana die Entdeckung des Mikroskopes fälschlich zugeschrieben wird.

[2]) Priestley, Chevalier u. a. lassen es merkwürdigerweise die enorme Länge von 6 Fuß haben.

irgendwelche kleine Gegenstände, die wir dann von oben fast wunderbar vergrößert sahen." (Vergl. das ähnliche Instrument Fig. 40.)

Unvollkommen werden nach dieser Beschreibung die ersten Mikroskope wohl gewesen sein; aber dennoch machte Stelluti in Rom im Jahre 1625 mit einem derselben eine Untersuchung über die Anatomie der Honigbienen[1]). Doch wollte in der ersten Zeit nach seiner Entdeckung das Mikroskop und die mikroskopischen Untersuchungen nicht recht in Aufnahme kommen, was im anzen nicht verwundern kann.

Denn war ja doch zugleich mit dem Mikroskop das Teleskop erfunden. In einer Zeit nun, wo ein Kepler seine ewig denkwürdigen und epochemachenden Untersuchungen über den Sternhimmel ausführte, wo ein Galilei seine bedeutenden Entdeckungen machte, hatte man weder Zeit noch Lust, sich viel mit den kleinen und unbedeutenden Wesen abzugeben, die noch obendrein nicht immer zu den angenehmsten und anständigsten Objecten gehören. Denn während Galilei mit dem Fernrohr die Jupitersmonde entdeckte und Kepler das Teleskop berechnete und verbesserte, beschäftigte sich die mikroskopische Forschung mit der Betrachtung von Schmeißfliegen, Wanzen, Läusen und

---

[1]) Es ist dies jedenfalls die erste Untersuchung mit dem Mikroskop. Das bei Bonannus angeführte Buch von Hufnagel 1589 enthält durchaus keine mikroskopischen Abbildungen, und es ist zu vermuthen, daß Bonannus das Buch gar nicht selbst gesehen hat, da er auch den Namen des Autors falsch schreibt. Die Vermuthung Harting's, der aus der Jahreszahl des ihm unzugänglichen Werkes schließt, daß man es hier nicht mit einer mikroskopischen Publication zu thun haben könne, ist somit richtig.

Flöhen. So erklärt es sich, daß man bis 1625 gar nichts und auch in den nächsten Jahrzehnten nicht viel von dem Instrument hörte. Freilich wurden einige ganz gute Untersuchungen geliefert, wie z. B. die von Hodierna über Fliegenaugen, aber die bedeutenderen Gelehrten und Aerzte dieser Zeit hielten gar wenig von derartigen Studien und dies gewiß mit Recht, denn die makroskopische Forschung war noch auf allen Gebieten soweit zurück, daß man vollauf zu thun hatte, erst darin ein wenig Ordnung zu schaffen, was noch „dazu" nur in der allerdürftigsten Weise gelang. Um nur als Beispiel einen Mann, von dem nachher noch einmal die Rede sein wird, anzuführen, so verfaßte Bonannus noch im Jahre 1684 ein Werk über Muscheln, in welchem er eine große Menge derselben beschreibt, vortrefflich illustrirt und sogar schon in drei verschiedenen Klassen einzutheilen sucht. Die letzten sechs Tafeln aber sind mit fratzenhaften Gesichtern, aus Muscheln zusammengestellt, angefüllt, die nach den Originalen in der Grotte zu Versailles gezeichnet sind, und die nach des Verfassers Worten „mit erstaunlichem Fleiße ausgeführt, ebenso geeignet sind, die Augen zu ergötzen, wie den Sinn der Weisen zu unterrichten". Wo solche Ansichten herrschten, da konnte freilich an eine ernste und gründliche Forschung auf naturwissenschaftlichem Gebiete überhaupt nicht gedacht werden. Und doch war man beim Erscheinen dieses Buches schon in eine Periode eingetreten, welche in Wissenschaftlichkeit der Naturforschung überhaupt, und in der Exactheit mikroskopischer Forschung im Speciellen weit bedeutender fortgeschritten war, als die Zeit, welche ein halbes Jahrhundert vorher mit dem neu erfundenen Instrumente nichts Rechtes anzufangen wußte.

Die einzige Art von Mikroskopen, welche damals eine

etwas größere Verbreitung hatten, waren die sogenannten Floh- oder Mückengläser (Fig. 38) welche Hevelius in seiner Selenographia (1647) also beschreibt: Microscopium, quod communiter etiam vitrum muscarium appellatur, minima corpuscula et animalcula (quae per se aciem luminum vix incurrunt) magnitudine Camelorum fere ac Elephantorum conspicienda praebet, ita ut non sine magna admiratione jucundaque oblectatione spectentur.

Fig. 38.
Flohglas nach der ersten existirenden Abbildung des Prämonstratensermönches Zahn.

Constat autem duobus vitris et tubulo unius pollicis, vel circiter, in quem corpuscula induntur. Alterum vitrum oculis proximum est convexum, ex minuto sphaerae segmento politum, cujus diameter aequat summum duos pollices: alterum inferius et fundo propinquum, in quo res perlustrandae collocantur, est tantum simplex frustulum vitri utrinque plani, cujus operatio in eo duntaxat consistit, ut lumen admittat. (Das Mikroskop, welches man gemeinhin auch Mückenglas nennt, zeigt die kleinsten Körperchen und Thierchen [die man an sich kaum sehen kann] in der Größe fast von Kameelen und Elephanten, so daß man sie mit großer Bewunderung und großem Ergötzen beschaut. Dasselbe besteht aber aus zwei Gläsern und einem etwa zolllangen Röhrchen, in das die Objecte hineingebracht werden. Das eine Glas, welches dem Auge zunächst steht, ist convex, geschliffen aus dem Segment einer kleinen, höchstens zwei Zoll im Durchmesser haltenden Kugel: das andere Glas, welches unten, dem

Boden zunächst liegt, auf den die zu beschauenden Dinge gelegt werden, ist ein einfaches Planglas, dessen Funktion nur darin besteht, das Licht durchzulassen).

Wie wenig aber damals im Volke ein Begriff von optischen Linsen überhaupt vorhanden war, das lehrt uns eine Anekdote, die, seit sie durch den Jesuitenpater Caspar Schott im Jahre 1677 bekannt wurde, fast in alle Beschreibungen des Mikroskopes übergegangen ist. — Ein gelehrter und durch seine Schriften wohl bekannter Mann — es war Scheiner — reiste von Holland aus durch Baiern und Unterösterreich nach Tirol, wo er auf einem Dorfe vom Fieber befallen wurde, und starb. Der Schulze untersuchte nun mit den Gemeindebeamten vor dem Begräbniß das Gepäck des Verstorbenen und fand darunter ein Flohbüchschen. Alles entsetzte sich über den Anblick, und man glaubte nicht anders, als der verstorbene Gelehrte sei ein Schwarzkünstler gewesen, der den Teufel in dem Röhrchen eingeschlossen mit sich umhertrug. Es wurde natürlich sogleich beschlossen, der Leiche ein Begräbniß nicht angedeihen zu lassen. Während man noch darüber deliberirte, wurde das Röhrchen zufällig oder absichtlich geöffnet und der Teufel demaskirte sich als ein gewöhnlicher Floh. — Wenn zwar seitdem 200 Jahre dahingegangen sind, so möchte doch auch vielleicht heute noch mancher tiroler Bauer eine ähnliche Probe nicht besser bestehen als jener Schulze.

Ein Grund, der in damaliger Zeit vor einer ernsten Forschung mit dem neuen Instrumente zurückschrecken mußte, war auch gewiß der ganz enorme Lichtmangel der Mikroskope. Die Janssen'schen und Drebbel'schen Instrumente, welche wahrscheinlich nur aus zwei Linsen, einem Objectiv und einem Ocular bestanden, hatten, wie es aus der oben mitgetheilten Beschreibung Boreel's hervorgeht, gewiß keinen Beleuchtungsapparat, denn der Beschreiber würde sonst nicht versäumt haben, ihn zu erwähnen, und daß die nach Italien gekommenen, nach dem Janssen'schen Muster von Drebbel angefertigten Instrumente nicht sehr hell waren, geht daraus hervor, daß in einem Briefe über dieselben ganz besonders die Benützung des Sonnenlichtes angerathen wird, und daß trotzdem im Anfang der Gebrauch der Instrumente wegen des Fehlens von genügendem Licht fast unmöglich war. Bald aber mußte doch Aushülfe getroffen worden sein, denn die älteste Abbildung eines Mikroskopes, welche wir besitzen, zeigt bereits einen sehr complicirten Beleuchtungsapparat, welcher uns beweist, wie gut man sich der Mängel des Instrumentes bewußt war.

Die beistehende Copie der Abbildung in der von R. Hooke im Jahre 1665 herausgegebenen Micrographia (Fig. 39) veranschaulicht dieses Instrument. Es hatte 3 Zoll im Durchmesser und 7 Zoll Länge, und bestand aus vier Röhren, die sich ausziehen ließen, um das Mikroskop zu verlängern: sodann enthielt es drei Gläser, von denen das mittlere bei sehr genauer Betrachtung des betreffenden Gegenstandes weggelassen wurde. Das Object wurde auf die kleine runde Scheibe gelegt oder an den Stift gesteckt, der an der einen Seite derselben befestigt ist.

Der Beleuchtungsapparat erklärt sich von selbst durch die Betrachtung, er bestand aus einer Lampe, einer mit Wasser gefüllten Glaskugel und einer biconvexen Linse, durch welche das Licht zum Object gelangte. Daß es besser sei, statt des auffallenden Lichtes, durchfallendes zu benützen, war jedoch diesem Forscher noch nicht klar geworden.

Hooke machte mit seinem Mikroskope bereits sehr gute Untersuchungen. Ein Zeitgenosse sagt von ihm: „Hooke,

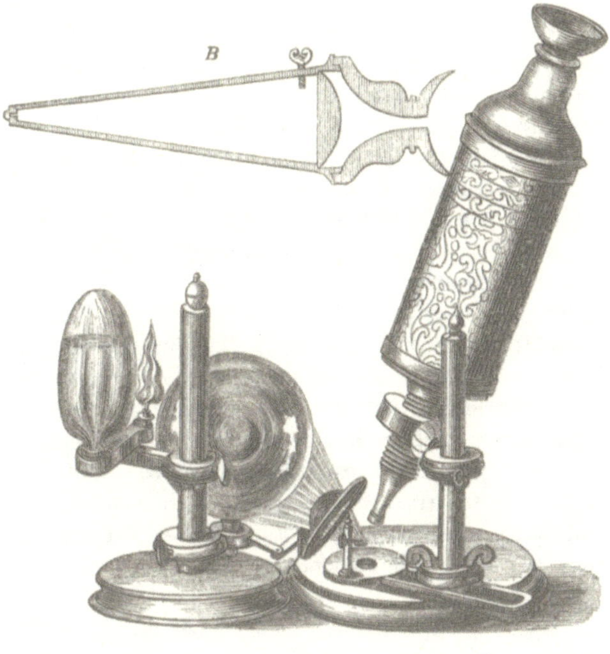

Fig. 39.
Hooke's Mikroskop nach der Originalabbildung. A Totalansicht. B Durchschnitt.

welcher bei sich überlegte, von wie hoher Bedeutung eine genaue Naturgeschichte für die Aufstellung eines soliden Systemes der Naturphilosophie sei, und welche Fortschritte die Experimentirkunst und die Mechanik gemacht habe, gab ein Beispiel in dieser Art Studium heraus, welches dem

Gelehrten und Weltweisen hochwillkommen ist, sowohl was neue Entdeckungen in der Natur, als was neue Erfindungen in der Kunst anlangt".

Aber eine Leistung von wirklich bleibender Bedeutung ist Hooke's Werk nicht. Als in jeder Hinsicht erste Sterne am Himmel des Mikroskopes zu glänzen, war zwei anderen Männern vorbehalten, dem gelehrten Anatomen Marcellus Malpighi und dem Mitgliede der Londoner Academie Nehemia Grew. Diese beiden Forscher bewiesen in den siebenziger Jahren des 17. Jahrhunderts zuerst der Welt, daß das Mikroskop ein Instrument sei, welches zu etwas besserem gut sei, als zu dilettirender Spielerei. Marcellus Malpighi, der den größten Theil seines der Wissenschaft geweihten Lebens als Professor in Bologna zubrachte, machte eine ausgedehnte Untersuchung über die äußere und innere Organisation der Seidenraupe und deren Entwickelungsstadien. Auch den Blutlauf und die Organisation anderer Thiere untersuchte dieser Gelehrte. Zu seinen hervorragendsten Leistungen mit dem Mikroskope gehörte ferner eine Untersuchung der Entwickelung des Hühnchens im Ei, wodurch er den Grund zu der heute so hoch geschätzten und viel studirten Wissenschaft der Embryologie legte.

Diejenigen Entdeckungen aber, welche bei ihrem Erscheinen gewiß das größte Aufsehen machten, gelangen gleichzeitig und unabhängig von ihm einem anderen Forscher, dem oben erwähnten Nehemia Grew. Die beiden Männer theilen den Ruhm, weiter in die Organisation des pflanzlichen Organismus eingedrungen zu sein, als je ein menschliches Auge vor ihnen. Sie entdeckten schon, daß die Pflanze aus kleinen Bläschen sich aufbaut, sie entdeckten Gefäße in denselben, machten sehr wichtige Beobachtungen über Fortpflanzung und Ernährung und erhöhten mit Einem Wort die Botanik zu einem Range, den sie vorher auch nicht entfernt besessen hatte, indem sie ein ganz neues, bisher noch ungekanntes Gebiet derselben, das der Pflanzenphysiologie eröffneten.

Es waren schon vor dem Auftreten dieser Männer noch einzelne Verbesserungen am Mikroskope vorgenommen worden, welche den beiden Forschern ihre mühevollen Arbeiten gewiß erleichterten; denn nach den Abbildungen, besonders Malpighi's muß angenommen werden, daß die damaligen Instrumente die anfänglichen, höchst unvollkommenen Mikroskope um ein nicht Geringes übertrafen.

Gleichzeitig mit Hooke arbeitete ein gelehrter Mann in Rom, Namens Eustachio Divini, an der Vervollkommnung des Mikroskopes und es gelang ihm durch Anbringung eines Oculars, welches aus zwei planconvexen Linsen bestand, deren convexe Flächen sich berührten, das Gesichtsfeld plan zu machen. Seine Linsen vergrößerten 41—143 mal. Zu derselben Zeit existirten noch mehrere Werkstätten in Italien, die sich ebenfalls mit Glück die Anfertigung vollkommenerer Instrumente angelegen sein ließen. Es entstand eben augenscheinlich eine größere Nachfrage nach den neuen Instrumenten, die es möglich machten, eine Fabrikation in einem etwas größeren Maßstabe einzurichten. Im Jahre 1672 zu einer Zeit, wo Malpighi schon zu schreiben begonnen hatte, wo auch andere weiter unten zu nennende Namen bereits begonnen hatten, ihren Ruf zu bewähren, verbesserte Sturm das Objectiv bedeutend, indem er statt der bisher üblichen einfachen Linse deren zwei benutzte, entweder eine planconvexe und eine biconvexe oder zwei biconvexe Linsen von verschiedener Krümmung.

Man hatte nun also die Erfahrung gemacht, daß sowohl das Objectiv wie auch das Ocular mit Vortheil aus zwei Linsen zusammengesetzt werden könne, und so ist es nur natürlich, daß der Würzburger Prämonstratenser-Mönch Zahn ein Mikroskop mit vier, der Wiener Ingenieur Griendel von Ach sogar ein solches mit 6 Linsen construirte. Das letztere ist in seiner äußeren Construction dem ersten Mikroskope Janssen's so ähnlich, daß ich in Fig. 40 die Copie der Originalabbildung beisetze.

Fig. 40.
Griendel von Ach's Mikroskop. (Nach der Originalabbildung.)

Den größten Fortschritt in Construction des Mikroskopes machte aber 1685 der Italiener Tortona, der es zum erstenmal versuchte, nicht allein das von oben auf das Object auffallende Licht zu benützen, sondern das Licht direkt durch das Präparat durchzuleiten und so also die Präparate transparent zu betrachten. (Figur 41.) Diese sehr naheliegende Verbesserung, das Mikroskop gegen die Sonne zu halten, war unbegreiflicher Weise bis dahin noch Nieman-

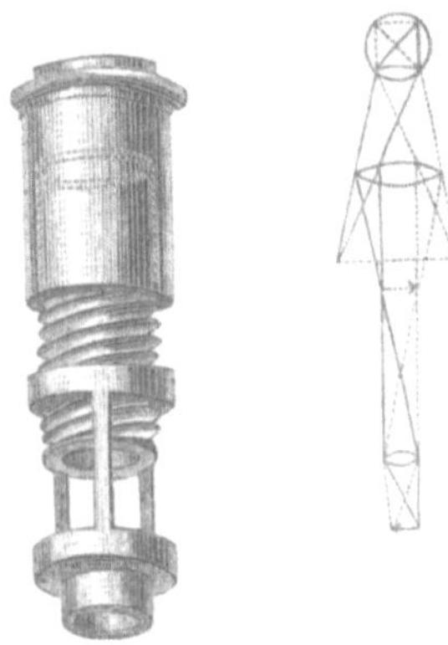

Fig. 41.
Tortona's Mikroskop. (Nach der ersten Abbildung von Langenmantel.)

dem eingefallen. Doch wurde sie nun, wo sie einmal gemacht war, mit um so größerer Freude begrüßt. Denn der bis jetzt so enorm fühlbare Lichtmangel war dadurch ja gänzlich gehoben, soweit ihn nicht die noch unvollkommenen Linsen selbst bedingten.

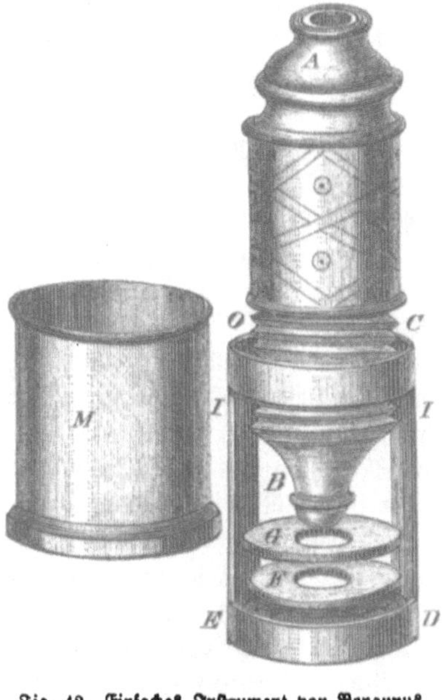

Fig. 42. Einfaches Instrument von Bonannus.
M Papphülse, welche übergezogen werden kann, um das seitliche Licht abzuhalten. Erklärung der übrigen Buchstaben s. Text. (Nach der Originalabbildung.)

Ohne alle kleinen Verbesserungen unseres Instrumentes aufzuzählen, wende ich mich zur Beschreibung der zwei Instrumente des schon mehrfach erwähnten Jesuitenpaters Bonannus, die wohl das vollkommenste sind, was im 17. Jahrhundert an Mikroskopen verfertigt wurde. Ich gebe sie deßhalb auch genau nach seiner Abbildung wieder und beschreibe sie mit seinen eigenen Worten:

Ueber das einfachere Instrument (Fig. 42), welches dem von Tortona ganz ähnlich ist, spricht er sich folgendermaßen aus: „Die Röhre A B, welche die Linsen richtig vertheilt enthält, wird in ein anderes Rohr aus Messing oder Holz mittelst der Schraube C O eingesetzt, die aber dreimal so lang sein muß, als das Gewinde, in dem sie läuft, damit das Mikroskop hin und her bewegt werden kann, soweit es nöthig ist, um das Object klar zu sehen. Am Ende dieses Tubus ist eine Hülse D E für eine Spiralfeder, welche die Platte F gegen das Mikroskop hebt und in der richtigen Lage das Holzleistchen (siehe unten) mit den Objecten gegen den Ring G drückt, der festgehalten wird durch die Arme I D und I E, welche den Obertheil C O mit dem Untertheil D E verbinden. Wenn man ein solches Instrument gebraucht, besieht man das Object, indem man das Mikroskop mit der Schraube C O hin und her bewegt, soweit es nöthig ist. Wenn es aber gilt, das Instrument gegen das Licht zu richten und das ungünstige Seitenlicht auszuschließen, so benützt man einen Cylinder M aus Pappe oder einer anderen Materie, der über das Mikroskoprohr gesteckt wird. Wenn nämlich dieses Papprohr bis zum Ring G heruntergeschoben wird, dann kann das Seitenlicht den Objecten und der Objectivlinse nicht schädlich sein und man kann das Mikroskop bequem in zweifacher Weise gebrauchen, in Verticalstellung und in horizontaler gegen das Licht gekehrter. Man kann auch den Cylinder M so einrichten, daß er in gleicher Weise aufgesteckt dem Lichte entweder von einer oder von zwei Seiten Zugang gewährt."

Die Objecte wurden von Bonannus folgendermaßen für die Untersuchung vorbereitet. „Die Objecte, sagt er, welche man besehen will, werden zwischen zwei plane oder concave Gläser eingeschlossen, wie es die Dicke des Objectes verlangt. Die Gläser sind in Holzleistchen eingelassen und mit einem Messingring oder dergleichen befestigt". In der folgenden Figur sieht man bei I ein solches Leistchen abgebildet.

Der Erfinder ist mit seinem eben beschriebenen Instrument sehr zufrieden und sieht sich veranlaßt, sich selbst einige lobende Worte darüber zu sagen, doch verkennt er nicht, daß es noch mit einem großen Fehler behaftet sei, nämlich mit dem, daß man bei der Beobachtung nicht die beiden Hände frei habe, da man ja mit der einen Hand stets das Instrument an's Auge halten müsse, wie ein Fernrohr. Er erfindet deßhalb eine Maschinerie, welche den Vortheil hat, daß das Instrument sehr sicher steht, daß es leicht und ebenfalls sehr sicher eingestellt werden kann, und daß es endlich dem Beobachter beide Hände zum Zeichnen der gesehenen Dinge frei läßt.

In Figur 43 ist das Instrument abgebildet. Eine weitere Erklärung als die unter der Abbildung selbst stehende, ist wohl nicht nöthig, nur mag erwähnt werden, daß natürlich die brennende Lampe mit dem Condensor S auch entfernt und dafür directes Sonnenlicht benützt werden kann. Bonannus brachte in seinen Mikroskopen Combinationen von drei auch vier Linsen an. Die Vergrößerungen, die er erzielte, waren beträchtliche, und müssen, wie Harting aus seinen Abbildungen richtig schließt, wohl 200 bis 300 im Durchmesser betragen haben.

Die eben erwähnten Instrumente geben den Verbesserungen des Mikroskopes einen gewissen Abschluß;

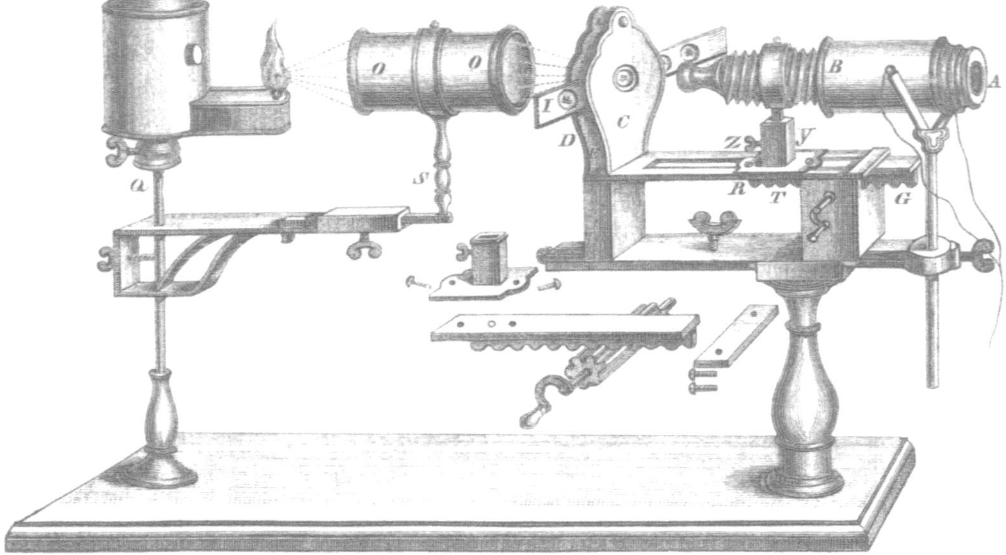

Fig. 43. Vollständigeres Instrument des Bonannus.

A B, die Linsen enthaltender Tubus. Derselbe kann mittelst der Schraube Z an der Stange und Hülse Y höher und tiefer gestellt werden. Das Triebwerk R T G erlaubt eine Bewegung in horizontaler Richtung. O D Objecthalter. I Holzleistchen, in welcher eine Anzahl Präparate eingeschlossen sind. Q Lampe. S O O Beleuchtungslinse. (Nach der Originalabbildung.)

besonders ist das in Figur 43 dargestellte allen früheren weit überlegen. Denn wenn es auch noch ungefüge und sonderbar genug aussieht, so ist in ihm doch zum erstenmal dasjenige Princip zur Ausführung gebracht, welches auch heute noch als erstes in der Herstellung der Mikroskope gilt, fester Stand des ganzen Apparates und möglichst viel Licht.

Das Jahrhundert der Entdeckung schließt somit würdig ab und das neue Instrument hat bereits seine Kindheit hinter sich.

Daß aber dennoch die Leistungen des Instrumentes nur bescheidenen Anforderungen genügen konnten, versteht sich von selbst, waren ja doch die beiden Hauptfeinde guter Vergrößerungsgläser, die chromatische und sphärische Aberration noch in höchster Blüthe. Es ist deßhalb auch nur natürlich, daß viele Gelehrte von den zusammengesetzten Mikroskopen nichts wissen wollten, sondern einfache Linsen benützten, deren Vergrößerung sehr stark gemacht werden konnte, ohne doch so bedeutende Aberrationen zu zeigen, wie die zusammengesetzten Mikroskope. Und wie es ja im Sprichwort heißt, „kein Prophet wird in seinem Vaterlande geehrt", so konnte auch das zusammengesetzte Mikroskop in Holland nicht recht zur Geltung kommen, indem gerade dort die drei nahmhaftesten Gelehrten sich nur der einfachen Linsen bedienten.

Swammerdam, ein Anatom, dessen Untersuchungen sich den besten seiner Zeit anreihen, und der in den 60er und 70er Jahren des siebenzehnten Jahrhunderts seine weltberühmten Untersuchungen machte, deren mikroskopischer Theil sich hauptsächlich auf die Anatomie der Insekten bezog, benützte zu seinen Beobachtungen nur einfache Linsen. Sein Biograph Boerhave läßt uns interessante Blicke in sein Laboratorium und in seine Arbeiten thun, wovon ich jedoch nur das Nothwendigste anführen will. Er sagt:

„Swammerdam hatte, um die allerfeinsten Cörper zu zergliedern, eine küpferne Tafel, die der grosse und kunstreiche Werkmeister Samuel Mussichenbroek[1]) verfertigt hatte, auf welcher zwey meßingene Arme stunden, die sich wohin man wolte, drehen, erhöhen und erniedrigen liessen, so wenig und unvermerklich, und wiederum so hoch als man wolte: auf den einen wurde der Vorwurf der anzustellenden Untersuchung gelegt, und auf den andern stund das Vergrösserungsglas. Er bediente sich Gläser von verschiedener Grösse und Krümme, von dem größten bis zu dem kleinsten, die alle auserlesen und sehr helle und durchsichtig waren. Was er untersuchen wollte, besahe er erstlich mit den größten, darnach mit immer kleinern und kleinern, und zuletzt mit dem allerkleinsten.

Sein Fleiß im Nachspüren war mehr als menschlich. Des Tages bemerkte (beobachtete) er nur ohne Aufhören. Des Nachts beschrieb er und zeichnete, was er des Tages über bemerket hatte. Im Sommer des Morgens frühe um sechse fing die Sonne schon an ihm Licht genug zu geben, um die feinsten Vorwürfe zu betrachten. In solcher Beschäftigung blieb er bis zu Mittage um 12 Uhr unter freyem Himmel im blossen Kopfe, um keinen Schatten zu machen, wodurch sein Gesicht gleichsam im Schweiß zerfloß, und seine Augen, die er bei so hellem Licht ansträngte, stumpf wurden.“

Sein Zeitgenosse und Rivale Ruysch in Amsterdam, der zwar weit weniger hervorragend war wie Swammerdam, hatte doch einen weitberühmten Namen, den er neben seiner Freundschaft mit Peter dem Großen besonders der

---

[1]) Ein berühmter Mechaniker und Mikroskopverfertiger der damaligen Zeit.

Kunst des Injicirens verdankte, die er, nachdem sie Swammerdam zuerst erfunden, in sehr ausgedehntem Maaße vervollkommnet und geübt hatte. Er spritzte die feinsten Blut- und Lymphgefäße des Körpers mit farbigen Massen aus, untersuchte sie dann mikroskopisch und beschrieb sie. Man kennt heute noch den blutgefäßreichsten Theil der mittleren Haut des Auges unter dem Namen „Membrana Ruyschii“.

Weitaus die besten einfachen Mikroskope der holländischen Trias hatte aber der letzte derselben Leeuwenhoek, eigentlich ein Dilettant. Er war zuerst Kaufmann, dann Stadthaus-Castellan in Delft.

Baker, der zuerst eine Abbildung derselben, die ich (in Fig. 14) wiedergebe, liefert, beschreibt sie folgendermaßen[1]: „Die zwei Seiten von einem dieser Microscopien sind zu sehen in Fig. 7 (I) und 8 (II). Der flache Theil A ist zusammengesetzt von zwey dünnen silbernen Platten, welche durch kleine Näglein b b b b b b befestiget worden: zwischen diesen Platten ist ein sehr kleines, doppelt erhobenes Glas in einer Vertiefung gefasst, und ein Loch durch beyde Blatten gebohrt; damit das Auge durchsehen kann bei c. Ein schmal-langes Stücklein Silber d

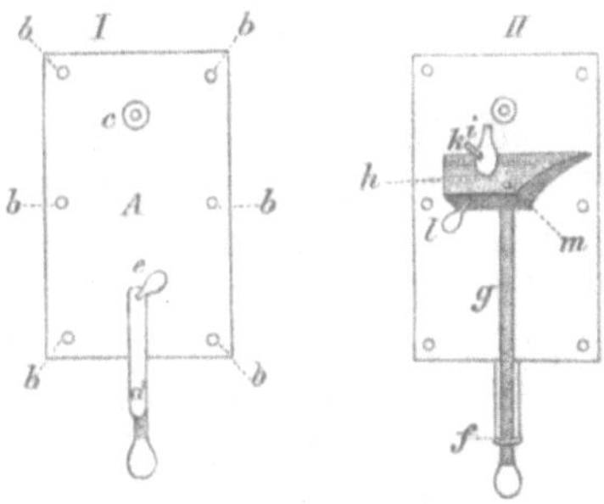

Fig. 14. Leeuwenhoek's Mikroskop.
I Ansicht von vorne, II von hinten, nach der ersten Abbildung von Baker.

[1]) Ins Deutsche übersetzt, 1751.

ist an denen Blatten auf dieser Seite befestiget durch eine Schraube e, welche durch sie beide durchgehet. Ein anderer Theil von diesen Stücklein, so in rechten Winkeln daran befestiget ist, geht unter den Blatten weg, und reichet auf der andern Seite davor heraus; siehe Fig. 8 (II) bey f durch diese lauft, gerade in die Höhe, eine lange subtil geschnittene Schraube g, welche die Auflage h durch das Umdrehen hoch oder niedrig stellet; auf demselben ist ein grober, stumpfer Stift i auf welchem man das Object befestiget, und lässt sich solcher durch einen kleinen Stiel k umdrehen und diese Auflage, mit dem Stift darauf, wird von dem vergrößernden Linsenglas entfernet, oder näher hinzugerückt vermittelst einer kleinen Schraube, l welche durch die Auflage horizontal geht, und indem sie sich gegen den Rücken des Instrumentes stemmet, selbige weiter davon entfernet, wenn es nöthig. Das Ende der langen Schraube o kömmt heraus durch die Auflage bei m, wo sie in einem Loch sich umdrehet, aber nicht mehr als eine Schraube wirkt, weil das Gewinde davon nicht so hoch reichet.

Diese Microscopien sind schlecht und einfältig in ihrer Anrichtung; alle ihre Theile sind von Silber durch Herrn Leeuwenhoeks eigene Hand verfertiget, und die Gläser, welche vortrefflich sind, hat er alle selbst geschliffen, und gefasst. Er leimt eins oder aufs höchste zwey Obiect an die Spitze der Nadel, so zu iedem Microscopio gehörete, und verwahrete sie da sorgfältig, so daß ein iedes Instrument zu einem oder zwey Obiecten gewidmet war, und sonst zu nichts konnte gebraucht werden. Diese Methode veranlasste ihn, daß er fast vor ein iedes Obiect ein Microscopium mit einem besondern Glas gemacht, wie er selbst sagt: Mihi quidem sunt centum centumque Microscopia. (Ich besitze 200 Mikroskope.)" Die noch jetzt vorhandenen, von ihm herrührenden Linsen vergrößern 40 bis 270 mal. Man wird also nicht übertreiben, wenn man sagt, daß er einfache Linsen von dreihundertmaliger Vergrößerung schleifen konnte. Gewiß für damalige Zeit eine außerordentliche Leistung!

Da aber nicht alle seine zeitgenössischen Untersucher über gleich vortreffliche Linsen verfügten, halfen sich andere durch das von Hooke erfundene einfache Verfahren, ein Stückchen Glas in der Flamme zu einer Kugel zu schmelzen und diese statt einer Linse zu benützen. Gelang eine solche Kugel gut, so gab sie vortreffliche Bilder.

Leeuwenhoek war mit der Zeit fortgeschritten und untersuchte im Gegensatz zu dem schon früher observirenden Swammerdam mit durchfallendem Lichte. Auf dem Titelbilde seiner „Epistolae" ist die Art der Beobachtung dargestellt. Eine weibliche sitzende Gestalt hält hier eines der kleinen plattenförmigen Mikroskope mit der linken Hand in kurzer Entfernung, aber nicht dicht vor's Auge; mit der rechten Hand zeichnet sie das Gesehene auf eine Tafel, die auf ihren Knieen liegt.

Wollte er undurchsichtige Objecte betrachten, dann benutzte er eine Linse, welche in den Focus eines kleinen metallenen Hohlspiegels eingesetzt war. Die auf dem Objecte sich sammelnden Lichtstrahlen beleuchteten dasselbe in genügender Weise.

Die Beobachtungen Leeuwenhoek's stehen gegen die methodischen und systematischen Forschungen eines Malpighi und Swammerdamm sehr zurück. Denn er hatte sich kein eigentliches Thema zur Bearbeitung gestellt, sondern untersuchte, wie Henle sich treffend ausdrückt, „mit naiver Freude die Wunder dieser dem nackten Auge verborgenen Welt". Was ihm der Zufall gerade in die

Hände spielte, wurde besehen. So bekam er, wie er erzählt, einmal Krebse geschickt — er untersuchte und beschrieb deren Muskeln. Ein andermal untersuchte er das Essigglas aus seinem Büffet und entdeckte die Essigaale[1]). Wieder ein andermal untersuchte er die Krystalle in dem französischen Wein, den er zu trinken pflegte. Derselbe wird nebenbei sehr gelobt und die Bemerkung zugefügt, daß er wegen seines guten Geschmackes neuerdings den Namen Vin de Damoiselle führe. Man sieht, es war mehr spielende Neugierde, die ihn bei den Untersuchungen leitete, als wirklicher Forschungsdrang.

Nur selten handeln die Briefe, die er an die Londoner Academie schreibt, über gleichartige Untersuchungsobjecte, meist betreffen sie die allerheterogensten Dinge. Am meisten interessiren ihn die Samenkörperchen, auf die er immer wieder zurückkommt. Wenn es in seinen Schriften auch nicht an guten Gedanken fehlt, so dankt doch Leeuwenhoek seinen vorzüglichen Mikroskopen, die ihn mehr sehen ließen als andere, seinen weitverbreiteten Ruf, nicht seiner Wissenschaftlichkeit.

Es scheint aber in damaliger Zeit die Leeuwenhoek'sche Forschungsmanier allgemein geherrscht zu haben, denn auch der oben erwähnte Bonannus zählt die sonderbarsten Gegenstände unter seinen Untersuchungsobjecten auf. Nadelspitzen, Seidenfäden, Sandkörner, Harnsteine, Eiskrystalle, Holzkohle, Haare, Pfauenfedern, Fliegenbeine, Flohköpfe, so geht es in bunter und lustiger Reihe fort!

Ehe ich mich nun zu der Geschichte des Mikroskopes im 18. Jahrhundert wende, ist erst noch die Frage zu beantworten, was hat das Mikroskop im Verlaufe des

[1]) Dieselben waren auch Hooke schon bekannt.

siebenzehnten geleistet, in wieweit ist durch das neue Hilfsmittel die Naturwissenschaft gefördert worden. Glücklicherweise löst schon ein Zeitgenosse, der Göttinger Arzt Schrader[1]) im Jahre 1681 diese Frage.

Abgesehen von dem Fortschritt, welcher erkannte, daß noch eine Welt existirt, die man vor der Erfindung des Instrumentes nicht ahnte, hatte man die unendlich wichtige Ueberzeugung gewonnen, daß eine viel größere Reihe lebender Wesen aus Ei und Samen, d. h. also durch Geschlechtsthätigkeit entstehen, als man früher ahnte. Denn vor dem Gebrauch des Mikroskopes war man schnell bei der Hand, jedes Thier und jede Pflanze, bei welcher man den Vorgang der Fortpflanzung nicht direkt beobachtet hatte, aus dem Boden, auf welchem es nachher lebte, auch autochthon entstehen und hervorwachsen zu lassen. Wenn man sich in diese rein kindliche Anschauungsweise hineindenkt, so versteht man, welches Aufsehen es machte, als man bei allen kleinsten Thieren, die man untersuchte, Geschlechtsorgane fand, als das Mikroskop am Farrnkraut und anderen Kryptogamen den Fortpflanzungsapparat entdeckte und man begreift, welche gewaltige Umwälzung aller Ansichten Harvey's denkwürdiges Wort hervorrufen mußte, wenn er sagt: Omne vivum ex ovo. (Alles Leben entsteht aus dem Ei.) Er sprach es in der Mitte des Jahrhunderts aus und Männer wie Redi, Leeuwenhoek u. a. m. wurden auf Grund ihrer Forschungen bald Anhänger und ebenso eifrige, wie erfolgreiche Förderer der neuen Lehre.

Dieser Fortschritt von allgemeinster Bedeutung, der sich allmählig in die naturwissenschaftlichen Anschauungen einbürgerte, war wohl der Arbeit eines Jahrhunderts

[1]) Dissertatio epistolica ad. Th. Conerdingium.

werth. Er hat auch seine Bedeutung bis heute bewahrt und wird nie vergessen werden. Weniger gut erging es den zahlreichen oft vortrefflichen Special-Betrachtungen der damaligen Zeit; denn sie konnten in kein System eingeordnet werden. Der Grundstein eines Gebäudes der Naturlehre fehlte noch und so konnten diese Entdeckungen auch nicht als Bausteine für dasselbe benützt werden. Sie wurden verschleudert, gingen manchmal sogar ganz verloren. Bezeichnend für die damalige Rathlosigkeit in Bezug auf die Einordnung der neu gefundenen Thatsachen ist Schrader's Zusammenstellung, der alle Flüssigkeiten, die unter dem Mikroskop untersucht wurden, zusammenwirft und Blut- und Samenflüssigkeit neben verdunstenden Salzlösungen nennt, welch' letztere ihrer zierlichen Krystallformen damals sehr eifrig studirt wurden.

3. Achtzehntes Jahrhundert.

Das achtzehnte Jahrhundert erfüllte die Erwartungen, die man nach den Fortschritten des siebzehnten von ihm haben mußte, nicht — wenigstens nicht in vollem Maaße. Die Fortschritte, welche das Instrument selbst machte, waren nicht unbedeutend und lieferten einzelne sehr schätzenswerthe Bereicherungen der ganzen Zusammensetzung, doch waren sie nicht groß genug, um die noch immer unvollkommenen Instrumente für die Forschung auch wirklich nutzbar zu machen.

Was zuerst die Verbesserung betrifft, die das immer populärer werdende Mikroskop erfuhr, so muß vor allen Dingen erwähnt werden, daß man sich nun daran gewöhnte, die Mikroskopröhre an einer Metallstange auf und nieder zu schieben, die aus einem Fuß in die Höhe stieg. Man hatte also die Art, wie Bonannus sein

Mikroskop aufstellte, verlassen, und sich der jetzt noch gebräuchlichen genähert. Die unbequeme Handhabung der horizontal liegenden Instrumente mag hierzu den Grund gegeben haben; sind ja doch flüssige Objecte in solcher Stellung kaum zu untersuchen.

Aber man hatte mit dieser Aenderung einen sehr erheblichen Vortheil der fernrohrartig gehaltenen Mikroskope aufgegeben, nämlich die Benützung des direkten Ta-

Fig. 45.
Mikroskop von Marshall nach Smith.

geslichtes. — Man konnte nur in der Dunkelheit und wenn man die beleuchtende Flamme unter dem Object anbrachte, arbeiten. Marshall hat ein solches Mikroskop geliefert, welches ich in Fig. 45 abbilde. Dasselbe konnte natürlich seiner totalen Unbrauchbarkeit wegen eine weitere Verbreitung nicht haben. Im Jahre 1715 erst fand Hertel in Halle die so unendlich nahe liegende Lösung des Problems; er brachte einen Planspiegel unter einem Bohrloch des Objecttisches an und machte so trotz der vertikalen Stellung des ganzen Apparates das Tageslicht der Beobachtung dienstbar. Sein Mikroskop hatte auch noch die Einrichtung für die Benutzung des in alter Weise von obenher kommenden Lampenlichtes, welches er ebenso, wie seine Vorgänger, durch eine vorgestellte Linse concentrirte. Der Objecttisch des Mikroskopes war eine freistehende Platte, die durch Schrauben mannigfach bewegt werden konnte.

Diese beiden wichtigen Fortschritte der Mikroskopconstruction, der Spiegel und der zwischen ihm und dem Linsensysteme befindliche durchbohrte Tisch sind Verbesserungen, die durch ihren großen praktischen Werth schnell Eingang fanden und von nun an an keinem Mikroskop mehr fehlten.

Die ganze Einrichtung des Instrumentes war damit rasch zu der Stufe gelangt, die sie heute noch einnimmt; denn wenn auch unsere jetzigen Mikroskope ungleich solider und praktischer gearbeitet sind, als die damaligen, so sind doch die nach dieser Richtung vorgenommenen Verbesserungen nur gradweise, das Princip ist dasselbe geblieben.

Von dem Hertel'schen Mikroskop ist im Ganzen wenig die Rede, dagegen thaten kurze Zeit nach ihm die Engländer Culpepper und Scarlet einen guten Griff, indem sie ein Instrument herstellten, welches klein und einfach, aber doch mit Spiegel versehen war. Eine Abbildung nach Adams setzte ich bei [1]) (Fig. 46). Dieser letztere führt das abgebildete Instrument in seinem Preiscourant mit 3 Pfund und 3 Schl. auf, ein selbst für die damalige Zeit, wo das Geld noch mehr Werth hatte, wie heute, civiler Preis.

Fig. 46.
Culpeppers Mikroskop. (Nach Adams.)

Dieses Mikroskop fand viele Abnehmer und wurde noch in den 70er Jahren des vorigen Jahrhunderts verfertigt. Doch wurden seine Mängel nicht übersehen und es veranlaßte H. Baker, der das Mikroskop vielfach benutzte, den Optiker Cuff in London, ein verbessertes Instrument herzustellen, welches ich nach der der deutschen Uebersetzung von Baker's Werk [2]) beigegebenen Tafel in Fig. 47 copire. Baker's Auslassungen darüber lauten folgendermaßen: „Die beschwerliche und unbequeme doppelte Vergrösserungsgläser oder Mikroskopia composita des Herrn Hook und Herrn Marshall sind seit vielen Jahren zu einer Größe gebracht worden, da man sie besser behandeln kann; so sind sie auch in ihrer Einrichtung ver-

[1]) Ein noch einfacheres Instrument von Culpepper selbst bildet Baker (Leichtgemachtes Mikroskop) ab. Die Copie findet man bei Harting, III. Bd., pag. 113.

[2]) Beyträge zu nützlichem und vergnügendem Gebrauch und Verbesserung des Microscopii 2c. 2c. Augsburg, 1754.

bessert und ist hiernächst ein leichterer Weg erfunden worden, die Objecten durch einen Spiegel von unten hinauf zu erleuchten, sie sind auch in anderen Stücken von Herrn Culpepper u. Scarlet curiosen Personen angenehm gemacht worden. Doch fehlten noch einige Veränderungen, dieß Instrument zu einem allgemeinen Nutzen bequem zu machen, wie ich im Jahr 1743 gar sehr erfahren habe, als ich täglich die Configurationen derer salzigten Substanzen untersuchte; indem die Füsse daran mir eine beständige Hinderung waren, wenn ich die gläsernen Schieber herumdrehen wollte;

Fig. 47.
Cuff's Mikroskop. (Nach Baker.)

und so habe ich es auch oft bei andern Gelegenheiten gefunden. Im auf- und niederschieben des Körpers des Instrumentes gab es gleichfalls gerne Erschütterungen, welche machten, daß man es nicht recht genau in dem Foco stellen konnte: es war auch nicht wohl eingerichtet, um durchsichtige Objecten zu beschauen. Da ich mich wegen dieser

Unbequemlichkeiten beklagte, so richtete der Opticus Herr Cuff seine Gedanken darauf, dem Microscopio eine andere Gestalt zu geben: er ließ also den Platz für die Objecta ganz frei und offen; indem er die Füsse wegnahm, hingegen eine Schraube mit einem feinen Gewinde anbrachte, die Bewegungen desselben regelmässig und accurat zu machen, auch einen hohlen Spiegel dazu that vor die undurchsichtigen Objecta."

Vergleicht man das beschriebene Instrument mit dem in Figur 33 dargestellten modernen Mikroskop, so wird man die vollkommene Aehnlichkeit der mechanischen Einrichtung nicht übersehen können; und läßt man einige Aeußerlichkeiten außer Acht, wie den aus einem Holzkästchen bestehenden Fuß, den kleinen Tisch u. dgl., so kann man sagen, daß die mechanische Einrichtung mit dem Cuff'schen Mikroskop die Höhe erreicht hat, auf der sie heute noch steht.

Es ist deßhalb kein Wunder, daß dieses Instrument in außerordentlicher Schnelligkeit seine Reise über den Continent machte. So finden wir, daß es schon 1750 von Mr. Passement, Rue de la Monnoye verfertigt, abgebildet und empfohlen wird, und daß es auch in Deutschland 1754 von „Herrn Georg Frid. Brander, Mechanico In Augspurg, verfertiget und verkaufft wird".

Einige Verbesserungen, welche außerdem diesem Mikroskop seinen Ruf verschafften, werden nachher erwähnt werden.

Die mechanische Arbeit der Instrumente vervollkommnet sich nun mehr und mehr; das Stativ wird fester und dauerhafter, die Arbeit feiner und solider, sonst aber wird keine Verbesserung angebracht.

Der Leser könnte sich nun wundern, daß im Vorstehenden wohl die Metallarbeit der Mikroskope des vergangenen Jahrhunderts eingehender gewürdigt ist, ohne vorher der Hauptsache, nämlich der optischen Linsen zu gedenken. — Leider aber ist wirklich jene die Hauptsache, während diese seit Bonannus wenig oder gar keine Fortschritte gemacht haben. Ebensowenig, als zu Ende des siebzehnten Jahrhunderts war man jetzt dahin gekommen, die Erbfeinde des Mikroskopes, die chromatische und sphärische Aberration zu beseitigen. Man hatte allgemein die Einrichtung angenommen, eine Objectivlinse, ein Collectivglas und ein Ocular anzuwenden. Aber bei diesen einfachen Linsen blieb es auch und wir sehen weder von Culpepper noch von Cuff eine Aenderung gemacht werden. Nur in so ferne war man weiter gekommen, als man jetzt regelmäßig jedem Mikroskop eine Reihe von verschiedenen Objectivlinsen mitgab, welche verschieden vergrößerten. Culpepper's Instrument hatte 5, Cuff's Mikroskop 6—7 verschiedene Objective. Die letzteren vergrößerten im Durchmesser nach Bakers Angabe:

Nr. 1	= 189 mal	Nr. 4	= 49 mal
„ 2	= 161 „	„ 5	= 28 „
„ 3	= 84 „	„ 6	= 17½ „

Ebenso wie beim Mikroskop, so war auch bei dem Schwesterinstrument, beim Fernrohr die chromatische und sphärische Aberration ein schwer empfundener Mangel. Kein Wunder also, daß Praktiker und Gelehrte aller naturwissenschaftlichen Richtungen diese Fehler der Linsen eifrigst studirten und auf Mittel sannen, sie zu beseitigen. Schon Newton hatte sich viel mit der chromatischen Aberration beschäftigt, aber ihr Gesetz nicht gefunden. Doch wurde durch seine Untersuchung auch auf diesem Gebiet, wie überall, eine mächtige Anregung gegeben, der man es wohl zu danken hat, daß im Jahre 1733 ein Engländer

Chester More Hall nach zehnjährigem Studium wirklich dahin kam, aus den beiden verschiedenen Glassorten, Kron- und Flintglas, achromatische Fernrohrlinsen herzustellen. Durch ihn ist wahrscheinlich dem auch heute noch gekannten und geschätzten Optiker Dollond der erste Gedanke zur Anfertigung seiner berühmten achromatischen Fernrohre gegeben worden.

Während so die Praxis rüstig vorwärts eilte, säumte auch die Theorie nicht mit fortzuschreiten und es ist besonders Euler, ein Berliner Gelehrter zu nennen, der in 20 jährigen Arbeiten über Linsenverbesserung Bedeutendes leistete. Hauptsächlich ihm ist es zu danken, daß auch das Mikroskop über den Verbesserungen des Fernrohres nicht vergessen wurde. Er berechnete und beschrieb, wie ein gutes achromatisches Mikroskop in Bezug auf seine Linsen beschaffen sein sollte und sehr bald versuchte Dellebarre in Leyden, ein Mikroskop nach seiner Anweisung zu construiren. Das hohe Lob, welches diesem die französische Akademie ertheilte und welches viel zur Verbreitung seiner Instrumente beitrug, erntete er mit Unrecht, da die Mikroskope weder wirklich nach Euler's Vorschriften construirt noch achromatisch waren. Nächst ihm versuchte noch Aepinus 1784 die Farbenzerstreuung zu überwinden, doch gelang es ihm nicht besser. Etwas weiter soll nach Harting sein Landsmann Fr. Beeldsnyder aus Amsterdam gekommen sein, der doch einigermaßen brauchbare Linsen aus Kron- und Flintglas zu Stande brachte.

Bei uns in Deutschland gab es damals eine ganze Anzahl von Werkstätten, welche sich die Herstellung von Mikroskopen angelegen sein ließen, ohne sich jedoch viel um Achromatisirung zu kümmern. Besonders sind als renommirte Fabrikanten Rudolph in Dresden, Rheinthaler, später Weickert, in Leipzig, Hoffmann in Hannover und Tiedemann in Stuttgart zu nennen.

Die Fortschritte, welche das achtzehnte Jahrhundert in Verfertigung der Mikroskope gemacht hatte, bestanden also nach Vorstehendem in mehr nebensächlichen Dingen, in rein mechanischen Verbesserungen, wenn man die Anbringung des Spiegels ausnimmt. Die Vervollkommnung der Linsen beschränkt sich, wie oben erwähnt, auf schüchterne und meist vollkommen mißlungene Versuche ohne jede weitere Folge für den Fortschritt des Instrumentes, und man verzweifelte schon seit einiger Zeit daran, die so erfolgreiche Achromatisirung der Fernrohre jemals auch auf die kleinen und schwierig zu behandelnden Linsen des Mikroskopes in Anwendung bringen zu können.

Durch solche desperate Verhältnisse veranlaßt, gab auch die ernste Forschung immer mehr und mehr die Benutzung des zusammengesetzten Mikroskopes auf und gewöhnte sich, dasselbe von oben herab als einen Zeitvertreib für Laien zu betrachten. Es rechtfertigte sich diese Ansicht auch durch die Behandlung des Instrumentes, die immer mehr darauf ausging, in der That ein amüsantes Spielzeug aus demselben zu machen. Die schon am Ende des siebzehnten Jahrhunderts spukende Manie, recht vieles in Einem Mikroskop zu ermöglichen, erreichte nun ihren Gipfel und die Construction der sogenannten „Universalmikroskope“ kam in höchste Blüthe. Um dem Leser einen Begriff eines derartigen Monstrums zu geben, setze ich am besten die ersten Zeilen der Beschreibung eines solchen aus dem Jahr 1776 bei.

Wilhelm Burucker, Mechanikus in Nürnberg, der schon vorher ein Universal-Feld- und Höhenmessungsinstrument erfunden hatte, zählt die Vorzüge seines Wunderwerkes folgendermaßen auf: „Dieses Mikroskop enthält demnach: 1lich, dreyerley Arten von Sonnenmikroskopen[1]), wovon zwey ohne Verfinsterung eines Zimmers, an jedem Ort, wo die Sonne hineinscheinet, gebraucht werden können, und da die Objecte, wie an einem Schreibtisch nachgezeichnet und nach ihrer Vergrößerung können ausgemessen werden.

Die zwote Art ist zu flüssigen Sachen gut, weil die Schieber horizontal zu liegen kommen, und

Die dritte Art ist, wie gewöhnlich in einem verfinsterten Zimmer zu gebrauchen; auch kann man mit jedem undurchsichtige Objecte sehen.

2tens, ein gutes Compositum

3tens, ein Anatomisches von recht guter Einrichtung.

4tens, ein Einfaches auf seinem Gestell mit einem Reflectionspiegel.

5tens, ein Hand- oder Spaziermikroskop und

6tens, zweyerley Arten von Cameris Obscuris, nebst einem wohlverfertigten Kästlein, worinn alle diese Maschienen mit ihren Theilen bestens verwahrt sind.

Daß solche Apparate zwar dazu geeignet waren, einen Kreis von Herren und Damen für ein paar Stunden zu ergötzen, nicht aber dazu gelehrte Forschungen zu machen, dies bedarf wohl keiner Ausführung. Zu den letzteren benützte man nach wie vor gute, starke, einfache Mikroskope. Es ist ja auch in dem Burucker'schen Instrument ein „anatomisches" Mikroskop aufgeführt. Die Abbildung zeigt, daß es nichts weiter ist als ein verändertes Leeuwenhoek'sches Instrument. Auch sonst findet man den Aus-

[1]) Dieselben waren gegen 1740 in die Mode gekommen und erregten großes Aufsehen. (Siehe unten Cap. VI, 5.)

druck „anatomisches Mikroskop" für ähnliche Instrumente angeführt und muß also wohl diese Bezeichnung für einen allgemein verbreiteten technischen Ausdruck der damaligen Zeit halten. In der That haben auch fast sämmtliche Gelehrte, über deren Instrumente wir etwas wissen, sich einfacher Mikroskope für ihre Arbeiten bedient und nur selten erwähnen auch heute noch bekannte Forscher ihre zusammengesetzten Mikroskope, wie der Botaniker Hedwig, der zuerst ein Instrument des Leipziger Universitäts-mechanikus Reinthaler, später ein solches von seinem Nachfolger Weickert benutzte.

Einer der berühmtesten Forscher des achtzehnten Jahrhunderts, N. Lieberkühn in Berlin, bediente sich zu seinen Untersuchungen nur der einfachen Linsen, welche er selbst in hoher Vollkommenheit zu schleifen verstand. Sie waren noch kleiner und stärker als die früher von Leeuwenhoek angefertigten. Deshalb mußten aber auch diese Linsen ziemlich lichtschwach und besonders für undurchsichtige Objecte kaum benutzbar sein. Lieberkühn kam deßhalb wieder auf die schon von Leeuwenhoek benutzten Hohlspiegelchen zurück, in welche die Linse eingesetzt wurde. Er verbesserte sie, soweit wie möglich und machte sie allgemein bekannt. Da die Leeuwenhoeksche Entdeckung im größeren Publikum schon vergessen war, sah man Lieberkühn als den Erfinder der Spiegelchen an, und nennt sie auch heute noch mit seinem Namen.

Man verfertigte sie nun von Silber und gab ihnen eine so feine Politur, daß sie äußerst rein spiegelnde Flächen darstellten. In dieser Gestalt haben sie sich bis heute erhalten.

Lieberkühn kam zuletzt so weit, die schon vor ihm für zusammengesetzte, wie auch einfache Mikroskope benützte

Sammellinse mit seinem Spiegel zu verbinden und so kam denn eine Vorrichtung zu Stande, wie sie in Fig. 48 im schematischen Durchschnitte abgebildet ist. Die Lupe L, vor die das Auge gehalten wird, ist in den Spiegel Sp eingelassen. Bei Pr ist an einer beweglichen Schraube das Object angebracht, welches wieder von hinten her durch die Sammellinse Sa beleuchtet wird. Mit dieser Einrichtung Lieberkühn's ist wohl schon mehr Licht erreicht, als für eine Lupe wünschenswerth ist. Denn für durchsichtige Objecte fehlen bei einer solch' allseitigen Beleuchtung sämmtliche Schatten, die doch, wenn sie nicht zu stark wirken, der Erkennung des beobachteten Gegenstandes nur förderlich sein können. Ist aber das Object undurchsichtig, dann braucht man die Sammellinse nicht, denn dann wirkt nur der Spiegel.

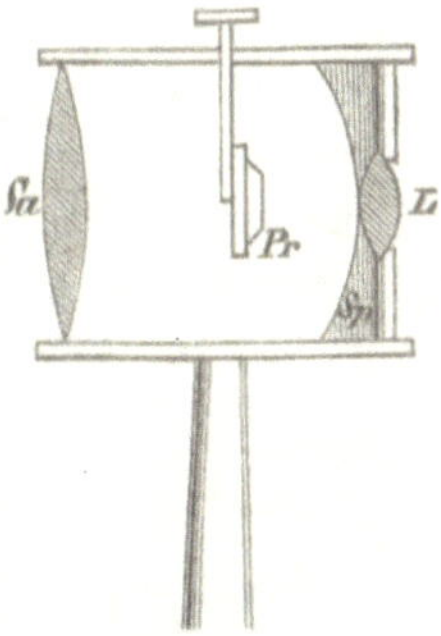

Fig. 48.
Lieberkühn'sches einfaches Mikroskop.

Der Werth einer Sammellinse vor dem Object ist bei einem einfachen Mikroskop immer ein sehr problematischer und sind die naiven Worte Ledermüller's sehr bezeichnend, wenn er sagt: „Man verliehrt oder zerbricht öfters das Erleuchtungsglas. Solte ihnen dieser Zufall von ohngefehr begegnen, so dürfen Sie deswegen die angefangene Beobachtung nicht einstellen. Nehmen sie nur eine von Ihren Blendungen, die sich zu der eingeschraubten Lentille schickt, und schrauben, oder legen sie solche statt des Erleuchtungsglases; so werden Sie Ihre Beobachtung ebensowohl zu Ende bringen und keinen beträchtlichen

Abgang an der Erleuchtung finden." Es ist sehr merkwürdig, daß man nicht darauf verfiel, das Object und die Sammellinse den Platz tauschen zu lassen, wo man sich doch beim zusammengesetzten Mikroskop längst der Collectivlinse bediente. Harting erzählt wohl, man hätte in England aus zwei Linsen bestehende einfache Mikroskope gekannt, doch können sie nicht weit verbreitet gewesen sein, da man von den Gelehrten solche Instrumente gar nicht erwähnt findet. Die gebräuchlichsten einfachen Mikroskope waren die, wie sie von Wilson schon 1702 hergestellt wurden und wie sie sich bis gegen das Ende des Jahrhundert hindurch hielten. Zuerst wurden sie nach der Art des Instrumentes Fig. 42 von Bonannus fernrohrartig construirt, und meist, um sie bequemer gegen das Licht halten zu können, mit einem Stiel versehen. Später aber stellte man sie nach Art der zusammengesetzten Mikroskope senkrecht und brachte zur Beleuchtung einen Concavspiegel an. Figur 49 veranschaulicht ein solches Wilson'sches Mikroskop aus späterer Zeit. Die innere Einrichtung ist ganz der Bonannus benutzten, auf S. 86 geschilderten analog, nur wird von Wilson noch die Sammellinse an derselben Stelle angebracht, wie bei dem kurze Zeit nachher entstandenen, vorhin beschriebenen Lieberkühn'schen Instrumente.

Fig. 49.
Wilson'sches einfaches Mikroskop. (Nach Adams.)

Nachdem man einmal das einfache Mikroskop in Stellung und Montirung soweit dem zusammengesetzten genähert hatte, lag es nahe, den noch fehlenden Objecttisch herzustellen, und der schon erwähnte Cuff that diesen Schritt. In Fig. 50 ist ein solches einfaches Mikroskop abgebildet, wie wir sie in seines Nachfolgers, Adams', Preiscourant finden.

Fig. 50.
Cuff'sches einfaches Mikroskop, genannt Ellis aquatic Microscope. (Nach Adams.)

Auch das einfache Mikroskop war somit im Wesentlichen auf seinen heutigen Standpunkt gebracht worden.

Jedoch darf man nicht etwa glauben, daß mit der Herstellung solcher Instrumente die einfacher und unvollkommener construirten ganz verschwunden wären. Ebenso wie heute ließen manche Zwecke einfachere und anders eingerichtete Mikroskope wünschenswerth erscheinen. Besonders zwei Arten von einfachen Mikroskopen erfreuten sich eines großen Beifalls und einer weiten Verbreitung. Das eine ist das sogenannte „Zirkelmikroskop", welches wie ein mit den Spitzen nach oben stehender Zirkel erscheint (Fig. 51). Auf der einen Spitze ist die Linse mit dem Lieberkühnschen Spiegel g angebracht. Die andere trägt je nach Bedürfniß eine Reißfederähnliche Zange h oder einen Stift l, oder ein kleines Löffelchen k. Das Mikroskop läßt sich auch in horizontale Lage bringen. Man kann ihm eine einfache und praktische Einrichtung nicht absprechen.

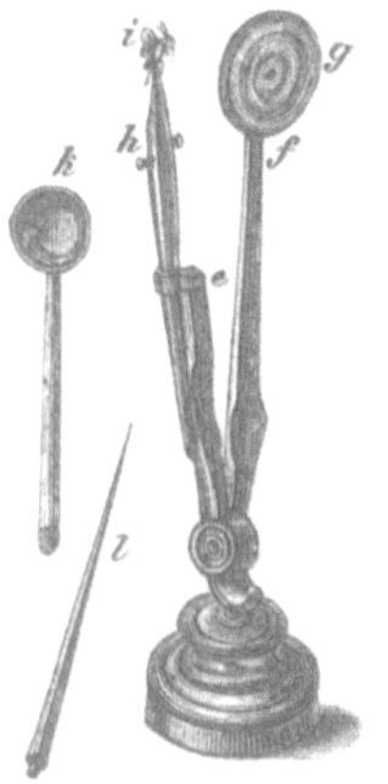

Fig. 51.
Zirkelmikroskop. Copie nach Ledermüller.

Die zweite von Lieberkühn zuerst angegebene Mikroskopart (Fig. 52 und 53) ist außerordentlich unhandlich und unpraktisch; doch hielt sie sich mit kleinen Abänderungen lange Zeit für Demonstration des Blutkreislaufes.

Aus einem Stativ erhebt sich eine nach damaliger Mode geschweifte Platte als Grundlage der „Vergrößerungsmaschine", wie dieses Mikroskop von Ledermüller betitelt wird. Auf der Rückseite befinden sich viele Haken zum Festhalten des Objectes, während man vorne nur den verschiebbaren Lupenhalter sieht.

Von anderen ähnlichen Instrumenten schweige ich, da ihre Beschreibung kaum etwas neues bringen würde.

Es ist nun nach der Betrachtung der Mikroskope,

welche das vergangene Jahrhundert hervorgebracht, auch noch zu untersuchen, was es mit denselben geleistet hat. — Wie man es von den ziemlich schlechten und unvollkommenen Instrumenten verlangen konnte, war es nicht

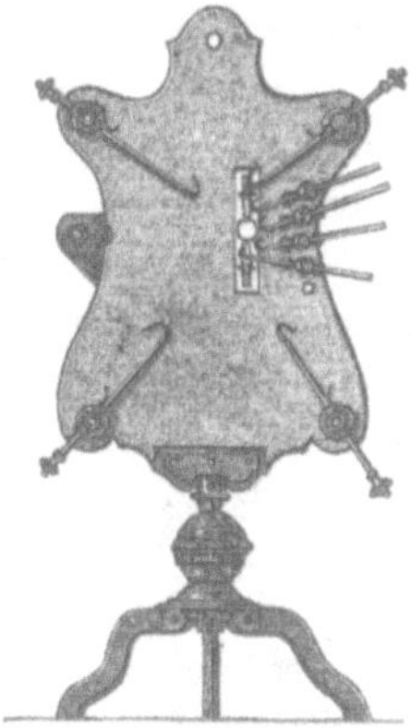

Fig. 52. Fig. 53.

Zweites Lieberkühn'sches Mikroskop. Fig. 52 von vorne, Fig. 53 von hinten. (Photograph. Kopie nach der Originalabbildung.)

eben sehr viel. Es wurden sin der Wissenschaft bedeutende Fortschritte gemacht, aber fast alle ohne das Mikroskop. Dasselbe diente nur dazu, Einzelbeobachtungen zu machen, ohne reformirend selbst in das System eingreifen zu können. Linné stellte sein bahnbrechendes künstliches System der belebten Welt auf, Buffon äußerte seine großartigen Ideen über die Thierwelt, die Familie Jussieu begründete das fundamentale natürliche System der Pflanzen, Morgagni schuf die neue Disciplin der pathologischen Anatomie, Haller der berühmteste von allen, errichtete ein Gebäude der theorethisch medicinischen Wissenschaften, vor

Allem der Physiologie, welches Alles bisher Dagewesene überragte; so daß also das achtzehnte Jahrhundert an geistreicher Forschung und tiefer Wissenschaftlichkeit keinem der vorhergehenden nachstand. Allein trotz dieser gewaltigen Fortschritte blieb das Mikroskop, ein zwar genanntes und bekanntes, aber dennoch gänzlich bei Seite gesetztes Instrument, außer Berechnung. Nur Haller, dessen Scharfblick nichts entging, würdigte die Resultate mikroskopischer Forschung soweit, daß er die bekannten Thatsachen in seinen Elementa physiologiae zu einem Ganzen zusammenfaßt und den Versuch eines histologischen Systems macht. Er unterscheidet Fasern, Zellgewebe, formlose Zwischensubstanz, Fett, Häute u. s. w. und würdigt auch bei Besprechung der einzelnen Organe der mikroskopischen Structur die nöthige Aufmerksamkeit.

Die mit dem Mikroskope zahlreich angestellten Beobachtungen waren systemlos unzusammenhängende, wie es selbst die bedeutendste Leistung auf histologischem Gebiete aus dieser Zeit, das Buch Fontanas[1]) beweist. Er betrachtet Muskeln, Sehnen, Nerven, Haut, mit einem Worte, fast alle Theile des Körpers, denkt jedoch nicht daran, seine zum Theil classischen Beobachtungen von einem allgemeinen Gesichtspunkte aus aufzufassen.

Schon vor ihm war eine Anzahl recht guter und sorgfältiger Beobachtungen erschienen, deren Reihe Lieberkühn der Meister der Injection mit seinen Untersuchungen über die Chylusorgane des Darmes eröffnete. Ihm folgten andre, wie Della Torre und Hewson, die das Blut untersuchten. Besonders des letzteren Arbeiten sind bedeutend. Muys lieferte eine überaus sorgfältige und eingehende

1) Ueber das Vipernaift ꝛc. ꝛc. Berlin, 1787.

Untersuchung der Muskeln, ebenso Prochaska, der auch die Nerven sorgfältig untersuchte.

In der Botanik war es nicht anders. Auch hier kam man nicht über bessere oder schlechtere Einzelbeobachtungen hinaus. Es entstanden gute Arbeiten über Zellen und deren Entstehung aus Bläschen, über die Generationsorgane und -Vorgänge, über Entstehung und Structur von Bast und Holz; Namen wie Bonnet, Du Hamel, Hales, Hedwig u. a. werden unvergessen bleiben. Der beliebteste Gegenstand der botanischen Untersuchung aber blieben das ganze Jahrhundert hindurch die Spiralgefäße, die ihres zierlichen Aussehens wegen immer wieder die Aufmerksamkeit der Untersucher auf sich lenkten. Im Anschluß daran wurde auch die Lehre von der Saftbewegung in den Pflanzen bedeutend ausgebildet.

Die Zoologie erfuhr ebenfalls gar manche werthvolle Bereicherung; für die allgemeineren Zwecke der vergleichenden Anatomie aber wurden die Einzelbeobachtungen nicht verwendet. Reaumur's und de Geer's Bücher über die Insecten, Spallanzani's Untersuchung über Infusorien, vor Allem aber Lyonets klassische Beschreibung der Weidenraupe, sind Schöpfungen von bleibendem Werth. Freilich machte sich auch gerade auf diesem Gebiete, welches die Läuse, Fliegen, angeblich auch die Samenthierchen u. m. a. in sich begriff, der Dilettantismus so breit, wie sonst nirgends.

Der wirklich ernsten und wissenschaftlichen mikroskopischen Beobachter waren es im achtzehnten Jahrhundert, wie aus Vorstehendem erhellt, im Ganzen recht wenige und sie lassen sich leicht zählen. Das Gros der „der Liebhaber des Mikroskopes" hatte andre Interessen. Diesen Käufern der Universalmikroskope war es nicht mit

Wissenschaftlichkeit gedient, sie wollten unterhalten sein, nur der Reiz der Neuheit schaffte dem Instrumente schnellen Eingang.

Zierlich und leicht, auch mit schwächeren Vergrößerungen, zu beobachtende Gegenstände bildeten die gewöhnlichen Objecte und so war nun wirklich das Mikroskop zu einem Salonspielzeug herabgekommen. Bücher wurden herausgegeben an deren Hand der „Liebhaber" seinen Weg in die Geheimniße der unsichtbaren Welt antrat. Sie lassen sich vollkommen mit den Schmetterlings- und Käferbüchern vergleichen, welche unserer jetzigen Jugend bei ihren naturwissenschaftlichen Jagden dienen. Viele deuten schon durch ihren Titel an, weß Geistes Kind sie sind. Rösel von Rosenhof edirt eine „Insektenbelustigung". Ledermüller gibt seine „Mikroskopischen Gemüths- und Augenergötzungen" heraus und es folgt ihm Slabber mit den „Naturkundige Verlustigingen". Zum Theil sind diese Werke ganz vorzüglich illustrirt, wie das von Rösel und Slabber und das den unschuldigen Titel „Mikroskopische Entdeckungen" führende Buch des Hofstallmeisters von Gleichen[1]) ,so daß sie zugleich eine schöne Zierde des Putztisches bilden.

Vor allen anderen Objecten war in diesen Kreisen der Blutumlauf beliebt. Man studirte ihn an den Eingeweiden des Frosches und an den Flossen kleiner Fische. Selbst der gelehrte Lieberkühn hat ja durch Construirung des oben abgebildeten Mikroskopes der herrschenden Zeitströmung Rechnung getragen.

---

[1]) Kleiner gedruckt folgt denn freilich — um die wissenschaftliche Erwartung nicht allzu hoch zu spannen — „bei den Pflanzen, Blumen, Blüthen, Insekten und andere Merkwürdigkeiten.

Nächst dem Blutumlauf waren es Haare, Schmetterlingsschuppen, Mückenflügel und dergleichen, welche das wißbegierige Publikum amüsirten. Die Krystalle aus allen möglichen künstlichen Salzlösungen wurden ihrer zierlichen Formen wegen eifrigst studirt; und zuletzt durften natürlich die unvermeidlichen Läuse und Flöhe unter keinem Mikroskope fehlen [1]).

Am verderblichsten war es für die Förderung der Wissenschaft, daß die Bestrebungen der Dilettanten und die fleißige Forschung der Fachmänner nicht recht getrennt waren, sondern sich in vielen Punkten berührten. Die Lieberkühn'schen Mikroskope werden von dem Halbgelehrten von Gleichen und dem Dilettanten Ledermüller verändert, zum Theil wirklich verbessert. Auch finden wir in den Werken mancher Dilettanten ganz vortreffliche Beobachtungen, so besonders bei dem Maler Rösel, zum Theil

---

[1]) Um dieses fast indignirende Treiben zu characterisiren, kann ich mir nicht versagen, einige Zeilen aus Ledermüller's Beschreibung des Flohes beizusetzen. In einer Aufzählung der Martern, die der gefangene Floh zu erdulden hat, sagt er: „Noch eine andere Freundin braucht ihre Flöhe zu Wetterpropheten. Denn wenn sie wissen will, ob es des andern Tages schönes Wetter werden wird? so geht sie nur mit ihrem Jagdgarn auf die Flöhhatz; und wann sie ein paar Schmalthierchens in dem Belzchen gefangen hat, tritt sie Hofnungsvoll vors brennende Licht, legt einen nach dem andern an die Flamme und hört sodann aufmerksamer als in der Kirche zu. Knackt nun der Floh bey dem Zerplazen, so überzieht Freude ihr ganzes Gesichte. Sie ruft flugs ihrer Magd und spricht zu ihr: Cathrinchen! Morgen wird schön Wetter. Ich werde daher in den Garten gehen, und du wirst wohl wissen, was du wegen des Herrn Lieutenants zu besorgen hast.

auch bei dem Stallmeister von Gleichen. Andererseits schrieben wieder Leute, welche einen wissenschaftlichen Namen hatten, Bücher, in denen alles bunt durcheinander zu lesen war. Baker, dem man, wie erwähnt, eine Monographie über Polypen verdankt, und der Cuff die erste Idee zu seinen Verbesserungen am Mikroskop gegeben hat, behandelt in einem Bande allerhand Salzkrystalle, denen sich ein eingetrockneter „Tropfen vom Schnuppen" anschließt, bringt dann eine Beschreibung vieler „Thierlein" höherer und niederer Art, und schließt dem seine Verbesserungen am Mikroskope an. Den Schluß des Werkes bildet — eine Anweisung, wie man Medaillen abdrucken und abgießen könne!

Doch genug von dieser Periode, die mit der Wissenschaft spielte, sie aber nicht förderte; sie ist durch das Vorstehende wohl zur Genüge charakterisirt. Hat doch die nun folgende Zeit das Versäumte reichlich wieder eingeholt.

4. Erste Hälfte des neunzehnten Jahrhunderts.

Schon die letzten Tage des schwindenden Säculums, noch mehr aber der Beginn des anbrechenden neunzehnten Jahrhunderts waren für die Entwickelung des Mikroskopes höchst bedeutungsvoll, denn nun wurden die ersten wirklich erfolgreichen Schritte für Achromatisirung der Linsensysteme gemacht. Hermann van Deyl in Amsterdam, der schon früher mit seinem Vater an der Achromatisirung der mikroskopischen Linsen gearbeitet hatte, verfertigte nach dessen Tod in den ersten Jahren des Jahrhunderts Mikroskope, die nach Hartings Urtheil, der sie untersuchen konnte, alles übertrafen, was vorher geleistet worden war.

Schärfe der Bilder und Helligkeit ließ nichts zu wünschen übrig. Doch waren seine Instrumente augenscheinlich wenig bekannt geworden und nicht von weitergehender Bedeutung.

Brewster in England versuchte das Flintglas, welches die anderen benützten, durch eine stark lichtbrechende Flüssigkeit, wie Terpentin oder dergl. zu ersetzen, fand jedoch nur wenig Beifall. Ebensowenig reussirte die von ihm und Goring angeregte Verfertigung von Edelsteinen aus Granat, Rubin, Diamant u. a. m. Denn der Vortheil dieser Linsen, daß sie stärkere Vergrößerungen erlauben, ohne in gleicher Weise wie Glas der Aberration unterworfen zu sein, wird mehr als aufgewogen durch die Kosten des Materials und die große Schwierigkeit der Bearbeitung.

Drei Männer waren es, deren Bemühungen von den schönsten Erfolgen gekrönt waren, und deren Anregung man den Aufschwung, den nun die Anfertigung der achromatischen Mikroskope machte, zu verdanken hat. Es ist dies der Deutsche Fraunhofer in München[1]), der Italiener Amici in Modena und der Franzose Chevalier in Paris. Auch in England waren bedeutende Männer, welche die Idee der Achromatisirung mit Eifer und Geschick aufnahmen und welchen man eine Reihe nicht unbedeutender Verbesserungen verdankt. Es sind hier vor Allem Brewster und Goring zu nennen. Auf des letzteren Anregung verfertigten Tulley und Pritchard bald nach den ersten ge-

[1]) In der ersten Zeit des Bestehens befand sich sein Institut in Benediktbeuern, es führte die Firma Utzschneider, Reichenbach und Fraunhofer. In München hieß sie dann „Utzschneider und Fraunhofer".

lungenen Versuchen der drei Genannten ebenfalls achromatische Objective.

Es ist gewiß ein großes Glück gewesen, daß in dieser Zeit die Achromatisirung des Mikroskopes von mehreren Seiten zugleich in Angriff genommen wurde, und daß sich Deutsche, Franzosen und Italiener um die Ehre stritten, die vorzüglichsten Instrumente zu besitzen. Durch den hierdurch erzeugten Nationalwetteifer, von dem man auch die thätig mitarbeitenden Engländer nicht ausschließen darf, wurde in zwanzig Jahren die Mikroskopverfertigung mehr gefördert, als in den zwei Jahrhunderten, die bis dahin seit Erfindung des Instruments hingegangen waren.

Der erste der drei berühmten Verbesserer des Instrumentes war Fraunhofer. Schon im Jahre 1811 führt er in einem Preiscurante*) ein zusammengesetztes Mikroskop mit vier einzeln zu gebrauchenden achromatischen Linsen, zwei Ocularen 2c. auf. Es kostete siebenundsiebzig Gulden. Seine Instrumente hatten sogenannte Trommelstative, wie sie etwas einfacher schon im vorigen Jahrhundert von Martin und anderen fabricirt worden waren. Sie litten noch an manchen Fehlern. Die allerdings vollkommen achromatischen Objective bestanden aus einer einzigen Linse und vergrößerten deßhalb ziemlich wenig. Er half sich für bedeutendere Vergrößerungen mit stärkeren Ocularen — ein immerhin bedenkliches Auskunftsmittel. Trotzdem aber erregten seine Mikroskope, deren eines aus dem Jahre 1816 in Figur 54 abgebildet ist, doch in ganz Deutschland bedeutendes Aufsehen und wurden gehörig gewürdigt.

Viel weiter als er kam 1823 Charles Chevalier, der wahrscheinlich, wenn auch indirect, die Anregung zu seinen

*) Gilberts Annalen der Physik. Neue Folge. Bd. 8.

Versuchen durch Fraunhofer erhalten hatte. Er verfertigte auf den Wunsch des Mechanikers Selligue mit diesem und seinem Vater V. Chevalier zusammen ein Mikroskop mit vier noch ziemlich dicken Linsen, die einzeln und zusammen gebraucht werden konnten. Damit war der große Wurf gelungen. Denn nur durch Zusammensetzung mehrerer Linsen zu einem Systeme kann ja, wie oben gezeigt wurde, das zusammengesetzte Mikroskop der Höhe seiner Leistungsfähigkeit entgegengeführt werden. Fresnel, der in der Academie darüber berichtet, gab mehrere Mängel des Instrumentes an, wodurch Ch. Chevalier angespornt wurde, neue Versuche anzustellen. Schon 1824 brachte er nun, gestützt auf die oben erwähnten Arbeiten Eulers, ein Mikroskop zu stande, welches vollkommen achromatisch war.

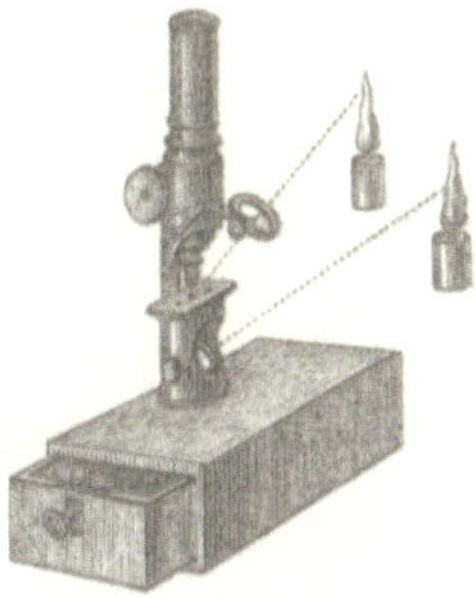

Fig. 54.
Zusammengesetztes Mikroskop von Fraunhofer. (Nach Chevalier.)

Durch solche Erfolge veranlaßt, nahm nun Amici, der schon 1816 mißlungene Versuche zur Achromatisirung des Mikroskopes angestellt hatte, seine Arbeiten wieder auf, nachdem er von Fresnel's Bericht gehört hatte. Im Jahre 1827 sah er seine Bemühungen mit Erfolg gekrönt und er zeigte das von ihm verfertigte Mikroskop in Paris vor. Dieses Instrument wich von den bis jetzt hergestellten dadurch ab, daß es über dem Objectiv ein Prisma enthielt, welches eine Knickung des Mikroskopes möglich machte. Das Objectivsystem stand senkrecht, während in das Ocular, wie bei einem Fernrohr, horizontal hinein=

gesehen werden konnte. Bei Chevalier fand diese Art der Montirung des Mikroskopes so großen Beifall, daß er sofort Amicis Beispiel folgte und sein Universalmikroskop (Fig. 55) construirte, welches jenem vollkommen glich und sich nur durch eine sehr complicirte Mechanik auszeichnet, die es, wie der Name des Instrumentes besagt, zu allen möglichen Zwecken brauchbar machen sollte.

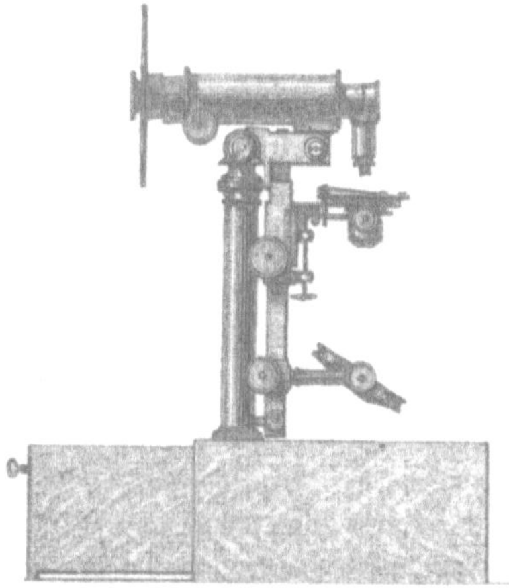

Fig. 55.
Chevalier's Universalmikroskop. (Nach der Originalabbildung.)

In dem der Construirung dieses Mikroskopes folgenden Jahrzehnt beherrschte es vollständig das wissenschaftliche Publikum. Von einer Menge berühmter Forscher wurde es benutzt und in allen Büchern über das Mikroskop nimmt es den ersten Platz ein. Auch heute noch wird es in dem Preiscourant des Chevalier'schen Geschäftes mit dem Preis von 1300 Frs. aufgeführt. Freilich dürfte es nur noch wenige Untersucher geben, welche sich des complicirten Mechanismus bedienen mögen.

Auf der Höhe seines Glanzes sah Chevalier auch hochmüthig auf alle anderen Bestrebungen herab und sagt z. B. von einem Fraunhofer'schen Instrument, welches er abbildet: „Die Figur zeigt ein kleines dioptrisches Mikroskop, welches man einmal versucht hat, meinem universellen Instrumente gegenüberzustellen. Ich halte es für unnütz, dieses von Fraunhofer 1816 construirte Mikroskop zu beschreiben; die Zeichnung (unsere obenstehende Fig. 54) gibt davon einen hinreichenden deutlichen Begriff. Von diesen Mikroskopen werden viele verkauft, denn es gibt Leute genug, welche das Wohlfeile allen andern vorziehen."

In diesen hochmüthigen echt französischen Worten aber spricht Chevalier sehr richtig aus, was das meist mit Glücksgütern nicht allzu reich ausgestattete wissenschaftliche Publikum in unserer Zeit von einem Mikroskop verlangt. — Es muß billig aber auch gut sein! Letzteres freilich vergißt Chevalier in seiner Selbstüberschätzung von dem Fraunhofer'schen Instrument hinzusetzen, obgleich es schon 1816 noch viel mehr aber später, als Chevalier diese Worte schrieb, der Fall war.

Merz, der Nachfolger des im Jahre 1826 verstorbenen Fraunhofer machte schon 1829 Instrumente mit zusammengesetzten Linsen, und es tauchten nun allenthalben neue Institute auf, welche das plötzlich zu Ehren und Ansehen kommende Mikroskop mit der Bebesserung von Chevalier verfertigten. Zuerst ist diesem in Paris selbst eine Concurrenz in der Firma Trecourt, Bouquet und G. Oberhäuser entstanden. Der letztere ein Deutscher — er war von Ansbach gebürtig —, trennte sich bald von den ersteren und bildete ein eigenes Institut, dessen Leistungen bald die Chevalier'schen Instrumente in Schatten stellen sollten. Er fertigte noch Jahrzehnte lang alle seine Instrumente, große wie kleine, nach dem von Fraunhofer benützten, von Chevalier verachteten Modell mit Trommelstativ. (Fig. 56.)

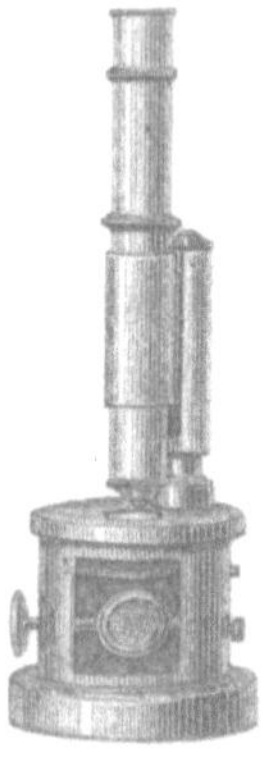

Fig. 56. Großes Mikroskop von Oberhäußer.

Zu gleicher Zeit, ebenfalls im Jahre 1830, begann Plößl in Wien die Herstellung achromatischer Mikroskope zu unternehmen und erlangte bald einen weitverbreiteten und wohlverdienten Ruf. Seine Stative waren nach einem anderen an die Formen von Jones und Adams erinnernden Princip gebaut (Fig. 57), welche man praktischer nennen kann, als die Oberhäußer'sche Trommel.

In Berlin entstand zu derselben Zeit (1831) ein Geschäft unter der Firma Pistor und Schieck, welches sich jedoch sehr bald spaltete. Pistor verband sich erst mit Hirschmann dann mit Martins, konnte aber nicht reussiren und es ist seine Firma längst verschwunden. Schieck dagegen war bald ein ebenbürtiger Rivale der beiden anderen Coryphäen der Mikroskopverfertigung. Seine größeren Instrumente glichen denen von Plößl (Fig. 58), seine kleineren denen von Oberhäußer.

Auch Amici fuhr fort, ausgezeichnete, vielleicht die besten Mikroskope zu liefern, doch waren sie, wohl ihrer Kostbarkeit wegen weniger verbreitet.

In England schließlich reihten sich ebenfalls an die ersten Verfertiger achromatischer Mikroskope bald Männer an, welche in Nichts hinter dem Besten zurückstanden, das damals geleistet wurde. 1832 begann Roß, 1834 Powell, der sich bald mit Lealand verband, mit der Anfertigung vorzüglicher Linsen.

Im Anfang hielt man sich ganz an die von Chevalier geübte Art der Objectivzusammensetzung. Die schwächste

Fig. 57.
Großes Mikroskop von Plößl.

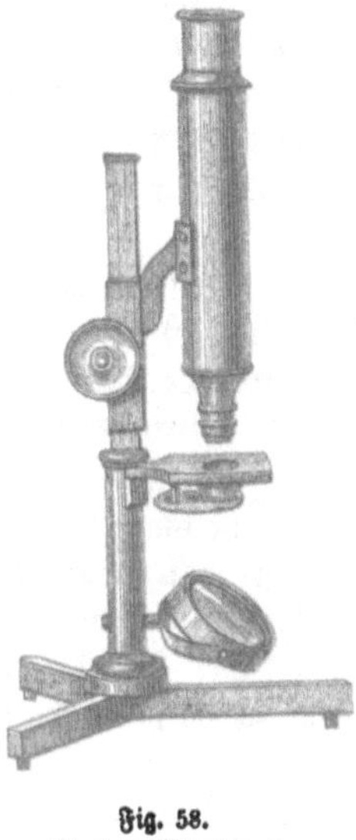

Fig. 58.
Großes Mikroskop von Schieck.

Linse wurde an den Tubus geschraubt und konnte allein benutzt werden. Wollte man die Vergrößerung verstärken, dann schraubte man die zweite Linse an die erste, die dritte an die zweite. Jede nächstfolgende war immer stärker. Von Plößl und Schieck wurde diese Art von zusammenschraubbaren Objectiven für schwächere und mittlere Vergrößerung lange Zeit gefertigt. Nur die stärksten Systeme waren fest. Oberhäußer dagegen ging gleich Anfangs von diesem Princip ab und lieferte verschiedene starke Systeme, die immer fest und nicht auf das Auseinanderschrauben berechnet waren.

Bei diesen festen Systemen wird der etwas höhere Preis weitaus aufgewogen durch die genaue Centrirung und die vom Optiker ein für allemal berichtigte gegenseitige Entfernung der Linsen. Man sah bald ein, daß solche Systeme klarere und schärfere Bilder geben und verfertigt heute nur noch solche in sich abgeschlossene Objective.

Durch die Concurrenz der neu entstandenen Fabriken wurde natürlich von Jahr zu Jahr die Güte der Instrumente vermehrt, der Preis derselben aber vermindert, und so sehen wir schon in den dreißiger Jahren gute Instrumente, nicht allein in den Händen aller Gelehrten, sondern finden auch, daß schon Aerzte und Studenten Mikroskope kauften, um ihre wissenschaftlichen Untersuchungen zu machen.

Unter solchen Umständen ist es denn auch nur natürlich, daß man in dieser Zeit in Erkennung der kleinsten Formbestandtheile gewaltig vorwärts eilte und mit dem neuen Hilfsmittel eine vollständige Umwälzung des Systems der gesammten Lehre von den lebenden Wesen herbeiführte.

Im Anfang des Jahrhunderts hatte sich in Bezug auf das Mikroskop noch keine Aenderung vollzogen, es wurden deßhalb auch von den Gelehrten die einfachen Linsen, zum Theil sogar noch das alte Wilson'sche einfache Mikroskop, ganz in der gewohnten Weise benutzt. So wissen wir z. B. von dem berühmten Gelehrten Treviranus, von dem Botaniker Röper und anderen, daß sie jedes schwierige Object mit einfachen Linsen untersuchten.

Allmählig aber drang das verbesserte zusammengesetzte Mikroskop durch und nun folgte eine Entdeckung der andern auf dem Fuße.

Noch im Jahre 1800 hatte X. Bichat sein geniales System der allgemeinen Anatomie fast ganz ohne Zuhilfenahme des Mikroskopes construirt und damit den Anstoß zu einer äußerst regen Untersuchung des thierischen Körpers gegeben. Dem Mikroskope aber hat man es zu verdanken, daß man das Bindgewebe in feinste Fasern zerlegte (Krause, Lauth, Jordan), daß man die kleinsten Bläschen, aus denen die Organismen bestehen, als Zellen definirte (Dutrochet, Raspail), und daß man in diesen Zellen sowohl bei Pflanzen (R. Brown) wie bei Thieren (Purkinje) den Kern entdeckte.

Im Jahre 1839 gelang es endlich Schwann, durch eine bedeutende Reihe genialer Eigenuntersuchungen und Zusammenfaßung der fremden Resultate die große Wahrheit zu finden, daß alle organischen Wesen, Thiere und Pflanzen ausschließlich aus Zellen oder deren Derivaten bestehen. Ein kugeliges Bläschen mit flüssiger und halbfester Eiweißmasse gefüllt — die Zelle — in welchem wieder ein kleineres Bläschen — der Zellenkern — suspendirt ist (Fig. 59), stellt die einfachste Form der Theile des Organismus dar; aus ihr entstehen durch Ausdehnen nach der einen oder andern Richtung die verschiedensten Formen, aus ihr entwickeln sich auch durch chemische Umwandlung oder durch Verschmelzung u. dgl. alle die vielen Arten von Fasern, Häuten und anderen

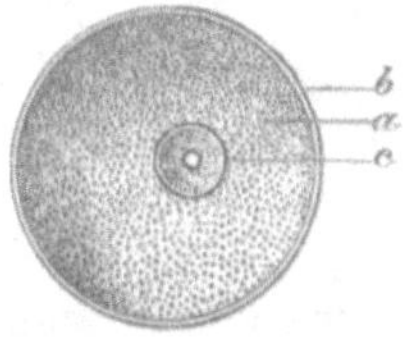

Fig. 59. Schema der thierischen und pflanzlichen Zelle. a Eigentlicher Zellinhalt. b Membranöse Hülle. c Zellkern in der Mitte das Kernkörperchen tragend.

Gebilden, welche den thierischen und pflanzlichen Organismus zusammensetzen. Mit diesem Fortschritt hat das Mikroskop seinen schönsten Triumph gefeiert; denn selbst dem Laien muß die großartige Einfachheit, in welcher sich die gesammte belebte Natur im Lichte dieser Lehre darstellt, einleuchten und als die hervorragendste Errungenschaft der bisherigen Naturforschung überhaupt erscheinen.

Mit dieser Entdeckung schloß die bisherige Periode der mikroskopischen Beobachtung vollständig ab und es beginnt nun ein neues Leben, eine Neugestaltung aller Wissenschaftszweige überhaupt. Die Histologie der Pflanzen und Thiere wurde mit bestem Erfolg inaugurirt und schon im Jahre 1841 erschien eine Gesammtverarbeitung der bisher gewonnenen histologischen Thatsachen mit einer erstaunlichen Menge neuer ergänzender Beobachtungen verbunden, in Henle's „allgemeiner Anatomie", welche im Sinne der neuen Lehre den Grundstein zu dieser jetzt so ausgebildeten Disciplin legte. Auch andere naturwissenschaftliche und medicinische Fächer erlitten eine totale Umgestaltung oder wurden überhaupt erst neu geschaffen. J. Müller, dieser gewaltige Forscher, hat zuerst die vergleichende Gewebelehre in Angriff genommen, und ebenso durch sein Buch „Ueber den feinen Bau und die Formen der krankhaften Geschwülste" schon vor dem Erscheinen von Schwann's Werk begonnen, eine pathalogische Histologie in's Leben zu rufen. Schwann selbst kann als Begründer der Histogenese oder der Entwickelung der einzelnen Gewebe angesehen werden. Auch Ehrenberg darf man nicht vergessen, der zwar keine neue Disciplin schuf, aber doch in der Untersuchung von Infusorien, überhaupt von mikroskopischen Organismen, Bedeutendes leistete. Auf dem Gebiete der Pflanzenanatomie ist besonders H. v. Mohl zu nennen, der in seinen Schriften eine neue Aera derselben begründete.

5. Zweite Hälfte des neunzehnten Jahrhunderts; Gegenwart.

Ebenso wie sich die Forscher seit diesen ersten Tagen des Glanzes bemühen, die neuen Errungenschaften zu befestigen und weiter auszubauen, so haben auch die Optiker das neuverbesserte Instrument immer höher und höher zu bringen und immer praktischer einzurichten gesucht.

Die zuerst unbeholfen langen Mikroskope, an denen man entweder stehend zu arbeiten gezwungen war, oder die man mit dem erwähnten Amici=Chevalier'schen Prisma versehen mußte, um sie horizontal zu gebrauchen, wurden kürzer gemacht und reducirten sich allmählig auf eine Größe, welche es erlaubte, an einem Tische von gewöhnlicher Höhe sitzend, zu beobachten. Ferner kam die alte aber ganz in Vergessenheit gerathene Einrichtung, die Mikroskopröhre, wie ein Schiebfernrohr zum Verlängern und Verkürzen mit einem Zug zu versehen (vergl. Fig. 33 1 und 2) wieder allgemein zur Geltung.

Auch die Linsen wurden nach vielen Richtungen bedeutend verbessert. Die Objective wurden immer stärker, ohne doch an Helligkeit und Auflösungsvermögen erheblich zu verlieren. In neuester Zeit richtet man auch mit großem Erfolge ein besonderes Augenmerk darauf, den Abstand des Objectives vom Objecte auch bei starken Linsen so sehr wie möglich zu vergrößern. Im Jahre 1850 gelang es Amici, noch eine sehr bedeutende Verbesserung zu erfinden, nämlich die Immersion (p. 65). Er benutzte als Zwischenflüssigkeit zuerst Oele, kam dann aber der großen

Nachtheile wegen, die die Oele besonders für die Reinhaltung der Objectivlinsen mit sich bringen, gänzlich davon zurück und verwandte nur noch Wasser, welches man als eingeschaltetes Fluidum auch heute ausschliesslich benützt. Demselben unermüdlichen Forscher war es schon früher gelungen, die Wirkungsweise der Deckgläschen zu erklären (p. 62) und damit ihre rationelle Verwerthung möglich zu machen. In Verbindung mit der allgemeinen Einführung der Deckgläschen wurde denn auch die Correction der starken Systeme eingeführt und es haben in Deutschland zuerst Nobert und Plößl mit dieser Einrichtung ausgestattete Systeme geliefert.

Die Oculare wurden ebenfalls erheblich verbessert. Sie wurden lichtstärker angefertigt und besonders zeichnen sich die neueren dadurch vortheilhaft aus, daß sie ein möglichst großes und sehr ebenes Gesichtsfeld haben[1]). — Ein Gesichtsfeld freilich, wie es die alten Mikroskope von Schieck und Plößl bei Benutzung des schwächsten Oculares und Objectives haben, können die jetzigen Optiker, die ihre ganze Kraft für die starken Vergrößerungen verwenden, gar nicht mehr zu Stande bringen, und ich selbst nehme stets, wenn ich mich in einem größeren Object orientiren will, zu diesen prachtvollen Combinationen meine Zuflucht.

Was das Stativ betrifft, so ist neben der immer wachsenden Solidität besonders hervorzuheben, daß der Objecttisch eine angemessene Größe erreicht hat, und daß man für bessere Instrumente fast durchweg den runden und auch den dreibeinigen Fuß verließ und durch ein Huf-

---

[1]) Kellner erfand ferner seine „orthoskopischen" Oculare, bei denen das Collectivglas aus einer achromatischen Combination von zwei Linsen besteht. Sie bieten jedoch keine erheblichen Vortheile.

eisen ersetzte (Fig. 33), welches bei compendiöser Form die sichersten Garantien für das Feststehen des Instrumentes gibt.

Von optischen Nebenapparaten wurden besonders die Beleuchtungslinsen, die für opake Gegenstände schon von Hooke, für durchscheinende von Bonannus benutzt worden waren, bedeutend verbessert. Die für durchfallendes Licht wurden in die Oeffnung des Diaphragmas eingesetzt (p. 58), die für auffallendes Licht entweder mittelst eines Ringes an der Hülse des Tubus, oder an einem Messingstabe auf dem Objecttisch befestigt (vergl. auch schon Figur 47. 54).

Wie die Zahl der mikroskopischen Forscher stets zugenommen hat, so hat sich natürlich auch in gleicher Progression die Zahl der Producenten des Instrumentes vermehrt und es gibt jetzt eine so große Menge von Werkstätten für Herstellung von Mikroskopen, daß es schwer ist sie sämmtlich kennen zu lernen. Indem ich die seit den vierziger Jahren aufgetauchten, aber wieder verschwundenen Geschäfte übergehe, nenne ich nur diejenigen Firmen, deren Mikroskope sich zur Anschaffung empfehlen.

Vor allem sind hier die Urfirmen zu erwähnen, welche auch heute noch existiren. Chevalier in Paris fühlte sich nicht veranlaßt, mich bei einem Besuch seines Geschäftes einen Blick in seine Mikroskope thun zu lassen, sondern überreichte nur seinen Preiscourant, in welchem sich dreizehn verschiedene Mikroskoparten aufgeführt finden, deren Modelle fast durchweg mit denen von Nachet (s. unten) übereinstimmen. Sie sollen nach dem Urtheil Sachverständiger kaum mehr fähig sein, heute noch mit den ersten Firmen zu concurriren.

Oberhäußer's Institut dagegen hat sich bis heute in seinem alten Glanz erhalten. Der Verwandte des Begründers, Hartnack, trat, als jener älter wurde, zuerst als Compagnon in das Geschäft und hat es nach dem Tode desselben als alleiniger Leiter übernommen. Seine Mikroskope sind wegen der ungeheuren Menge der gelieferten Instrumente etwas ungleich, hat man aber das Glück, gut gearbeitete Linsen zu erhalten, dann übertreffen sie fast alle anderen. — Hartnack ist durch die Ereignisse des letzten Krieges aus Frankreich vertrieben worden und hat nun seine Fabrik in Potsdam etablirt.

Er liefert acht verschiedene Modelle, welche alle in ihrer Metallarbeit tadellos und auch in ihrem optischen Theil weit öfter gut als mittelmäßig gearbeitet sind. Für die Brauchbarkeit der Instrumente spricht die wirklich colossale Verbreitung, welche sie allenthalben haben. Es wurden in den beiden letzten Jahrzehnten auf dem europäischen Festlande gewiß elf Zwölftel aller histologischen Specialuntersuchungen mit Hartnack'schen Instrumenten gemacht.

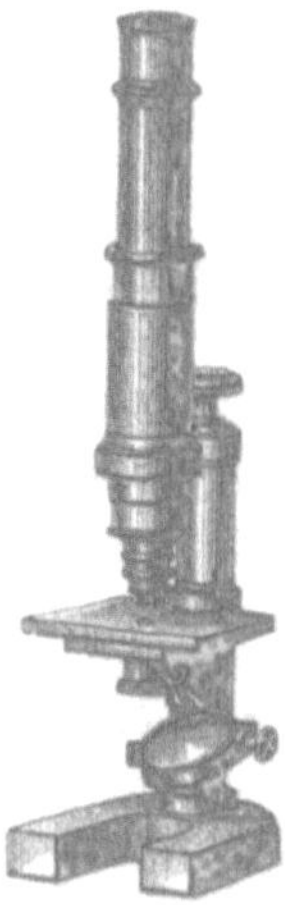

Fig. 60. Mikroskop von Hartnack aus dem Jahre 1868.

Die großen Stative, welche mit einem um die optische Axe drehbaren Objecttische versehen sind, empfehlen sich ihrer Größe und bedeutenden Kostspieligkeit wegen nicht, wenn man nicht besondere Zwecke verfolgt, ebenso sind die kleinsten Modelle wenig angenehm, da sie mit Linsensystemen älterer Construction, d. h. mit weiterem Schraubengewinde versehen sind, die deßhalb nicht an andere Stative passen. Am besten und handlichsten ist sein Modell Nr. III (Fig. 60), welches auch die stärksten Systeme führen kann und für die allermeisten Untersuchungen vollkommen ausreichend ist.

Schieck's Geschäft existirt ebenfalls noch und liefert jetzt wie Hartnack acht verschiedene Mikroskopsorten (A—H.) Einzelne conserviren die Einrichtung der ursprünglichen Schieck'schen Instrumente, andere lehnen sich an Oberhäußer'sche und Hartnack'sche Muster an. Das der Figur 57 nicht unähnliche Mikroskop F hatte ich vor Jahresfrist Gelegenheit zu untersuchen und fand die Bilder achromatisch und scharf. Der Focalabstand war aber beim starken Systeme so gering, daß die Arbeit mit demselben unbequem und schwierig war. Hartnack wird vom Schieck-schen Geschäft jedenfalls nicht erreicht.

Plößl in Wien, dessen Werkstätte auch noch besteht, liefert heute Mikroskope, die den früheren ziemlich vollständig gleichen, die also nicht mehr auf der Höhe stehen, da die anderen Firmen unterdessen bedeutende Fortschritte gemacht haben.

Das Fraunhofer'sche Institut führt jetzt die Firma G. und S. Merz. Die von diesem Geschäft vor etwa zehn Jahren gelieferten Instrumente gehören mit zu dem Besten, was man damals an mikroskopischen Linsen kannte. Dann ließen sie atwas nach, sollen aber nun wieder in die Reihe der besten und empfehlenswerthesten Instrumente eingetreten sein. Jedoch höre ich von mehreren Seiten, daß neue Systeme schon etwa nach Verlauf eines Jahres durch Oxidation verdorben seien, da zu ihrer Herstellung allzuweiches Glas verwandt werde. Die stärkeren Systeme sind durch ihren außerordentlich geringen Focalabstand äußerst unbequem.

Neben diesen altrenommirten Firmen sind, wie schon erwähnt, neuere Fabriken in bedeutender Anzahl aufgetaucht, welche sich zum Theil nur kurze Zeit halten konnten und schon frühzeitig der wachsenden Concurrenz unterlagen, zum Theil aber doch so viel leisteten, daß die Nachfrage nach ihren Instrumenten genügte, um sie in Betrieb zu erhalten. Besonders sind es in Deutschland fünf Firmen, welche mir als leistungsfähig bekannt sind.

Als die erste muß die Kellner'sche seit 1849 in Wetzlar bestehende Fabrik genannt werden. Kellner, ein äußerst rühriger Mann, lieferte Instrumente, die durch ihre vorzügliche Güte rasch allgemeinen Eingang fanden, und man kann auch heute noch seine Mikroskope selbst aus den ersten Jahren mustergiltig nennen. Nur den bedeutenden Fortschritten auch der anderen Geschäfte ist es zuzuschreiben, daß seine Instrumente nicht eine weit größere Verbreitung fanden; vor Allem ist es das Fehlen der stärksten Linsen, welches dem Bekanntwerden der Kellner'schen Instrumente engere Grenzen setzte. Nach dem 1856 erfolgten Tode des Begründers hat Belthle das Institut zuerst als Geschäftsführer übernommen. Später führte er es auf eigene Rechnung in Compagnie mit H. Rexroth. Dann trennte er sich von diesem wieder und leitete das Institut selbstständig. In neuester Zeit hieß dann die Firma Belthle und Leitz und jetzt steht ihr Leitz ganz allein vor. Aus fast allen diesen verschiedenen Perioden des Geschäftes standen mir Instrumente zur Einsicht zu Gebote und ich kann sie, ebenso wie andere Männer vom Fach, die sie geprüft haben, recht loben. Auch die neuesten Instrumente von Leitz, welche ich auf der Naturforscherversammlung in Wiesbaden sah, genügen den Anforderungen, die man heute an ein gutes Mikroskop stellen muß.

Während an den Kellner'schen und Belthle'schen Instrumenten der Fuß und die Stellung der Mikrometerschraube unpraktisch und unbequem waren, hat Leitz nun den vier verschiedenen von ihm hergestellten Modellen eine Form gegeben, welche sich der modernen, oben beschriebenen völlig anschließt.

Die zweite Fabrik, welche erwähnt werden muß, ist die von Zeiß in Jena. Schon früher hatte sich dieselbe durch ihre vorzüglichen einfachen Mikroskope bekannt gemacht, um sich in späterer Zeit auch auf dem Felde des zusammengesetzten Mikroskopes zu exhibiren. Von Jahr zu Jahr hat sich der unermüdliche Vorstand des Geschäftes mehr und mehr vervollkommnet und liefert jetzt Instrumente, welche man in jeder Hinsicht ausgezeichnet nennen darf. Er führt in seinem Verzeichniß nun sieben verschiedene Stative mit vortrefflichen Systemen auf. Mit einigen kleineren Instrumenten von ihm (Stativ III b Fig. 61) arbeiten seit mehreren Jahren Anfänger unter meiner Aufsicht, und es werden diese Instrumente von denselben ihres schönen Lichtes, ihrer klaren Bilder und ihrer bequemen Handhabung wegen fast allen andern vorgezogen.

Fig. 61. Kleines Mikroskop von Zeiß.

Das dritte Etablissement, welches hier zu nennen ist, ist das von Gundlach begründete. Es ist vor einigen Jahren in Berlin enstanden, hat nun aber seinen Besitzer gewechselt und befindet sich seit 1. Oktober 1873 unter der Firma Seibert und Krafft in Wetzlar. Die Mikroskope von Gundlach, welche ich genauer prüfen konnte, waren sehr gut, die von seinen Nachfolgern gelieferten, welche ich nur einer flüchtigen Ansicht unterwerfen konnte, scheinen ebenfalls recht brauchbar zu sein. Der

Preiscourant von 1873 führt acht verschiedene Stative auf, die sich durchweg den in Deutschland auch sonst gebräuchlichen anschließen. — Emmerich und Hensoldt in Wetzlar liefern Mikroskope, welche recht empfehlenswerth sind. Ich konnte mehrere kleinere Instrumente dieser Firma prüfen und muß besonders die starken Linsen und die schwachen Oculare sehr loben. Die mittelstarke Vergrößerung entspricht nicht ganz den Erwartungen, ist aber immer noch vollkommen brauchbar. Das starke Ocular dagegen ist nicht gut zu nennen. Die Metallarbeit ist solid, praktisch und elegant. — Das letzte Institut, von welchem hier gesprochen werden muß, ist das von Winkel in Göttingen. Es ist erst seit etwa drei Jahren in Thätigkeit, liefert jedoch Mikroskope, welche alle anderen übertreffen. Die prachtvoll achromatischen Bilder, welche diese Instrumente geben, lassen selbst die von Hartnack und Zeiß hinter sich. Ebenso ist der Focalbestand ein größerer als bei allen übrigen Mikroskopen. Die Helligkeit und Schärfe der Systeme ist so, daß man sich nur schwer an andere Instrumente gewöhnt, wenn man eine Zeitlang mit solchen von Winkel gearbeitet hat. Besonders ist hervorzuheben, daß auch die stärksten Oculare noch lichtstark und trefflich brauchbar sind. Die Fabrik liefert sechs Stative, von welchen das eine in Figur 33 abgebildet ist. Allen werden die gleichen Linsen gegeben. Immersionssysteme werden jedoch bis jetzt von derselben noch nicht hergestellt, doch ist das stärkste Trockensystem an Güte und Stärke Hartnack's XI. gleich.

Von den sonst in Deutschland existirenden Fabriken kann ich entweder gar nichts oder nichts Rühmliches sagen. Die Mikroskope von Schröder in Hamburg, die ich mehrfach gesehen habe, sind sehr vortrefflich, doch hat derselbe jetzt seine Kraft, wie es scheint, ganz den großen astronomischen Linsen gewidmet, da er Bestellungen nicht mehr ausführt. Robert in Barth soll neuerdings gute Instrumente liefern, ebenso werden die von Schmidt und Hänsch in Berlin gelobt. Baader in München liefert kleine Mikroskope (45 fl.), welche nach dem Urtheil von Kennern sehr preiswürdig sein sollen. Nicht ganz auf der Höhe stehend, aber immerhin noch brauchbar sollen die Instrumente von Bénèche (früher Bénèche und Wasserlein) in Berlin und diejenigen von Möller und Emmerich in Gießen sein. Zu wissenschaftlichen Untersuchungen gänzlich unbrauchbar sind die Instrumente von Hasert in Eisenach.

Geschäfte, welche ihre Fabrikate im Dutzend verkaufen, deren Erzeugnisse man oft an den Schaufenstern von Brillenläden oder an den Magazinen von Verfertigern chirurgischer Instrumente prangen sieht, können hier natürlich nicht weiter berücksichtigt werden. Einen anderen Gebrauch, als den eben genannten, kann man von diesen sogenannten „Trichinen"- oder auch „Salonmikroskopen" nicht machen. Mit einem Instrument, welches von Rathenow stammte und mir von dem Agenten des Geschäftes angelegentlichst empfohlen wurde, konnte ich Trichinen nur erkennen, weil ich wußte, daß sie in dem Präparate waren. Solche Instrumente sind sehr billig und werden deßhalb hie und da durch die zudringlichen Commis voyageurs kenntnißlosen Laien aufgeschwatzt. Aber gerade die große Billigkeit muß vorsichtig machen, da wirklich brauchbare Linsen, die ja doch schwierig herzustellen sind, unter einem gewissen Preis nicht geliefert werden können.

Was die außerdeutschen Instrumente betrifft, so kann ich mich in Bezug auf dieselben kurz fassen, da sie weder in der optischen Einrichtung, noch in ihrer Metallarbeit unsere einheimischen übertreffen, oft ihnen gar nicht gleichkommen.

Fig. 62.
Mikroskop von Nachet.

In Frankreich ist ein einziges Geschäft, welches für deutsche Forscher hier und da in Betracht gekommen ist. Nachet und Sohn in Paris (Fig. 62) liefert acht Modelle des gewöhnlichen Mikroskopes, deren Linsen mit zu den besten zählen. Auch ist der Preis derartig gestellt, daß es einem deutschen Gelehrten möglich ist, eines seiner Instrumente zu kaufen. Da sie aber die Mikroskope aus andern Fabriken, insbesondere die von Hartnack nicht übertreffen, so sieht man sie bei uns sehr selten.

In England blüht die Mikroskopverfertigung in hohem Grade. Eine Reihe von Londoner Firmen, unter denen sich die ersten Fabriken noch immer in rühmlicher Weise auszeichnen, liefert große und nach englischer Art verschwenderisch eingerichtete Instrumente. Was die Linsen anbetrifft, so können sie zum Theil mit dem besten, was auf dem Festlande gefertigt wird, den Vergleich aushalten. Leider aber ist die mechanische Einrichtung eine derartig complicirte, daß sie für deutsche Hände, die an eine rasche und praktische Führung des Instrumentes gewohnt sind, geradezu unbrauchbar werden. Nichts wird mit der Hand gemacht, selbst das Hinundherschieben des Objectträgers wird häufig mittelst kleiner sehr genau gearbeiteter Schrauben bewerkstelligt (Fig. 63.) Dem alten Schieck wird das etwas malitiöse aber treffende Bonmot zugeschrieben: die Engländer hätten es nach langen Bemühungen endlich dahin gebracht, die Bewegungen der menschlichen Hand durch Maschinen zu ersetzen. Durch eine solche Einrichtung wird die „Vergrößerungsmaschine“, wie man nach Ledermüller's Vorgang diese Instrumente fast nennen möchte, natürlich sehr vertheuert und zwanzig bis dreißig Pfund für ein unbequemes Mikroskop zu bezahlen, welches bei uns mit bequemerer Einrichtung und meistens besseren Linsen fast nur die Hälfte kostet, das ist des Deutschen Sache nicht. Die bekannte Firma Smith, Beck und Beck führt in ihrem Verzeichniß sogar ein Instrument zu dem fürstlichen Preis von 84 Pfd. Sterling auf. In der letzten Zeit versuchen es einige Firmen, sich mit den continentalen Preisen einigermaßen in Einklang zu setzen, und zwar mit dem besten Erfolge für den Absatz, doch wird der Verkauf der englischen Mikroskope diesseits des Kanales für die nächste Zeit immerhin nur ein ganz vereinzelter sein.

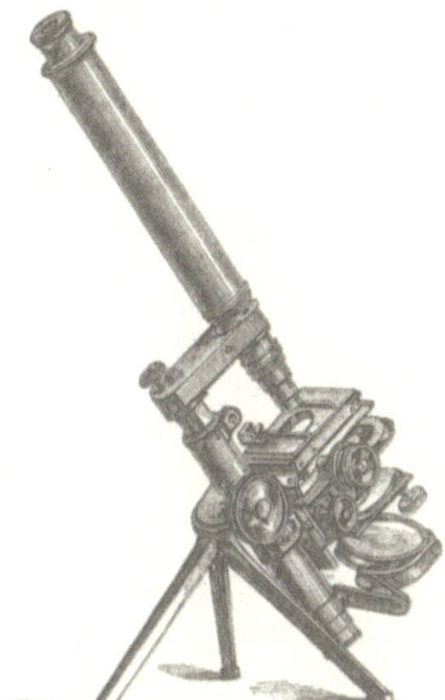

Fig. 63.
Mikroskop von Powell und Lealand.
(Nach Beale.)

Die übrigen europäischen Staaten haben sich an der Herstellung und Verbesserung des Mikroskopes so gut wie gar nicht betheiligt. In Italien ist mit Amici die Fabrication des Instrumentes zu Grabe getragen. In Holland ist eine einzige Werkstätte von Zaalberg van Zelst in Amsterdam vorhanden, deren Leistungen jedoch mit den deutschen und französischen Instrumenten einen Vergleich nicht aushalten können, wie der berühmte Harting selbst zugeben muß, obgleich es ihm offenbar schwer wird, seinem Landsmann kein besseres Zeugniß ausstellen zu können. Die nordischen Staaten, ebenso wie Rußland und Spanien haben meines Wissens noch keinen Versuch gemacht, in die Concurrenz mit einzutreten.

In den vereinigten Staaten von Amerika dagegen sind seit der Mitte des Jahrhunderts einige Etablissements entstanden (Spencer, Tolles und Wales), die Mikroskope verfertigen, welche sich ganz an die englischen Modelle anschließen. Die Instrumente, von denen ich selbst noch keines zu Gesicht bekommen habe, werden von Hagen in Cambridge, Massachusetts, den europäischen nicht ganz gleichgestellt. Besonders sollen die starken Systeme sehr schwer gut zu beleuchten sein. Ueberdies ist der Preis drei- bis viermal so hoch, als der eines gleich guten Mikroskopes, so daß sich trotz des hohen Zolltarifes doch noch die Einfuhr von Europa aus rentirt.

Die einfachen Mikroskope haben seit dem Aufschwung, den die zusammengesetzten Mikroskope genommen haben, an Bedeutung sehr verloren. Mit sehr starken Linsen pflegt man sie nicht mehr auszustatten, da sie heute nicht mehr als Beobachtungsinstrumente, sondern nur noch als Präparirmikroskope für solche Objecte zu dienen pflegen, welche für die Präparation mit freiem Auge zu klein sind. Man fertigt sie je nach dem Bedürfniß des einzelnen entweder als die gewöhnlichen Lupen an, oder als die oben beschriebenen Stativlupen; oder man montirt sie auch nach dem Vorgang von Cuff als einfache Mikroskope. Daß man diese letzteren heutzutage sämmtlich achromatisch herstellt, bedarf kaum der Erwähnung. Was die besten Fabriken betrifft, so ist in Deutschland vor allen Zeiß in Jena zu nennen, während in Frankreich Nachet gute derartige Instrumente fertigt. Fast alle oben für das zusammengesetzte Mikroskop genannten Firmen liefern aber auch einfache Mikroskope, die den Anforderungen entsprechen.

Die wissenschaftlichen Leistungen, welche für die letzte Periode der Entwicklung von Instrument und Wissenschaft zu verzeichnen sind, reihen sich den vorausgegangenen würdig an. Durch die Entstehung der Schwann'schen Zellenlehre war ihnen die Bahn, auf welcher sie sich zu bewegen hatten, vollständig vorgezeichnet; und wir sehen in der That, daß die Forschung der letzten Decennien in dem Ausbau und der Modification der Zellenlehre gipfelt. Daß die letztere bei ihrem ersten Entstehen kein vollkommen abgeschlossenes Ganzes bildete, ist nur natürlich und so sieht man denn auch im Lauf der Zeit die Ansicht über das Wesen der Zelle einige Aenderungen erleiden. Während Schwann die Zelle, wie oben auseinandergesetzt wurde, als ein Bläschen definirt, welches von einer Hülle umschlossen ist, und einen Inhalt hat, in dessen Mitte sich ein Kern befindet, hat man neuerdings durch die Forschungen von Leydig in Bonn und von dem jüngst verstorbenen M. Schultze Leydig's Vorgänger erfahren, daß die Hülle etwas unwesentliches und zum Leben der Zelle nicht nothwendiges ist, ja man hat sogar in Erfahrung gebracht, daß der Inhalt ganz allein selbst ohne Kern ein selbstständiges Leben zu führen im Stande ist.

Diese Masse, welche in ihrer ursprünglichen Gestalt

und in einer Reihe von Umänderungsformen den thierischen wie den pflanzlichen Körper zusammensetzt, wurde zuerst von H. v. Mohl, dem berühmten Tübinger Botaniker mit dem Namen „Protoplasma" (Urstoff) belegt, ein Name, welcher sich durch seine glückliche Wahl schnell für die ganze organische Welt einbürgerte. Das Mikroskop hat uns gelehrt, daß dieser wichtigste Theil jedes lebenden Wesens eine dem Eiweiß ganz analoge Masse darstellt, in welche sich oft noch andere Theile, wie Fett, Farbstoff und dergl. mechanisch eingelagert finden.

Die neueste epochemachende Errungenschaft der mikroskopischen Forschung ist der Nachweis, daß das Protoplasma in seiner unveränderten Grundgestalt eine selbstständige Bewegung besitzt, indem es einer Formveränderung, unter Umständen selbst einer Ortsveränderung fähig ist, wodurch den einzelnen Theilen des thierischen und auch des pflanzlichen Körpers eine weit größere Individualität gesichert erscheint, als man es bis dahin geahnt hatte.

Durch die Entdeckung der Lebenserscheinung des Protoplasmas, an welche sich Namen wie Lieberkühn, Cohnheim, Recklinghausen in der ehrenvollsten Weise knüpfen, hat man einen neuen Einblick in die Ernährungsverhältnisse der kleinsten Theile des gesunden und kranken Körpers bekommen und ist auf dem besten Wege des Fortschrittes in der Erkenntniß der organischen Natur.

Die Hülle der Zelle erscheint ebenso wie das Protoplasma derselben durch die Forschung der letzten Decennien in ihrem richtigen Licht. Man weiß jetzt, daß sie eine Abscheidung des Protoplasmas darstellt, daß sich ungleichmäßig ausbilden kann (Tüpfelzellen bei den Pflanzen, Cuticularsaum bei den Thieren), und daß sie überhaupt ein nach Form und Function viel wechselvolleres Gebilde darstellt, als man anfangs erwartet hatte.

Der Kern der Zelle hat leider bis jetzt allen Angriffen gespottet und seine Bedeutung für das Zellenleben ist noch nicht ergründet.

An der Hand der Zellenuntersuchungen hat man dann die wunderbare und überraschende Thatsache entdeckt, daß die einfachsten lebenden Wesen in der That aus nichts weiter bestehen, als aus einer einfachen Zelle, welcher selbst der Kern fehlen kann, das heißt mit anderen Worten, daß es lebende Geschöpfe gibt, die aus nichts anderm bestehen, als aus einem mikroskopisch kleinen Klümpchen Protoplasma. Es leuchtet ein, daß durch eine solche Entdeckung, an der sich Häckel, M. Schultze, Huxley u. a. betheiligt haben, der Werth dieses Urstoffes, in dem die Keime zu einem ganzen Leben liegen, außerordentlich viel größer erscheinen mußte, als man es vorher glauben durfte und es ist dadurch die Naturanschauung bedeutend gefördert worden. Die Entdeckung dieser einfachsten Wesen hat denn auch Häckel Veranlassung gegeben, eine Frage zur Lösung zu bringen, die so lange besteht, wie die mikroskopische Forschung, nämlich die nach der Gränze zwischen Thier und Pflanze.

Es ist ja jedem Laien bekannt, daß die niedersten Organismen oft genug nicht recht nach ihrer Stellung in der Natur erkannt werden können, und daß sich die Gelehrten zu allen Zeiten über die Definition von Thier resp. Pflanze gestritten haben. Der genannte Forscher hat nun klar und consequent ausgesprochen, daß ein Klümpchen Protoplasma oder eine einfache Protoplasmazelle, ebenso gut eine Pflanze, wie ein Thier genannt werden kann, oder vielmehr, daß sie weder auf den einen noch den anderen Namen Anspruch machen darf. Er belegt sie deßhalb mit dem Namen „Protisten“ (Urwesen), und man unterscheidet nach ihm außer dem alten Thierreiche und Pflanzenreiche noch ein Protistenreich.

Neben diesen Forschungen, welche sich auf die Grundfragen der ganzen Naturlehre beziehen, hat die Neuzeit eine sehr beträchtliche Menge erfolgreicher Specialforschungen zu verzeichnen, welche den Zweck hatten, die wahre Gestalt und Bedeutung der verschiedensten thierischen und pflanzlichen Theile aufzudecken. Man ist durch dieselben über gar viele Organe zu einer geläuterten Auffassung gekommen, ja man hat sogar oft genug offenbare Fehler der Wissenschaft zu berichtigen vermocht. Die einzelnen oben genannten neu entstandenen Disciplinen wurden ebenso, wie die schon bestehenden Wissenschaftszweige mehr und mehr ausgebaut, immer besser verstanden. Wir können somit im Allgemeinen mit Befriedigung auf die Leistungen des verbesserten Instrumentes blicken und dürfen hoffen, durch seine Benutzung noch viele schöne Aufschlüsse über die Natur zu erhalten.

Bei einem Gebiete aber, welches eben im ersten Werden ist, und welches sich noch im Zustande der ersten Gährung befindet, kann es nicht Wunder nehmen, daß viele Unberufene glauben, von den Früchten mit genießen zu können, welche die mikroskopische Forschung trägt. Da jedoch das Pflücken dieser Früchte immerhin einige Vorkenntnisse voraussetzt, so werden die wissenschaftlichen Zeitschriften mit einer Fluth von angeblichen Entdeckungen solcher Abentheurer bestürmt, durch welche sich hindurchzuarbeiten mit einigen der bekannten Arbeiten des Herkules verglichen werden kann. Glücklicherweise leidet unsere eigene Nation am wenigsten an diesem Fehler, auch die

Schweden und Italiener bemühen sich redlich, die Kenntnisse zu fördern, während die Engländer durch manche Vorurtheile an einem den genannten Nationen analogen Fortschritt gehindert werden. Die Franzosen, deren Stern ja in unseren Tagen im Niedersteigen ist, zählen in ihren Reihen nur vereinzelte bedeutende Erscheinungen, wie z. B. Ranvier, während sich das Gros der dortigen Untersucher durch eine äußerst naive Unwissenheit über alle Dinge auszeichnet, die außerhalb ihrer beschränkten Sphäre liegen.

Von anderen Nationen beginnen jetzt die Russen mit in die Concurrenz einzutreten. Während sie eine Anzahl von Forschern zählen, welche zu den hervorragendsten unserer Zeit gerechnet werden müssen, gilt von der Mehrheit der dortigen mikroskopischen Arbeiter in vollem Maße das oben ausgesprochene Wort, daß sie glauben, mit leichter Mühe die Früchte der Mikroskopie zu pflücken. Sehr charakteristisch ist der Anfang eines scherzhaften Aufsatzes, der als von einem Russen herrührend, in einer heiteren Gesellschaft junger deutscher Histologen zum Besten gegeben wurde. Es heißt: „Nach angestrengter einstündiger Arbeit ist es mir gelungen, zu constatiren" u. s. w. Man kann nicht besser die Bestrebung einer Anzahl unserer jungen schreiblustigen östlichen Nachbarn persifliren, als mit diesen wenigen Worten.

Bei allem Ballast, den unser schnelldahinsegelndes Schiff auch zu führen hat, können wir doch mit Genugthuung sagen, daß man mit dem crassen Dilettantenthum, welches sich im vorigen Jahrhundert breit machte, nicht mehr zu kämpfen hat, und daß auch in das weitere Publicum die Ueberzeugung eingedrungen ist, daß eine Arbeit mit dem Mikroskop die Zeit und Kraft eines Mannes so sehr in Anspruch nimmt, daß ihm nicht viel mehr zu anderen Dingen übrig bleibt. Untersuchungen mit dem Instrument nebenbei machen zu wollen, fällt jetzt Niemandem mehr ein.

Es ist das Mikroskop, je mehr es sich die Achtung der Leute errungen hat, auch mehr und mehr aus den Salons verschwunden, um sich lediglich auf die Laboratorien zu beschränken. Nur in England, wo man gern am Alten hängt, und wo man sich von jeher gerne dilettirend mit Naturwissenschaften beschäftigte, hat sich das Mikroskop als Salonspielzeug erhalten. Wie man bei uns Stereoskopen mit zugehörigen Bildern als Zeitvertreib an einem müßigen Nachmittag zur Hand nimmt, so hat man dort, wo man das nöthige Geld besitzt, um sich solche Ausgaben zu erlauben, ein möglichst elegantes Mikroskop aufgestellt. Dabei findet sich stets eine Anzahl ebenso eleganter, in feinem Kästchen aufbewahrter Präparate, die zum großen Theil von deutschen Händen zubereitet sind.

In England haben sich auch Bücher erhalten, welche stark an den seligen Ledermüller und Consorten erinnern. So liegt mir ein eleganter Band vor, der sich „Objects for the microscope“ betitelt und einen L. Lane Clarke zum Verfasser hat. Er ist 1871 bereits in vierter Auflage erschienen. Der sehr elegante, in Goldschnitt glänzende Band in grünem Glanzleinen ist auf der Vorderseite mit mikroskopischen Emblemen in Schwarz-, Gold- und Buntdruck geziert, und enthält eine Anzahl sauber gemalter Tafeln, auf denen wir in altgewohnter Weise Fisch- und Schmetterlingsschuppen, Pollenkörner, Haare und als letzten Trumpf den Blutumlauf in der Schwimmhaut des Frosches abgebildet finden.

Mögen sich die Engländer an solchen Dingen erfreuen! Wir Deutsche haben längst erkannt, daß die Naturwissenschaft zur Spielerei zu gut, die Spielerei aber für den Gebildeten zu schlecht ist.

Bisher wurde immer von „Mikroskopie“ schlechtweg gesprochen, ohne zu betonen, daß es eine solche eigentlich seit lange nicht mehr gibt. Denn sobald man über die naive Freude über das „Besehen der Geheimnisse der Natur“ hinweg gekommen war, mußte sich ein jeder Untersucher ein bestimmtes Capitel zur Bearbeitung herauswählen und es ist jetzt die Arbeit am Mikroskop in die einzelnen Disciplinen vertheilt. Der Anatom wie der Botaniker benützt nun zur Untersuchung seiner Objecte ebensogut das Mikroskop, wie das Messer, oder mit anderen Worten, das Mikroskop ist jetzt ein Werkzeug zur Untersuchung der organischen Schöpfung geworden, gerade so nützlich und gerade so unentbehrlich wie jedes andere. Nur wenige Forscher gibt es, die zum Schaden der Wissenschaft die mikroskopische Untersuchung noch als eine eigene Disciplin ansehen und nach der Art Leeuwenhoek's alles besehen, was ihnen gerade begegnet. Was man aber bei einer Vergrößerung unter 200—300 zu sehen vermag, das ist für solche nicht vorhanden. Eine die Erkenntniß der Natur fördernde Methode kann man diese nicht nennen.

Daß fast alle Gelehrten der heutigen Zeit, mögen sie einer Disciplin angehören, welcher sie wollen, den größten Theil ihrer Kraft auf mikroskopische Forschung verwenden, hat einen sehr einfachen Grund. Denn die mit bloßem Auge zu erkennenden Formverhältnisse von Thier und Pflanze sind schon lange, ehe man das Mikroskop zu wirklich wissenschaftlichen Untersuchungen benützte, immer und immer wieder von neuem untersucht worden, so daß man sich darin allmählig erschöpft. Die mikroskopische Untersuchung dagegen, welche eben erst zu erblühen beginnt, gewährt fast bei jedem Griff noch neue Resultate und so fesselt der Wunsch, die Wissenschaft zu bereichern, ein wenig vielleicht auch der Wunsch, als Mehrer derselben gekannt und geschätzt zu sein, die Gelehrten ans Mikroskop. Wenn es auch noch lange Jahre dauern wird, ehe nur ein annähernder Abschluß erreicht ist, so können wir doch schon jetzt dreist behaupten, daß uns erst durch das Mikroskop das richtige Verständniß für das Wesen und Sein der belebten Natur offenbar geworden ist.

V. Nebenapparate am Arbeitsmikroskop.

Zu dem bis jetzt beschriebenen gewöhnlichen Mikroskop, welches ich „Arbeitsmikroskop“ nennen will, hat man im Lauf der Jahre eine Reihe von Nebenapparaten erdacht, welche um so complicirter geworden sind, je mehr sich der Gebrauch des Instrumentes ausgedehnt hat, und welche sich verändert haben, je nachdem man bei Tageslicht oder zur Nachtzeit, bei aufrechtstehenden oder horizontal gelegtem Mikroskop beobachtete. Es kann meine Absicht nicht sein, eine historische Aufzählung aller dieser Dinge zu liefern, sondern ich beschränke mich auf die Einrichtungen, welche man bei den jetzt gewöhnlich gebrauchten Instrumenten getroffen sieht.

1. Beleuchtung.

Die Beleuchtungsvorrichtungen sind schon oben (p. 43 u. 44) geschildert worden, und der Leser weiß, daß an den Mikroskopen ein Planspiegel für parallele Strahlen, und ein Concavspiegel für convergirendes Licht angebracht ist. Dieselben sind nach jeder Richtung hin drehbar und man legt jetzt besonders viel Werth auf die Ermöglichung der seitlichen Bewegung (Fig. 60), indem man dadurch das Object mit sehr schief durchtretenden Strahlen beleuchten kann.

Der Zweck dieser Einrichtung ist leicht zu verstehen, wir sehen ja an dem verschiedenen Stande der Sonne im Großen das Nämliche. Steht die Sonne im Zenith, dann werden die Schlagschatten aller Gegenstände sehr klein sein oder gänzlich verschwinden; berührt sie dagegen Abends den Horizont, so sind die Schatten ungeheuer verlängert. Wollen wir also unter dem Mikroskop einen sehr durchsichtigen und zart conturirten Gegenstand betrachten, so werden wir ein markirteres Bild von demselben erhalten, wenn wir durch Schiefstellung des Spiegels die Schatten in passender Weise zu verlängern suchen.

Die verschiedenen Diaphragmen, wie man sie jetzt zur Anwendung der Centralstrahlen und der Randstrahlen benützt, sind ebenfalls oben geschildert und abgebildet (p. 57).

Um schwaches Licht zu verstärken, benützt man heute ganz allgemein die von Dujardin zuerst angegebenen Beleuchtungslinsen, die aus einem achromatischen Objectivsysteme oder auch einer einzigen Linse bestehen und die statt des Diaphragmas eingesetzt werden. Zur Beleuchtung verwendet man in einem solchen Fall parallele Lichtstrahlen, die man entweder mittelst eines Prisma's oder des gewöhnlichen Planspiegels in die Beleuchtungslinse leitet. An manchen älteren Mikroskopen sieht man eine solche Einrichtung ausschließlich benützt, indem man statt des Concavspiegels einen Planspiegel mit einer darüber stehenden Sammellinse angebracht findet. Doch ist man jetzt von dieser Einrichtung gänzlich zurückgekommen, da sie zu wenige Modificationen des auf das Object geleiteten Lichtes erlaubt.

Das auffallende Licht concentrirt man entweder, wie es oben mehrfach erwähnt und abgebildet ist, mittelst einer planconvexen Sammellinse, welche man am Rohr oder am

Objecttische ansteckt oder auch frei vor dem Mikroskope aufstellt. Statt einer solchen Linse kann man jedoch auch den von Leeuwenhoek und Lieberkühn für das einfache Mikroskop benützten Hohlspiegel anwenden, der dann so angebracht wird, wie es in Figur 64 im Durchschnitte abgebildet ist. Man hat auch Modificationen dieses Spiegels angegeben, die jedoch hier unberücksichtigt bleiben können.

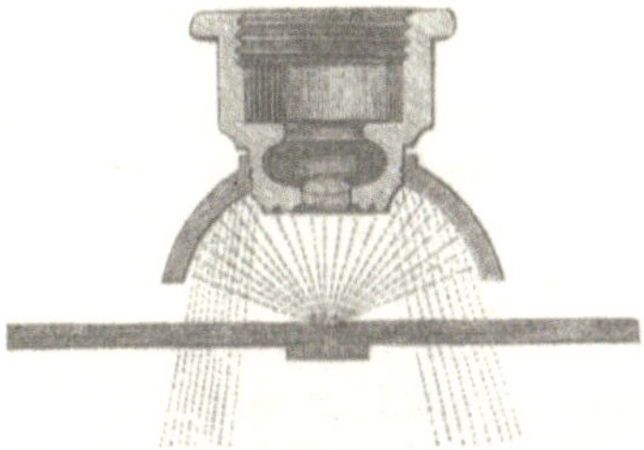

Fig. 64.
Das Objectiv trägt den Spiegel aufgeschraubt, der Gang des Lichtes durch den Objectträger nach dem Spiegel und von da wieder zum Objecte ist mit punktirten Linien angegeben. (Nach Dippel.)

An den heutigen Mikroskopen sind die erwähnten Beleuchtungseinrichtungen deßhalb so mannigfaltig, weil man, wie aus dem vorigen Abschnitte erhellt, die Anfangs benützte Beleuchtung mit künstlichem Lichte jetzt durchweg mit dem Tageslichte vertauscht hat. Dasselbe aber ist in unserem nordisch regnerischem Lande so wechselnd, daß es einer fortwährenden Aenderung an der Beleuchtungseinrichtung bedarf, um eine gleichmäßige Durchstrahlung des Objectes herbeizuführen.

Das günstigste Licht, welches man haben kann, ist dasjenige, wie es ein leicht und gleichmäßig mit weißen Wolken bedeckter Himmel bietet. Ganz blauer Himmel gibt zu sehr diffuses, die Augen anstuengendes Licht, und in der Sonne direkt zu arbeiten, ist gar nicht möglich, da hierbei die Conturen durch die starke Beleuchtung und die Reflexion, welche allenthalben stattfindet, einen förmlich metallischen Glanz erhalten, der auch ein verschwommenes Bild zu Stande kommen läßt. Auf der anderen Seite gibt der zu stark bedeckte Himmel eines Regentages wieder zu wenig Licht, doch kann man sich an einem solchen mit Beleuchtungslinsen und dergleichen helfen, während schnell ziehende Wolken geradezu unerträglich sind, da man hierbei fortwährend den Spiegel zu rücken hat und oft genug bei der Wiederaufnahme der Beobachtung schon wieder neue Lichtverhältnisse findet, welche eine erneute Spiegelregulirung nöthig machen.

Aus Vorstehendem läßt sich entnehmen, daß man am Besten ein nördlich gelegenes Fenster für die Aufstellung des Mikroskopes wählt, wenn man überhaupt wählen kann; denn ein solches garantirt das gleichmäßigste und ruhigste Licht. Ost- und Westlicht halten sich ziemlich die Waage, ersteres ist des Morgens, letzteres des Abends unbenützbar. Ein südlich gelegenes Fenster wird zu allen Tageszeiten schlechtes Licht geben. Ist man aber einmal genöthigt, an einem sonnigen Ort zu arbeiten, dann thut man am besten, wenn man ein hellgrau gestrichenes Rouleaux benutzt, welches das Licht in geeigneter Weise dämpft. Auch ein Papierschirm oder ein auf den Spiegel oder unter das Object gelegtes Stückchen recht feinen Postpapieres thun gute Wirkung.

Des Abends bei Lampenlicht zu arbeiten, wird von allen Praktikern so viel wie möglich vermieden, da das künstliche Licht die Augen sehr stark angreift. Ist man aber doch einmal dazu gezwungen, dann benützt man entweder eine Petroleum- oder Gaslampe, welche mit einer mattgeschliffenen kugelförmigen Kuppel versehen ist. Dämpft man ein solches Licht noch durch einen Papierschirm oder auch ein Stückchen schwachblauen Kobaltglases, welches man mit Wachs unter das Diaphragma klebt, so wird man ein immerhin brauchbares Bild des Objectes erhalten.

Das gefärbte Glas, welches ich eben erwähne, wird den Mikroskopen jetzt auf Verlangen in verschiedenen Nüancen beigegeben, da man eine Zeit lang von der „monochromatischen" (einfarbigen) Beleuchtung viel Aufhebens machte. Brewster, der sie zuerst angab, glaubte sogar nicht achromatische Mikroskope dadurch brauchbar machen zu können. Diese Verwendung des monochromatischen Lichtes ist aber jetzt gegenstandslos geworden, da man eben Mikroskope ohne Farbenkorrektion gar nicht mehr herstellt. Später glaubte man sich auch noch Vortheile für die Klarheit der erhaltenen Bilder versprechen zu dürfen, hat sich aber darin ebenfalls getäuscht, indem dieselben sogar an Deutlichkeit erheblich verlieren. So wird es denn wohl bei der erwähnten Benützung des mit so vielen Erwartungen eingeführten monochromatischen Lichtes bleiben[1]).

2. Bildumkehrung.

Das Bild des betrachteten Gegenstandes ist, wie bekannt, beim zusammengesetzten Mikroskop ein umgekehrtes. Für gewöhnlich ist nun diese Thatsache sehr gleichgültig, nur in Einem Falle kann dieselbe störend werden, nämlich bei Vornahme einer Präparation. Will man z. B. ein Object unter dem Mikroskop mit Nadeln zerfasern, dann wird man durch die Macht der Gewohnheit genöthigt, die Nadel stets nach der falschen Seite hinzubewegen; so oft sich auch der Verstand sagt, die linke Nadelspitze ist eigentlich

---

[1]) Ueber die Beleuchtung mit polarisirtem Lichte siehe weiter unten.

die rechte, so werden sich doch die Hände nicht abhalten lassen, falsch zu agiren. Man hat deßhalb Vorkehrung getroffen, um für solche Fälle das verkehrte Bild wieder aufzurichten. Dieß kann man entweder durch Anfügung von Linsen oder durch ein Prisma bewirken.

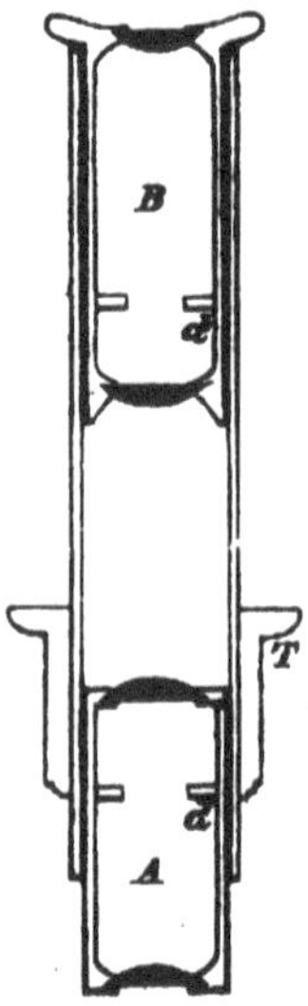

Fig. 65. Hartnack's bildumkehrendes Ocular. A Doublett. B Ocular. T Tubus des Mikroskopes. dd Diaphragmen.

Wie die Bildumkehrung zu Stande kommt, braucht nicht mehr auseinandergesetzt zu werden. Denn aus dem ersten Capitel geht hervor, daß eine Sammellinse ein umgekehrtes Bild eines lichtaussendenden Gegenstandes entwirft. Man wird also zwischen das Auge und das betrachtete Bild des Objectes nur eine solche Linse an passender Stelle einzufügen haben, um die gewünschte Umkehrung des umgekehrten Bildes, das heißt also die Aufrichtung desselben zu erlangen. Man kann dies auf zweierlei Weise bewerkstelligen. Einmal kann man von dem Object durch eine Linse, oder was für den Effect die gleiche Bedeutung hat, durch ein System ein Bild entwerfen und kann dieses letztere mit einem gewöhnlichen Mikroskop betrachten. Man wird also hierbei ein System zwischen Object und Objectivsystem einschalten, oder mit anderen Worten zwei Objectivsysteme benützen [1]). Bequemer und weit häufiger ange-

[1]) In dieser Weise eingerichtete Mikroskope nennt man „pankratische“.

wendet ist die zweite mögliche Einrichtung, nämlich die, daß man das in gewöhnlicher Weise in der Röhre des Mikroskopes entworfene Bild mit einer Linse oder einem Doublett auffängt. In Fig. 65 ist ein solches bildumkehrendes Ocular, wie es Hartnack liefert, im Durchschnitt abgebildet. Das mittelst des Objectives entworfene umgekehrte Bild wird durch das Doublett A wieder aufgerichtet und mittelst des Oculares B betrachtet. Es hat diese Vorrichtung vor der andern den großen Vorzug der einfachen Behandlung. An jedem Mikroskop, bei welchem sich zwei Oculare befinden, kann man sich durch Aneinanderfügung der beiden mittelst einer leeren Hülse von passender Länge ein solches umgekehrtes Ocular verschaffen.

Die dritte Art der Bildumkehrung ist die vermittelst eines Prismas. Durch eine gewisse Stellung eines Glasprisma's (Fig. 66) in einer Ocularhülse kann man nämlich die sämmtlichen bei y eintretenden Strahlen (a b c) zwingen, dieses an der Fläche z nicht zu verlassen, sondern durch Spiegelung an derselben abzuprallen und an der Fläche x auszutreten. Man nennt dies die „totale Reflexion". Wie die Figur zeigt, erfolgt aber bei diesem Vorgang auch eine Umlagerung der eingetretenen Strahlen. Der Zweck ist erreicht, das Bild ist umgekehrt. Man stellt jetzt solche Prismen mit sehr complicirten Flächen her, welche ausgezeichnet scharfe Bilder geben.

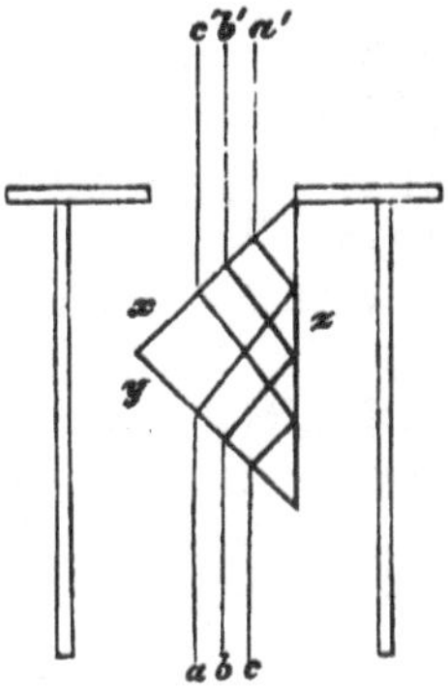

Fig. 66.

Besonders liefert Nachet in Paris sehr schöne, bildumkehrende Prismen, welche er gleich als Ocular gefaßt verkauft.

3. Messung.

Sehr häufig ist es bei mikroskopischen Untersuchungen nöthig, die wahre Größe des betrachteten Gegenstandes zu kennen. Wenn ich, ganz abgesehen von rein wissenschaftlichen Zwecken, ein Beispiel aus der Praxis herausgreife, so kann es oft genug darauf ankommen zu wissen, ob eine Zelle krankhaft vergrößert oder verkleinert ist, ob mikroskopische Organe, wie Drüsenläppchen, Lungenbläschen und dergleichen ein vom gewöhnlichen abweichendes Volumen haben u. s. w. — Will man so etwas blos durch Schätzung entscheiden, so wird man oft genug einem Irrthum zum Opfer fallen. Sind ja doch die Vergrößerungen der Objective bei verschiedenen Mikroskopen so sehr von einander abweichend, daß nur selten deren zwei zu finden sind, welche wirklich genau gleich große Bilder geben.

Da sich die Wichtigkeit des mikroskopischen Messens so häufig fühlbar macht, so findet man auch jetzt den besseren Instrumenten gewöhnlich einen Maßstab beigegeben, der nun nach dem in der Wissenschaft ganz allgemeinem Gebrauch, nach dem metrischen System eingetheilt ist. Man pflegt ihn „Mikrometer“ (Kleinmaß) zu nennen.

Er kann an zwei verschiedenen Stellen seinen Platz finden, entweder auf dem Objecttische oder im Ocular. Im ersten Falle wird das Object direct, im zweiten Falle dagegen das vergrößerte Bild desselben gemessen.

Die Mikrometereinrichtung am Ocular muß als bedeutend besser bezeichnet werden, wie die am Objecttische.

Es wird bei der letzteren, wo der Maßstab mit dem Object vergrößert wird, natürlich auch jeder Fehler der gleichen vielleicht mehrhundertfachen Vergrößerung unterworfen. Leider aber ist es der Mechanik mit unseren jetzigen Mitteln ganz unmöglich, solch' feine Instrumente völlig fehlerfrei herzustellen, und man wird deßhalb die Objecttisch-Mikrometer stets weniger schätzen, als die Ocularmikrometer. Diese haben den großen Vorzug, daß sie mit dem schon beträchtlich vergrößerten Bild des betrachteten Gegenstandes zu thun haben, indem sie nur der geringen, ungefähr 10maligen Vergrößerung des Oculares unterworfen sind. Sie werden deßhalb erlauben, bei einer viel gröberen Theilung des Maaßes doch eine sehr feine Messung zuzulassen; und da die Fehler der Herstellung abnehmen, je gröber die Maaßeintheilung wird, so kommt diese Einrichtung auch der Genauigkeit bedeutend zu Gute.

Man benützt jetzt vorzüglich zwei Arten von Messungsvorrichtung, nämlich den „Schraubenmikrometer" und den „Glasmikrometer". Dieselben sind schon in sehr früher Zeit erfunden. Während man im Anfang gern Netze mit quadratischen Maschen aus Haaren oder Draht zur Messung verwandte, lernte man schon in den ersten Jahren des achtzehnten Jahrhunderts mehrere Arten von Schraubenmikrometern kennen. Die Glasmikrometer wurden Ende der dreißiger Jahre des vorigen Jahrhunderts durch B. Martin zuerst hergestellt, und beide Arten haben sich seitdem erheblich vervollkommnet.

Was zuerst die Einrichtung der Schraubenmikrometer betrifft, so wird hier die Messung durch Umdrehung einer Schraube bewirkt. Die einzelnen Windungen derselben haben eine gleiche, genau bestimmte Länge. Auf dem Rand der Schraube befindet sich eine Eintheilung, an welcher man ablesen kann, wie viele Drehungen oder Theile einer Drehung man bei der Messung gemacht hat.

Der Objecttisch-Schraubenmikrometer ist so beschaffen, daß mittelst der Schraube der Objecttisch mit dem darauf liegenden Präparat hin und her bewegt wird. Im Ocular ist ein feiner Faden querübergespannt. Berührt der eine Rand des Bildes vom beobachteten Gegenstand den Faden, dann beginnt die Messung, berührt ihn der entgegengesetzte Rand, dann ist die Messung vollendet und man kann ablesen.

So gut diese Art der Messung auf den ersten Blick zu sein scheint, so wenig brauchbar ist sie doch im Allgemeinen. Denn neben der erwähnten Vergrößerung der schon durch die Fabrikation bedingten Fehler, stellen sich auch bei den am besten gearbeiteten Apparaten doch oft so schnell die vielen Nachtheile der Abnützungen ein, daß man das theure Instrument nach unverhältnißmäßig kurzer Zeit als unbrauchbar zur Seite setzen muß.

Beim Ocularschraubenmikrometer befinden sich im Oculare zwei Fäden. Der eine steht fest, und an ihn wird das Object, welches auf einem mit Schrauben hin und her beweglichen Objecttische liegt, mit dem einen Rand herangebracht. Der zweite Faden ist mittelst der Messungsschraube hin und her beweglich. Man schraubt nun vom feststehenden Faden ausgehend so lange, bis der entgegengesetzte Rand des Bildes erreicht ist oder umgekehrt und liest ab. Dieser Mikrometer liefert, wenn er genau gearbeitet ist, sehr genaue Resultate, doch wird die große Kostspieligkeit der Herstellung der Verbreitung stets hindernd entgegentreten.

Die Glasmikrometer bestehen aus Glasplättchen, auf welchem sich eine Scala von Theilen des Millimeters mit

Diamant eingeritzt befindet. Man hat jetzt so feine Maschinen, daß man einen Millimeter in eine unglaubliche Menge von Abtheilungen eintheilen kann. Fünfhundert und mehr Theile sind leicht anzufertigen. Gewöhnlich macht man die Striche so, daß man leicht Fünfer und Zehner ablesen kann (Fig. 67). Zu besonderen Zwecken aber findet man auch andere Theilungen eingeritzt, so sind vorzüglich Netze von Quadraten für mikroskopische Zählungen sehr beliebt.

Fig. 67.
Scala eines Glasmikrometers.

Der Objectiv-Glasmikrometer wird einfach als Objectträger benützt, und die Theilstriche abgelesen. Doch sind die Nachtheile seiner Benützung so bedeutend, daß ihn wohl Niemand mehr zur direkten Messung von Objecten gebraucht. Denn einmal ist es bei der Kleinheit der Objecte, die man oft genug mit bloßem Auge nicht sehen kann, stets dem Zufall anheimgegeben, ob sie in die richtige zum Messen geeignete Lage gebracht werden. Dann aber liegen auch Object und Maaßtheilung nicht in einer Ebene und können also auch niemals zusammen sofort eingestellt werden. Der Ocular-Glasmikrometer ist einem runden Glasplättchen eingravirt, welches man auf das Diaphragma legt, das sich inmitten zwischen Collectiv und Ocular befindet (Fig. 33 BD). Man liest einfach die Größe des ziemlich in gleicher Höhe befindlichen Bildes ab. Es ist für den Gebrauch von allen Messungsvorrichtungen weitaus die bequemste; denn der Maßstab ist zugleich mit dem Bilde deutlich und scharf sichtbar. Das Ocular und mit ihm der Maaßstab läßt sich ferner nach allen Richtungen um seine Axe drehen, wodurch man im Stande ist, dem Objecte stets nachzugehen, es mag eine Stellung haben, welche es will. Zuletzt aber — und dies ist nicht der geringste Vorzug — ist der Preis einer solchen Mikrometerplatte so mäßig, daß jeder Käufer im Stande ist, eine solche seinem Mikroskope beilegen zu lassen.

Bei einem Ocularmikrometer ist die Vergrößerung keine constante, wie noch besonders betont werden mag. Denn da man ja hier das Bild und nicht das Object selbst mißt, so wird auch die Berechnung der Maßeinheit, welche der Zwischenraum zwischen zwei Theilstrichen ausdrückt bei Benützung verschiedener Objectivsysteme ganz verschieden ausfallen müssen. Doch ist die Bestimmung der Maßeinheiten, die man bei Empfang des Mikroskopes für die verschiedenen Objective ein für allemal macht, sehr leicht. Man benützt entweder ein Präparat von bekannter und sehr constanter Größe, z. B. Blutkörperchen oder noch besser untersucht man die Entfernungen der Theilstriche eines Objectivglasmikrometer, den man als Object benützt, nach einander mit den verschiedenen Objectiven. Doch kann man sich, wie ich finde, im Allgemeinen auf die Richtigkeit der Zahlen auf dem Zettel, welchen der Fabrikant jedem Mikroskop beilegt, verlassen. Schließlich sei noch darauf aufmerksam gemacht, daß man sich natürlich hüten muß, Zahlen, die für den ausgezogenen Tubus gelten, nicht aus Vergeßlichkeit auch auf den viel geringer vergrößernden eingeschobenen Tubus anzuwenden; es wäre dies ein fataler Fehler.

Mit den bis jetzt besprochenen Meßapparaten ist nur eine Bestimmung der Breiten- und Längen-Dimension ausführbar; die so wünschenswerthe Erkennung der dritten Dimension ist damit nicht möglich. Man hat schon vor fast fünfzig Jahren den Vorschlag gemacht, an der Mikrometerschraube, welche zur feinen Einstellung benützt wird, eine Kreistheilung anzubringen, welche anzeigt, wie weit man den Tubus gehoben oder gesenkt und damit die Tiefendimensionen eines Objectes untersucht hat. Im Princip ist dieser Vorschlag sehr gut, in der Ausführung aber erweist er sich als unmöglich, da sich hier noch vielmehr, als beim Objecttisch-Schraubenmikrometer die Nachtheile der Abnutzung und die Fehler der mechanischen Ausführung geltend machen. Man muß sich deßhalb wohl in den meisten Fällen mit der Bestimmung der beiden anderen Dimensionen genügen lassen.

Für einen ganz besonderen Zweck ist noch das letzte Meßinstrument, dessen hier gedacht werden soll, angegeben worden, der Goniometer (Winkelmesser). Derselbe dient dazu, die Winkel von mikroskopisch untersuchten Krystallen zu messen. Es befinden sich hierzu in dem Ocular zwei Fäden, welche sich in der optischen Axe kreuzen. Der eine ist feststehend, der andere einer Bewegung rund um die Axe fähig. Man stellt nun die zu messenden Kanten des Krystalles mittelst der beiden Fäden ein, bewegt dann den einen soweit, bis er den andern deckt und liest an einer getheilten Kreisscheibe, welche sich oben am Tubus angebracht findet, die Anzahl der zurückgelegten Grade ab.

4. Zeichnung.

Die mikroskopischen Präparate sind zum größten Theil so vergänglich, daß es unmöglich ist, sie für immer aufzubewahren, man wird also in wichtigen Fällen ganz von selbst darauf hingewiesen, sie wenigstens durch die Zeichnung zu fixiren. Ferner muß ja auch jede für ein weiteres Publicum bestimmte Druckschrift, wie Lehrbücher und wissenschaftliche Abhandlungen über mikroskopische Dinge eine Anzahl von Abbildungen enthalten, wenn sie dem Leser verständlich sein soll. Für gewöhnlich wird man damit auskommen, daß man aus freier Hand die unter dem Mikroskope gesehenen Dinge wiederzugeben versucht, etwa so wie man eine Landschaft oder ein Portrait zeichnet. Allein in den allerwenigsten Fällen sind die Mikroskopiker auch gelernte Zeichenkünstler und bei schwierigen Dingen kann es wohl vorkommen, daß die Zeichnung dem ursprünglichen Objecte so wenig gleicht, daß sie der verzweifelnde Zeichner dem Papierkorb übergeben muß. Für solche Fälle nun und für Fälle, wo es darauf ankommt, mit absoluter Treue die Verhältnisse des Präparates wiederzugeben, hat man Apparate erfunden, welche dem Zeichner seine Aufgabe wesentlich erleichtern, indem sie es erlauben, die Umrisse des gesehenen Bildes selbst mit dem Stifte zu umziehen. Da aber das Bild des Objectes sich innerhalb der Mikroskopröhre befindet, während das Papier daneben liegt, so besteht die Aufgabe darin, die beiden verschiedenen Flächen zur gegenseitigen Deckung zu bringen.

Am einfachsten, aber dennoch am schwierigsten, geschieht dies dadurch, daß man, statt wie gewöhnlich ein einziges, die beiden Augen benutzt. Mit dem einen sieht man in das Mikroskop, mit dem andern auf das Papier. Uebt man sich gehörig in der Anfangs nicht ganz leichten Kunst des Doppelsehens, dann kann man es dahin bringen, daß man glaubt, Bild und Papier in einer Fläche vereinigt zu haben. Man hat dann nur nöthig, die gesehenen Conturen auf dem Papier zu fixiren.

Obgleich ich selbst mir eine ziemliche Uebung im

Doppelsehen angeeignet habe, so bin ich doch trotz vieljähriger, fast ausschließlicher Beschäftigung mit dem Mikroskop nicht immer im Stande, eine solche Deckung beider Bilder herbeizuführen und möchte also dem Ungeübten lieber rathen, anstatt sich auf diese unsichere Methode zu verlassen, sofort zu optischen Hilfsmitteln zu greifen.

Wenn wir uns nur des einen Auges bedienen, um Bild und Papier zu sehen, so ist es selbstverständlich, daß wir nur das eine von beiden direkt zu erblicken vermögen. Das andere müssen wir erst durch Strahlenbrechung in unser Auge leiten. Beide Möglichkeiten sind praktisch in der That in mehrfacher Weise realisirt. Ohne nun aber jeden einzelnen Zeichenapparat detailirt beschreiben zu wollen, begnüge ich mich, durch rein schematische Abbildungen eine allgemeine Anschauung beider Principien zu geben.

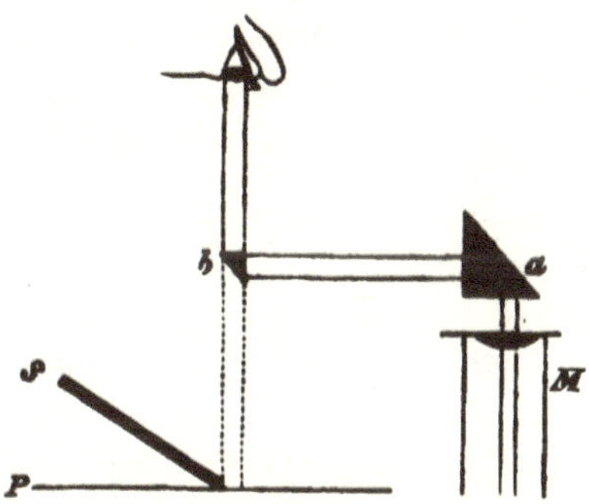

Fig. 68.
Zeichenapparat Oberhäuser's.

Sieht man Stift und Papier wirklich, während man das mikroskopische Bild auf Umwegen ins Auge leitet, dann verfährt man etwa so, wie es in Fig. 68 dargestellt ist. Neben dem Mikroskop M liegt hier das Papier P. Das Auge steht neben dem Mikroskop über dem Papier. Zwei Prismen (a und b) bringen die Lichtstrahlen durch zweimalige totale Reflexion ins Auge. Da nun aber, wie oben in Figur 8 dargestellt ist, das Auge gebrochene Strahlen stets in gerader Linie verlängert, so wird es glauben, die Strahlen kämen in der Richtung der gestrichelten Linien, d. h. von der Papierfläche her. Um das Papier nicht durch das Prisma b dem Auge gänzlich zu entziehen, macht man das letzere, wie es auch in der Figur angedeutet ist, sehr klein. Die Größe darf die der Pupille des Auges nicht erreichen, damit man neben dem Prisma noch auf die Zeichenfläche sehen kann.

Man hat das Prisma b auch durch einen kleinen Spiegel ersetzt, oder hat noch einfachere Einrichtungen getroffen, die das eine Prisma sparen, ohne darum das Princip zu verlassen. Es gehören hierher unter den gebräuchlichen Apparaten hauptsächlich das Zeichenprisma von Oberhäuser und die Camera lucida von Wollaston.

Die zweite Art von Zeichenapparaten, bei welchen das Bild von Papier und Stift in das Gesichtsfeld des Mikroskopes hinein verlegt erscheint, ist in Fig. 69 dargestellt. Nach dem Schema benützt man entweder ein horizontalliegendes Mikroskop oder bringt die Lichtstrahlen (a), welche aus einem vertikalen Mikroskope kommen, mittelst eines Prismas P in horizontale Richtung. Doch gibt es auch eine Reihe solcher Apparate, bei denen das Auge, wie gewöhnlich vertical steht. Die Strahlen (b), welche vom Papier kommen, werden zuerst vom Spiegel S, dann noch einmal vom Spiegel S' reflektirt und kommen endlich auf dem Wege der gestrichelten Linie ins Auge. Da nun aber der

Spiegel S' gerade diejenige Stelle deckt, welche die aus dem Mikroskop kommenden Strahlen a zu passiren haben, um ins Auge zu gelangen, so ist er in der Mitte durchbohrt, um dieselben nicht aufzuhalten. Statt einer Spiegel-

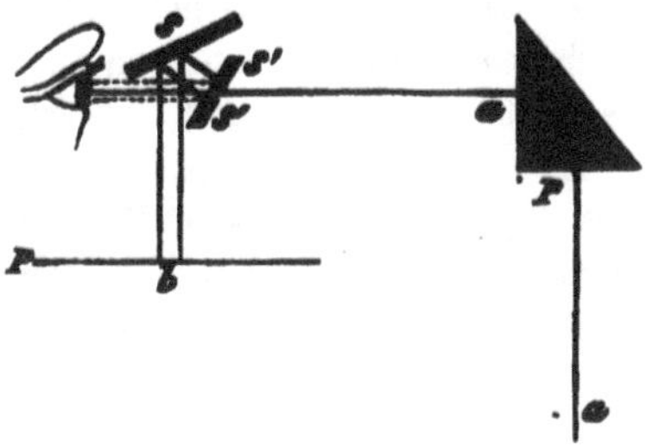

Fig. 69.

einrichtung, wie die beschriebene, kann man auch Prismen benützen, die sogar einen einfacheren Gang des Lichtes ermöglichen. Die Zeichenapparate von Gerling, Doyère-Milne-Edwards, Robert-Nachet, Zeiß, Hagenow u. a. verlegen sämmtlich das Bild des Zeichenpapieres in das Gesichtsfeld.

Die bis jetzt erwähnten Nebenapparate bezogen sich sämmtlich mehr oder weniger auf die optische Einrichtung des Mikroskopes. Außer ihnen sind noch einige Vorrichtungen am mechanischen Theile des Instrumentes zu erwähnen, welche für die Behandlung des Objectes selbst angebracht sind, die sich deßhalb auch entweder am Objecttische selbst oder am Objectträger befinden.

5. **Apparate zum Festhalten und Bewegen des Objectes** sind bei einläßlichen Originaluntersuchungen oft sehr wünschenswerth. Man findet deßhalb auch an allen größeren Stativen für dieselben gesorgt. Kleinere Instrumente dagegen pflegen einer Bewegungseinrichtung zu entbehren.

Was die Mittel zum Festhalten betrifft, so sind sie sehr einfach. Es pflegt bei den Mikroskopen zu beiden Seiten im Objecttische nahe seinem hinteren Rande je ein Loch ausgebohrt zu sein, in welchen ein Messingstift paßt, an den wieder federnde Klammern von Messing oder

Fig. 70.

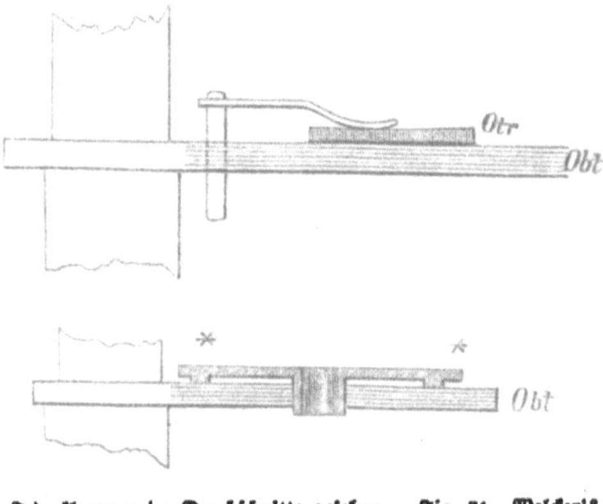

Fig. 71.

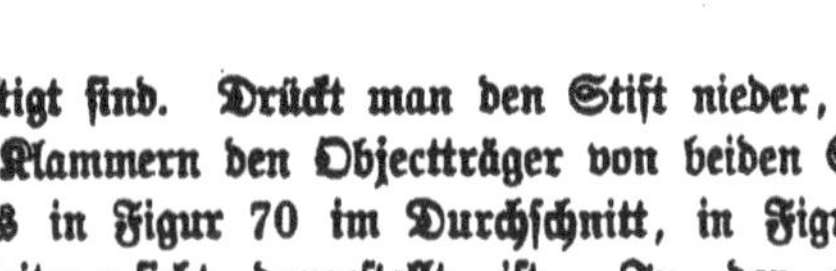

Fig. 70. Federklammer im Durchschnitte gesehen. Fig. 71. Welcker's drehbarer Objecttisch im Durchschnitt.

Stahl befestigt sind. Drückt man den Stift nieder, dann halten die Klammern den Objectträger von beiden Seiten fest, wie es in Figur 70 im Durchschnitt, in Figur 61 in der Seitenansicht dargestellt ist. In der neben=

stehenden Figur bedeutet Obt den Objecttisch, Otr den Objectträger und Kl die Klammer. Werden dieselben nicht mehr gebraucht, dann nimmt man sie aus den Löchern und legt sie weg. Man hat auch Doppelklammern hergestellt, die nur in einem Zapfen befestigt sind, dieselben werden vielfach bei dem sogleich zu besprechenden beweglichen Objecttisch benutzt.

Will man ein Präparat besehen, welches nicht auf den Objectträger gelegt, sondern frei in der Luft suspendirt ist, etwa ein kleines Insect oder dergleichen, so benutzt man auch heute noch ein reißfederartiges Zängelchen mit feiner Spitze, wie es schon in Fig. 51 dargestellt ist. Man macht sie jetzt sehr fein und richtet sie so ein, daß sie nach allen Seiten beweglich sind.

Was die Bewegungen des Objectes anlangt, so sind deren zwei möglich, entweder seitlich oder im Kreise rund um die optische Axe. Schon oben wurde bei Besprechung der englischen Mikroskope erwähnt, daß eine Einrichtung für seitliche Bewegung gänzlich unnöthig ist, und nur das Instrument vertheuert. Man führt dieselbe am besten und bequemsten dadurch aus, daß man den Objectträger mit der Hand hin und herschiebt. Nur in dem einzigen Falle der Anwendung des Ocular-Schraubenmikrometers ist man einer solchen Vorrichtung wirklich benöthigt. Anders ist es mit der drehenden Bewegung. Diese kann mit der Hand nicht vorgenommen werden, denn es ist gar nicht möglich, letztere so ruhig zu halten, daß sie nicht die gröbsten Abweichungen nach allen Seiten macht.

Nun ist es aber für viele Untersuchungen nöthig, eine Drehbewegung ausführen zu können. Bei Arbeiten mit dem polarisirten Licht, (s. unten) sowie bei der Untersuchung sehr feiner Structurverhältnisse, wo es oft geboten erscheint, Schatten und Licht ganz allmählig von allen Seiten auf das Object einwirken zu lassen, kann man eine Drehung des Präparates um die optische Axe nicht entbehren.

Am einfachsten erreicht man den gewünschten Zweck dadurch, daß man nach Welckers Vorgang auf den unbeweglichen Objecttisch (Obt) irgend eines Mikroskopes eine drehbare Scheibe (**) einfügt, wie es auf dem obenstehenden Durchschnitte (Fig. 71) veranschaulicht ist. Ein solcher Tisch erlaubt für die meisten Fälle eine hinlänglich sichere Drehung. Bei allen Mikroskopverfertigern aber kann man auch Stative beziehen, an denen der drehbare Tisch untrennbar mit dem ganzen Instrumente verbunden ist. Es dreht sich hier entweder nur der Tisch allein, was die bessere Einrichtung ist, oder auch der ganze obere Theil des Instrumentes um seine Axe.

6. Vorrichtungen für physikalisch-chemische Eingriffe auf das Object.

Die Gegenstände, welche unter dem Mikroskope beobachtet werden sollen, können nur in den seltensten Fällen so, wie sie sich in der Natur vorfinden, in ihrem Bau vollständig erkannt werden, gewöhnlich müssen sie physikalischen oder chemischen Eingriffen unterworfen werden, um entweder die Beobachtung störende Nebendinge zu entfernen oder Bedingungen zu schaffen, unter welchen sich etwa verborgene Verhältnisse der Structur oder des Lebens offenbaren. Selbst aber, wenn wir Präparate ohne jede Veränderung untersuchen wollen, können wir der Apparate nicht entrathen, welche dazu dienen, von außen drohende Schädlichkeiten abzuhalten.

Diejenigen physikalisch chemischen Kräfte, zu deren Anwendung bei der Mikroskopie wir bestimmte Vorrichtungen anbringen müssen, sind Druck, Wärme, Electricität und die Einwirkung von Wasserdampf und anderen Gasen.

Den Druck wendete man vor einigen Jahrzehnten außerordentlich viel in systematischer Weise an. Heute, wo man erfahren hat, daß durch ein so eingreifendes und rohes Verfahren weit mehr Structurverhältnisse zerstört als sichtbar gemacht werden, ist man im Allgemeinen ganz davon abgekommen. Für die gewöhnlichen Fälle genügt ein sanftes Aufdrücken mit einem Messerstiel oder dergleichen auf das Deckgläschen, um den gewünschten Erfolg zu erzielen. In den wenigen besonderen Fällen, wo man einen langsamen und gleichmäßigen Druck zur Anwendung bringen muß, bedient man sich des Compressoriums (Quetscher). Derselbe wird am einfachsten so hergestellt, wie es in der beistehenden Fig. 72 abgebildet ist. Auf einer durchbohrten Messingplatte a ist ein hinten federnder Stab b befestigt, welcher über dem Loch des messingenen Objecttisches einen breiten Metallring c in einem halbrunden Bügel trägt. Zwischen die Platte a und den Ring c legt man das zwischen zwei Glasplatten befindliche Object und drückt durch Drehung der Schraube d den Ring sanft und stetig nieder. Wenn sich die verschiedenen Fabriken auch in der Abänderung einzelner Kleinigkeiten gefallen, so bleibt das Princip dieses zuerst von Schieck hergestellten Instrumentchens doch stets das gleiche. Ebenso, wie das Compressorium

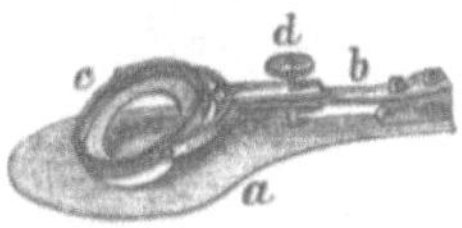

Fig. 72.
Compressorium von Winkel.

ist auch die Einrichtung zur Application electrischer Schläge auf das beobachtete Präparat ein besonders eingerichteter Objectträger. Die einzige Aufgabe ist die, die Electricität, welche man in einem kleinen, neben dem Mikroskope stehenden Inductions- oder Rotationsapparat erzeugt hat, vor der Berührung mit dem ganz aus Metall bestehenden

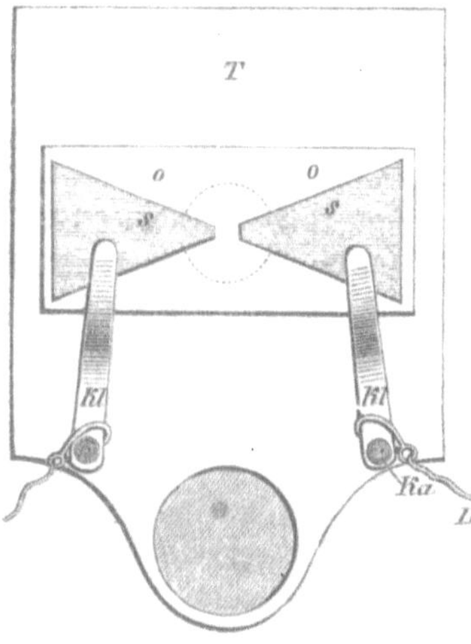

Fig. 73.
Electrischer Objectträger.

Mikroskopkörper zu schützen. Dies bewirkt man dadurch, daß man an passenden Stellen isolirende Substanzen anbringt. Man verwendet dazu am einfachsten Glas und Kautschuk. Die obenstehende Figur 73 gibt eines der einfachsten derartigen Instrumentchen. Man sieht von oben auf den Objecttisch T, auf welchem ein etwas größerer Objectträger liegt. Das Glas, aus dem er besteht, bildet eine vollkommene Isolirschichte gegen den Tisch. Auf seine Oberfläche sind zwei Streifen Stanniol S von beliebiger Form aufgeklebt, welche sich so nahe kommen, daß das Object gerade zwischen ihnen Platz hat. Die Verbindung mit dem electrischen Leitungsdraht wird durch zwei Metallklammern (Kl) hergestellt, welche jedoch hier nicht wie oben Fig. 67 an Metallstiften befestigt worden, sondern mittelst isolirender Kautschukstäbchen (Ka) in die Löcher des Objecttisches festgesteckt sind. Auf der einen Seite berühren sie den Stanniol, auf der anderen ist durch kleine Haken der Leitungsdrath D an sie angehängt.

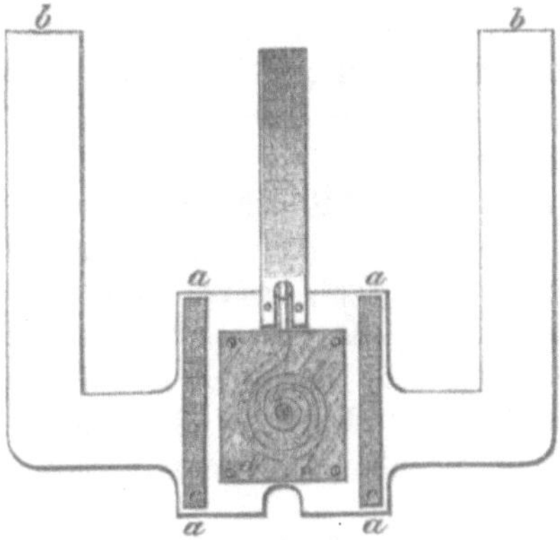

Fig. 74.
Heizbarer Objecttisch von M. Schultze.

Die Anwendung der Wärme auf die Objecte, durch die es erst möglich wurde, Organe warmblütiger Thiere unter dem Mikroskope längere Zeit lebend zu erhalten, ist immer allgemeiner und unentbehrlicher geworden, seit von M. Schultze der erste brauchbare Apparat für diesen

Zweck erfunden wurde. Dieser sogenannte „heizbare Objecttisch" ist in Fig. 74 in der Ansicht von unten abgebildet. Der eigentliche Tisch a a a a ist von Messing und hat ungefähr die Größe des Tisches, den das Mikroskop besitzt, welches zur Untersuchung benutzt wird. Von seinen beiden Seiten gehen im Winkel gebogene Arme (b) nach vorne, unter welche beim Gebrauch je eine Spirituslampe gestellt wird, welche die Erwärmung besorgt. Um das enge Bohrloch des Objecttisches läuft ein spiralig gewundener Thermometer, der in einem Kästchen von Messingblech (d) eingeschlossen ist, um ihn vor Abkühlung zu bewahren. Seine Scala (nach Celsius) steht schräg nach oben und kann während des Beobachtens immer controllirt werden. Mit den die Wärme schlecht leitenden Holzleistchen c c liegt der ganze Apparat dem Objecttische des Mikroskopes auf.

In neuerer Zeit hat man außer der directen Erwärmung des Metalles noch Einrichtungen erdacht, bei welchen man Electricität, warmes Wasser und heiße Dämpfe als Wärmequellen benutzt. Bei den beiden letzteren Methoden bringt man einfach einen metallenen Objectträger mit doppeltem Boden zur Verwendung, an dessen einer Seite ein Zuflußrohr, an dessen anderer ein Abflußrohr angebracht ist.

Eine große Wichtigkeit hat bei der mikroskopischen Untersuchung die Anwendung einer feuchten Atmosphäre erlangt, deren Einführung wir Recklinghausen verdanken. Bei länger dauernden Untersuchungen an lebenden Organismen oder Organtheilen sieht man natürlich stets die Flüssigkeiten, in denen die Präparate suspendirt sind, verdunsten, wodurch das Object Gefahr läuft zu verderben. Man muß deßhalb stets neue Flüssigkeit zufließen lassen.

Dies ist jedoch ein großer Uebelstand, weil dadurch das ganze Präparat in Bewegung kommt und die wichtigsten Dinge oft unwiederbringlich aus dem Gesichtsfelde verschwinden. — Dies gab v. Recklinghausen Anlaß, die ebenso einfache als ingenieuse Erfindung seiner „feuchten Kammer" zu machen, mit welcher eine Verdunstung der ursprünglichen Flüssigkeit so lange hingehalten werden kann, daß man im Stande ist, über vierundzwanzig Stunden zu beobachten und so jede Untersuchung zu Ende zu führen.

Die feuchte Kammer, wie sie der Erfinder benutzte, besteht aus einem glattabgeschliffenen Glasring, auf welchem ein Stück Kautschuckschlauch festgebunden ist. Der Glasring wird über das Präparat auf dem Objectträger gestellt und mit demselben durch eine Schichte Glycerin oder Oel luftdicht verbunden. Das oben offene Ende des Kautschuckschlauches wird um den untern Theil der Mikroskopröhre gebunden, und der feste Verschluß ist hergestellt. Die Kammer wird durch ein Stückchen angefeuchtetes Fließpapier mit Wasserdampf erfüllt, der die Abdunstung vom Präparat verhindert.

Man verwendet die feuchte Kammer bei allen möglichen Untersuchungen. Auch beim geheizten Tisch spielt sie, wie sich von selbst versteht, eine große Rolle. Sie wird deßhalb heute auch in fast ebensoviel Modificationen benutzt, als es Untersucher gibt. Denn jeder ändert sich das einfache Instrument ab, wie es die jedesmalige Untersuchung mit sich bringt. Die bequemste feuchte Kammer besteht in einem Glasring, den man selbst von einer beliebigen, etwa 1 Cm. weiten Glasröhre absprengen und glatt schleifen kann. Beide Ränder werden mit Oel bestrichen, um einen festen Verschluß herbeizuführen. Die eine Seite legt man auf den Objectträger, auf die andere legt man das Deckglas, an welch' letzteres man das Flüssigkeitströpfchen angehängt hat, in welchem sich das Object befindet. Die Verdunstung in dem kleinen Raum ist so gering, daß sich das Präparat lange Zeit unverändert erhält. —

In neuester Zeit hat man auch versucht, eine Reihe von Gasen, wie Kohlensäure, Sauerstoff u. dgl. auf mikroskopische Objecte einwirken zu lassen und hat zu diesem Zwecke „Gaskammern" angegeben. Eine solche einfachster Art ist in Fig. 75 A von oben, B im Durchschnitt gesehen,

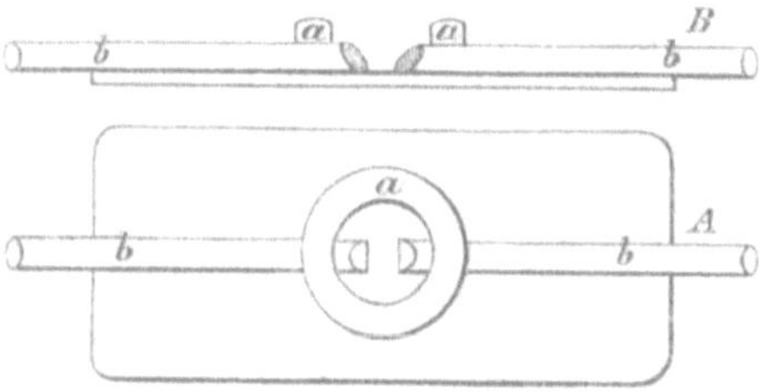

Fig. 75 A B. Gaskammer von Stricker.
A von oben, B im Durchschnitte.

abgebildet. a ist ein Ring von gewöhnlichem Glaserkitt, b sind zwei Glasröhrchen, deren eine als Zuleitungsrohr, die andere als Ableitungsrohr dient. Das Deckgläschen wird auf den Ring aufgedrückt, und dadurch der Verschluß bewirkt. Es ist noch eine Reihe anderer Gaskammern angegeben worden, die sich von der abgebildeten nur durch eine bessere mechanische Ausführung unterscheiden.

7. Bequemlichkeits-Einrichtungen am Mikroskop.

Deren gibt es an englischen Mikroskopen eine große Menge und auch an deutschen einige, welche man eher als

Einrichtungen für die Unbequemlichkeit des Beobachters bezeichnen möchte. Sie können hier übergangen werden und es mögen nur zwei erwähnt werden, deren praktische Brauchbarkeit zweifellos ist.

Die eine Einrichtung ist zur Schief- und Horizontalstellung des ganzen Instrumentes. Sie ist in Figur 63 abgebildet und besteht in einem schwer gehenden Scharnier, welches in jeder Stellung, die man ihm gibt, stehen bleibt. Diese Einrichtung war bei den alten Mikroskopen, welche manchmal eine Länge von zwei Fuß erreichen, äußerst nützlich, da es nur durch sie ermöglicht wurde, während der Beobachtung zu sitzen. Die heutigen Instrumente sind so klein geworden, daß man die Schiefstellung nur selten nöthig hat. Bei den großen Stativen pflegt aber dennoch für alle Fälle ein solches Scharnier angebracht zu sein.

Die zweite Einrichtung ist die des Revolverobjectivträger. Sie ist dazu bestimmt, den Wechsel der verschiedenen Linsensysteme zu erleichtern. In der beistehenden Figur 76 ist ein solcher Revolver für zwei Systeme von Nachet abgebildet, bei welchem ein Fingerdruck genügt, um das eine mit dem anderen System zu vertauschen. Gundlach und seine Nachfolger Seibert und Krafft liefern sogar einen Objectivträger für 4 Systeme.

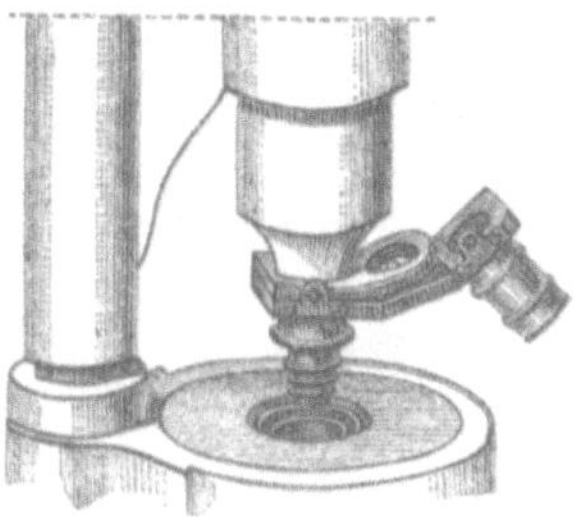

Fig. 76.
Revolver-Objectivträger von Nachet.

Wer je Gelegenheit gehabt hat, eine längerdauernde

Untersuchung zu machen, bei welcher man in kurzen Intervallen schwache und starke Systeme wechseln muß, wird auch empfunden haben, wie zeitraubend und unangenehm das fortwährende An- und Abschrauben der Linsensysteme ist und wird gerne im wiederkehrenden Fall die Revolvereinrichtung benützen.

VI. Einrichtung des Mikroskopes zu besonderen Zwecken.

1. Umgekehrtes Mikroskop.

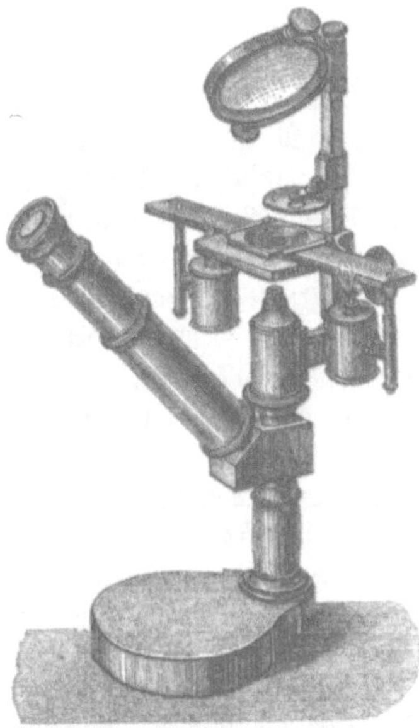

Fig. 77.
Umgekehrtes Mikroskop von Chevalier.

Eine mechanische Spielerei kann man das umgekehrte Mikroskop nennen, welches zuerst von Chevalier angegeben wurde und nur bei sehr wenigen Gelehrten Beifall fand. In Chevalier's sowohl wie in Nachet's Preiscourant figurirt noch heute dieses sonderbare Instrument, auch in englischen Fabriken wird es hergestellt. In der Fig. 77 gebe ich eine Copie der Chevalier'schen Abbildung, wie es von dieser Firma, mit zwei Kochlampen am Objectträger versehen, für chemische Krystalluntersuchungen geliefert wird.

Der Erfinder preist seine Erfindung als chemisches Mikroskop sehr an; er sagt, man könne es verwenden für Untersuchung von Dingen, welche scharfe Dämpfe aussenden, wodurch die Linsen eines gewöhnlichen Mikroskopes verdorben würden, man könne die Vorgänge der Krystallisation vortrefflich beobachten und vor Allem könne man Körper auf dem Objecttische kochen (s. die Abbildung). „Es würde — so schließt Chevalier — zu lange dauern, alle Vortheile anzugeben, die mein chemischer Apparat darbietet; die Erfahrung wird davon die beste Probe geben."

Ich kann mich aller eigenen Kritik enthalten und begnüge mich Mohl's Worte zu citiren. Nachdem dieser den sehr richtigen Rath gegeben hat, die wenigen Naturforscher, welche Untersuchungen machten, die mit umgekehrten Instrumenten angestellt werden müßten, sollten sich lieber für ihre Zwecke durchaus passende Vorrichtungen machen lassen, als daß man an jedem Mikroskope diese doch für keinen Zweck vollkommen geeignete Einrichtung anbrächte, fährt er fort: „Verschiedene Untersuchungen erfordern einmal verschiedene Mittel und der Versuch, das Mikroskop so einzurichten, daß es nicht blos als anatomischer Apparat, sondern zugleich auch als chemische Kocheinrichtung dienen kann, scheint mir ebenso vernünftig zu sein, als wenn ein Astronom seinen Cometensucher als Theaterperspectiv benützen wollte."

2. Stereoskopisches und multoculäres Mikroskop.

Schon kurz nach der Erfindung des Mikroskopes hatte man den Versuch gemacht, Instrumente herzustellen, bei denen man mit zwei Augen beobachtete. Der Capuziner Cherubin war der erste, welcher im Jahre 1678 ein solches herstellte. In Figur 78 reproducire ich zwei Ansichten des Cherubinischen Instrumentes. a stellt die Durchschnittszeichnung dar, wie sie der Erfinder selbst in seinem Werke vorführt. b gibt die äußere Gestalt wieder, wie sie der schon mehrfach erwähnte Zahn in seinem Buche abbildet. Dieses, sowie einige andere derartige Mikroskope, welche kurze Zeit später construirt wurden, bestanden wie

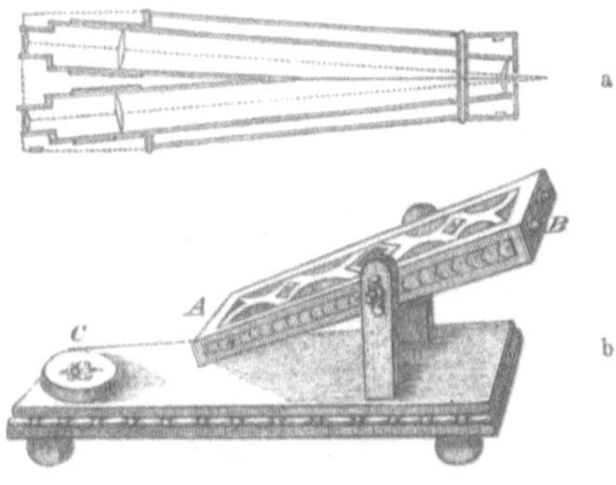

Fig. 78. a u. b.

aus den Zeichnungen hervorgeht, im Wesentlichen aus zwei nebeneinander liegenden Mikroskopen. Daß sie gänzlich unbrauchbar waren, versteht sich von selbst und so kamen auch die binoculären Mikroskope gänzlich in Vergessenheit, bis sie in unseren Tagen wieder in Angriff genommen wurden. Es ist zuerst ein Nordamerikanischer Professor Riddell gewesen, welcher im Jahre 1853 ein Mikroskop beschrieb, an dem man mit beiden Augen beobachten konnte. Er bewirkte eine Theilung der Strahlenbündel, die das Objectiv passirten, durch eingeschaltete Glasprismen. Nach ihm haben noch Nachet, Harting, Wenham u. a. solche Mikroskope hergestellt, welche alle durch verschieden angebrachte Prismen ihren Zweck erreichen. In welcher Weise in solchen Fällen der Gang des Lichtes ist, veranschaulichen die Abbildungen der Figur 79. Eine der abgebildeten oder eine ähnliche Prismencombination

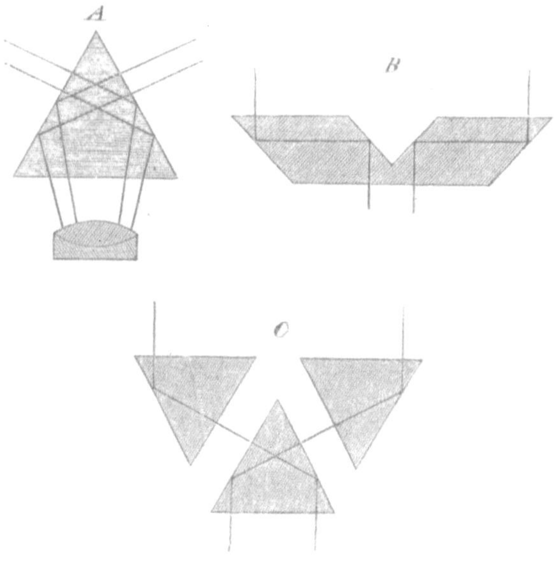

Fig. 79.

wird in das Rohr des Mikroskopes eingesetzt und zwar kann man ebensowohl am Objectiv, wie am Ocular diese Vorrichtung anbringen. Die Figur 80 zeigt ein binoculäres Mikroskop; hier stehen die Prismen über dem Objectiv.

In ähnlicher Weise, wie man ein Doppelmikroskop für die beiden Augen eines Menschen herstellen kann, ist es auch durch eine etwas veränderte Stellung der Prismen möglich, ein Mikroskop für je ein Auge zweier verschiedener Beobachter anzufertigen. Ferner hatte es für die Optiker keine Schwierigkeit mehr, die Prismen so zu arrangiren, daß drei und mehr Beobachter zu gleicher Zeit in das Mikroskop sehen konnten. In Figur 81 ist ein solches Mikroskop für drei Beobachter von Nachet abgebildet. Harting hat sogar ein solches für vier Augen construirt.

Fig. 80.
Nachet's stereoskopisches Mikroskop. (Dippel Fig. 139.)

Es versteht sich von selbst, daß bei allen diesen Vorrichtungen in jedes einzelne Auge nur ein gewisser Bruchtheil der Strahlen kommt, welche durch das Objectiv in die Röhre des Mikroskopes dringen. Die Menge der Lichtstrahlen ist aber noch geringer, als es eigentlich scheinen könnte, da bei der jedesmaligen Brechung ein Theil derselben verloren geht. Es wird also ein binoculäres oder trioculäres Mikroskop stets viel dunkler sein, als ein solches mit der gewöhnlichen Einrichtung. Bei dem binoculären Mikroskop für die beiden Augen eines Beobachters wird der Schaden einigermaßen dadurch aufgehoben, daß hier dieselbe Wirkung auftritt, wie bei einem Stereoskop. Das gewöhnliche flächenhafte Bild bekommt eine Tiefe, die man sonst am Mikroskop gar nicht gewohnt ist. Ebenso wie man mit dem Stereoskop einen im Gesichtsfeld befindlichen Baum, ein Schiff u. dgl. förmlich freistehen sieht, so treten auch hier die einzelnen Dinge plötzlich auseinander und überraschen den ungewohnten Beobachter nicht wenig.

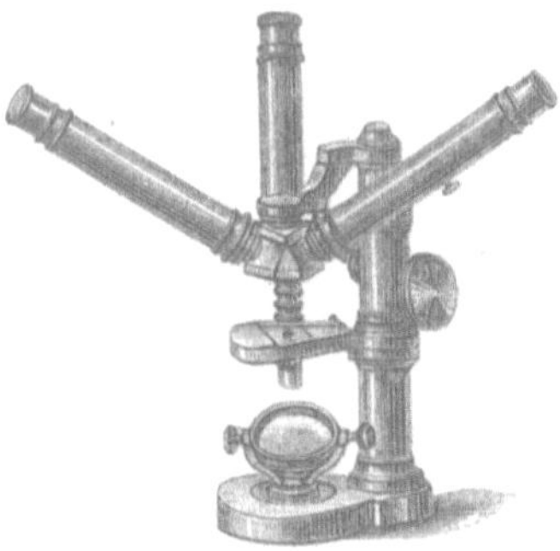

Fig. 81.
Nachet's trioculäres Mikroskop. (Dippel Fig. 137.)

Wenn nun zwar die Präparate sich durch das binoculäre Mikroskop sehr zierlich darstellen, so wird dasselbe doch eine wissenschaftliche Zukunft niemals haben. Denn je länger geforscht wird, um so feiner sind auch die noch zu ergründenden Structurverhältnisse und um so mehr überschreiten sie die Grenzlinie, über welche das binoculare Mikroskop nicht hinaus kann. Schon jetzt ist dieses Instrument von allen Forschern einhellig verworfen und zieht sich immer mehr und mehr in die Salons der englischen Dilettanten zurück, wo es für die hübschen Objecte, die man dort besieht, ganz am Platze ist.

Die für drei und mehr Augen eingerichteten Mikroskope sind natürlich mit den gleichen Fehlern nur in höherem Grade behaftet, und deßhalb auch für schwierige Objecte unbrauchbar. Für die Demonstration im Hörsaale, wofür sie eigentlich hergestellt sind, eignen sie sich bis zu einem gewissen Grade ganz gut. Jedoch werden sie sich niemals recht einbürgern, da man in der Wahl der unterzulegenden Präparate so sehr beschränkt ist.

3. Polarisationsmikroskop.

Ohne mich ausführlicher über das Wesen der Polarisation[1]) des Lichtes zu verbreiten, worüber man das Nöthige in physikalischen Schriften nachzulesen hat, will ich nur daran erinnern, daß in gewöhnlichem Lichte die Wellen nach allen Richtungen hin schwingen, während beim polarisirten Strahl das Licht nur in einer einzigen Richtung schwingt.

Für die Mikroskopie kommt nun aber hauptsächlich die Thatsache zur Verwendung, daß neben anderen Körpern viele Krystalle die Eigenschaft haben, unter gewissen Bedingungen einen Theil des gewöhnlichen Lichtes zu polarisiren. Man nennt dies die Eigenschaft der „Doppelbrechung“.

Fällt nämlich ein Lichtstrahl auf einen solchen Krystall schief gegen die optische Axe, so findet der Theil des Strahles, dessen Wellen in einer Ebene senkrecht zu der Axe schwingen, die gewöhnlichen Bedingungen vor und setzt seinen Weg ohne Aenderung fort. Man nennt ihn den „ordentlichen“ Strahl. Die übrigen Wellen aber treffen bei ihrem Eintritt in den Krystall auf veränderte Elasticitätsverhältnisse, werden dadurch in ihren Schwingungen beeinflußt und sind nun polarisirt. Man nennt

[1]) Der Ausdruck „Polarisation“ wurde Anfang des Jahrhunderts von Malus eingeführt. Er dachte sich die Lichtverhältnisse der Doppelbrechung so, wie die sich gegenseitig anziehenden Pole eines Magneten.

diesen Theil den „außerordentlichen Strahl". So erklärt es sich, daß ein Lichtstrahl, welcher als kugelige Welle — deren Theile nach allen Richtungen schwingen — an einen Krystall gekommen war, nach dem Eintritt in die schief abgeschliffene Fläche desselben in zwei zerlegt wird, welche senkrecht auf einander polarisirt sind.

Entfernt man nun den ordentlichen Strahl ganz und läßt den polarisirten Strahl auf einen zweiten Krystall wirken, so wird es darauf ankommen, wie die Axen zu einander stehen. Sind sie parallel gelagert, dann erfährt der polarisirte Strahl gar keine Aenderung. Stehen sie dagegen in einem Winkel von 90 Grad zu einander, dann wird der polarisirte Strahl überhaupt gar nicht in den zweiten Krystall eindringen können, es bleibt dieser völlig dunkel. Anders wird aber die Sache, wenn man zwischen die beiden Prismen einen doppeltbrechenden Körper einschaltet. Ein solcher vermag den bereits polarisirten Strahl wieder in zwei Theile zu spalten, von denen nur der eine an dem zweiten Krystall verschwindet, während der andere durchgeht.

Es bedarf nun keiner weiteren Erläuterung, daß man die eben auseinandergesetzten physikalischen Thatsachen auch für das Mikroskop nutzbar machen kann. Durch zwei in dasselbe eingeschaltete Krystalle kann man leicht eruiren, ob ein untersuchter Körper doppeltbrechende Eigenschaften besitzt oder nicht.

Die Polarisationseinrichtung läßt sich bequem an jedem Mikroskop anbringen, doch ist es empfehlenswerth, ein solches mit drehbarem Objecttisch zu benützen, um stets jede gewünschte Stellung des Objectes zur optischen Axe des Polarisators zu ermöglichen. Als polarisirende

Substanz benützt man jetzt allgemein Prismen aus zwei Stücken isländischen Kalkspathes zusammengesetzt (Nicol'sche Prismen), die so eingerichtet sind, daß der ordentliche Strahl durch totale Reflexion an der Schichte Canadabalsam, welche die beiden Stücke des Prismas vereinigt, aus dem Gesichtsfeld hinausgebracht wird. Das eine Prisma (Polarisator) steckt in der Cylinderblendung unter dem Objecttische, so daß also das Object nur polarisirtes Licht erhält. Das zweite Prisma (Analysator) bringt man irgendwo oberhalb des Objectivsystemes an. Am bequemsten ist es — und dies geschieht jetzt auch allgemein von den Fabrikanten —, wenn man dasselbe an das Ocular befestigt. Man kann dann mit dem letzteren gleich die nöthigen Drehungen vornehmen.

Es geht aus dem Obenstehenden hervor, daß der Lichtstrahl, welcher aus einem solchen Polarisationsmikroskop in das Auge dringt, sehr schwach sein muß, da man ja absichtlich einen Theil desselben abgelenkt hat, und unabsichtlich durch die Spiegelung an den zahlreichen geschliffenen Oberflächen eine Menge Licht verliert. Man pflegt deßhalb in die Cylinderblendung oberhalb des Polarisators noch eine Beleuchtungslinse einzusetzen, um einen möglichst concentrirten Strahl zu erzeugen. Außerdem ist es noch bei der Untersuchung sehr subtiler Structurverhältnisse empfehlenswerth direktes Sonnenlicht zu benützen, welches in diesem einzigen Falle wirklich gute Dienste leistet. Durch den scharfen Gegensatz von sonnenhell und dunkel wird jedoch die Arbeit am Polarisationsmikroskop so außerordentlich anstrengend, daß sie vom Untersucher gewöhnlich nur kurze Zeit ertragen wird.

Um das Licht und die Untersuchung angenehmer zu machen, hat man von der Erfahrung Gebrauch gemacht, daß parallel der optischen Axe geschliffene Gyps- und Glimmerplättchen, welche man über dem Polarisator einschaltet durch Interferenz statt eines weißen ein farbiges Gesichtsfeld geben und daß doppeltbrechende Stoffe, welche man unter dem Polarisationsmikroskop betrachtet, ebenfalls gefärbt erscheinen. Die Farbe kann man durch die Dicke des Plättchens modificiren, so daß man Nüancen von Grau und Blau durch das ganze Spectrum bis zum Dunkelroth erhält. Das Gesichtsfeld erscheint immer im diametralen Gegensatz zum Präparat, das heißt in der Complementärfarbe, so daß z. B. bei lebhaft roth gefärbtem Object, ein leuchtend gelb gefärbtes Gesichtsfeld vorhanden ist.

Die Einschaltung der Gyps- und Glimmerplättchen ist jedoch nur für eine beschränkte Anzahl von Objecten brauchbar, da hier ebenso wie bei Benützung des oben erwähnten monochromatischen Lichtes, feinste Structurverhältnisse durch die Färbung verwischt werden.

Fragt man sich noch nach dem Nutzen des Polarisationsmikroskopes, so muß als ganz unzweifelhaft hingestellt werden, daß seine Anwendung von großem Nutzen sein kann. Es ist eine Anzahl von Fällen sowohl aus der Beobachtung der Pflanzen, wie auch der Thiere bekannt, wo man besondere Structur- und Mischungsverhältnisse, erst vermittelst der Polarisation erkannt hat. Besonders ist es Valentin in Bern, der sich um die Erkennung doppeltbrechender organischer Substanzen ein großes Verdienst erworben hat. Den durchschlagendsten Erfolg hat dieselbe aber bei der mikroskopischen Untersuchung der Krystalle, und es genügt, einen Schliff der scheinbar homogenen Lava unter das Polarisationsmikroskop zu legen, um durch den Anblick der massenhaft und in den prachtvollsten Farben erscheinenden Krystalle zu verstehen, was diese Methode zu leisten im Stande ist.

4. Photographisches Mikroskop.

Es ist fast eine Nothwendigkeit zu nennen, daß dem Auftreten der Photographie auch deren Anwendung für mikroskopische Zwecke auf dem Fuße folgte. Denn nicht nur — so mußte man sich sagen — war man durch die photographische Wiedergabe der Objecte der lästigen und zeitraubenden Zeichnung überhoben, sondern hatte auch die Garantie, eine Abbildung zu bekommen, welche an Genauigkeit der Darstellung jede Zeichnung, selbst die mit den besten Zeichenapparaten hergestellte überragen mußte. Es wurde deßhalb auch schon in der Periode der Daguerreotypie der Versuch einer Verwerthung für das Mikroskop gemacht. Donné, ein Pariser Professor, gab einen Atlas der mikroskopischen Anatomie heraus, dessen Abbildungen auf Daguerreotypieen basirten. In der Folge verbreitete sich mit der Entwickelung der Photographie überhaupt auch deren mikroskopischer Theil immer mehr und heute photographirt man mikroskopische Präparate, soweit das Mikroskop überhaupt reicht. Bei uns in Deutschland ist vor allem Gerlach in Erlangen als Kenner und Förderer der mikroskopischen Photographie zu nennen, ihm folgt in neuerer Zeit Benecke in Königsberg[1]), auch Heßling und Kollmann sind nicht zu vergessen, welche vor

[1]) Eine genaue und sehr vollständige Beschreibung der Mikrophotographie findet der Leser, der sich etwa dafür interessiren sollte, in den Büchern der beiden Genannten. (S. Literaturverzeichniß.)

einiger Zeit die Ausgabe eines von Albert in München photographirten Atlas begannen.

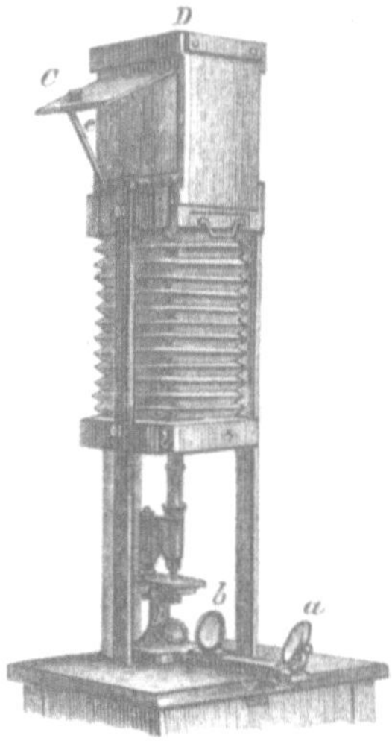

Fig. 82.
Photographischer Apparat. (Nach Robin.)

Was die Einrichtung des ganzen Apparates anlangt, so sieht man sie am besten aus der beistehenden Figur 82. Dieselbe stellt den Apparat von Moitessier dar und ähnelt dem Gerlach'schen sehr, dessen Idee er in verbesserter Form wiederholt.

Ein gewöhnliches Arbeitsmikroskop dient als Vergrößerungsmittel. Das Licht wird durch einen zweiten davorstehenden Spiegel a und eine Sammellinse b concentrirt. Der photographische Apparat steht über dem Mikroskope auf drei Stützen. In dem neuesten Gerlach'schen Instrumente steht er noch praktischer auf einem Stativ, an welchem er mittelst eines Getriebes auf- und abgeschoben werden kann. Der Apparat besteht aus einer Balgcamera C, die nach dem Principe der Ziehharmonika gefertigt ist, wodurch eine Verlängerung und Verkürzung der ganzen Vorrichtung ermöglicht wird. Ein Blatt Papier, welches in den Rahmen D eingespannt ist, dient als Visirscheibe. Man kann das auf derselben entworfene Bild durch die geöffnete Klappe c betrachten und scharf einstellen. Ist dies geschehen, dann wird photographirt wie bei jeder anderen Aufnahme. Man kann bei derselben das Ocular benützen oder weglassen. Eine Verkürzung des Mikroskoprohres genügt, um die durch Wegnahme des Oculars nöthige Correctur des optischen Apparates vorzunehmen. Ist die Aufnahme vollendet, dann unterbricht man die Einwirkung des Lichtes durch Vorschieben eines Schirmes zwischen Spiegel und Object.

Als empfindliche Fläche benützt man gewöhnlich jodirtes Collodium, als Lichtquelle die Sonne. Sie gibt das stärkste Licht, welches aber doch noch mittelst der oben erwähnten Spiegeleinrichtung und einer Beleuchtungslinse in der Cylinderblendung des Mikroskopes verstärkt werden muß. Fehlt die Sonne, dann kann man auch mit Vortheil besonders eingerichtete Petroleum- oder Gaslampen, vor Allem aber das blendendweiße Magnesiumlicht benützen. Eine Einwirkung von wenigen Secunden genügt, um das Bild hervorzurufen. Bei schwacher Vergrößerung ist die Dauer der Aufnahme kürzer, bei starken länger. Dauert bei Benützung der Sonne die Aufnahme länger, etwa eine halbe Minute, so ist an der Vertheilung des Schattens im Bilde bereits die Veränderung des Sonnenstandes bemerkbar.

Statt des gewöhnlichen Arbeitsmikroskopes kann man natürlich auch nur den Linsensatz eines solchen benützen, welchen man an einen der gebräuchlichen photographischen Apparate ansetzt. Von mehreren Optikern werden auch ganz besondere photographische Mikroskope gefertigt. Dieselben sind jedoch, wie aus dem Vorstehenden hervorgeht, gänzlich unnöthig.

Zuletzt ist noch die Frage zu erörtern, in wie weit die Mikroskopie durch Anwendung der Photographie gefördert worden ist. Leider muß man auch hier wieder constatiren, daß den anfänglichen Erwartungen die Erfolge nicht entsprochen haben. — Obwohl man von gewissen, sehr gleichmäßigen Objecten, wie Diatomeen, Knochenschliffen, einzelnen Pflanzenschnitten u. dgl., Bilder herstellen kann, welche durchaus nichts zu wünschen übrig lassen, und welche von einer Zeichnung nicht erreicht werden können, so sehen doch im Allgemeinen die Platten unreinlich, selbst verschwommen aus, und statt der gehofften treuen Wiedergabe hat man ein unbrauchbares Bild erzeugt.

Die Schwierigkeit der Herstellung einer wirklich schönen Mikrophotographie liegt darin, daß der Apparat zu wahr arbeitet. Es klingt dies zwar sehr paradox, ist aber doch richtig. Denn es wird natürlich jedes Stäubchen, welches der Beobachter und der Zeichner gar nicht bemerkt, aufs getreueste copirt. Es werden auch neben den schönen und brauchbaren Theilen des Objectes die schlechten Stellen wiedergegeben, welche der Zeichner ebenfalls übersieht. Mit einem Worte, der photographische Apparat zeichnet sclavisch die Einzelheiten, während der Zeichner auf einem höheren Standpunkte steht, und in Folge dessen bei aller Naturtreue doch ein characteristisches Bild zu Stande bringt, was er durch die kleinen Hilfsmittel der Hinweglassung nebensächlicher Dinge und die Hervorhebung des Wichtigen erreicht. Je schwächer die Vergrößerungen werden, um so weniger treten natürlich die Schattenseiten der Photographie hervor, um so reiner und schärfer werden die Bilder.

Sehr schlimm aber ist es, daß trotz der gewöhnlichen minutiösen Wiedergabe des Objectes doch in einzelnen Fällen die Naturtreue ganz oder theilweise fehlt. So erzählt Wenham, daß er von einem kleinen rothgefärbten Insecte an dem bei der gewöhnlichen Betrachtung unter dem Mikroskop das ausgebreitete Tracheensystem gut sichtbar war, nur ein gleichmäßig schwarz gefärbtes Bild bekommen habe. Hier war es die Farbe, die ein brauchbares Bild nicht zu Stande kommen ließ. Man weiß ja auch, daß Portraits von Personen mit lebhaften Farben stets schlechter ausfallen, als solche von blassen Leuten. Ein rothbackiger Mensch kann sich zwar mit gutem Erfolge zur Aufnahme weiß schminken, ein rothgefärbtes Präparat aber läßt sich ohne an Deutlichkeit einzubüßen, nicht entfärben.

In anderen Fällen kann zwar ein gefärbtes Portrait wieder ein schärferes Bild geben, als ein ungefärbtes, allein auch hier wird die Naturtreue durch dunkles Hervorheben der gefärbten Stellen beeinträchtigt. Wenn ich nun demnach die Wahl habe, durch den photographischen Apparat oder durch die Augen des Zeichners getäuscht zu werden, so werde ich als das kleinere Uebel gewiß das letztere wählen.

Ein Vorzug der mikroskopischen Photographie wurde vor einiger Zeit von Gerlach hervorgehoben, nämlich die Möglichkeit der unbeschränkten Vergrößerung. Hat man eine erste Platte gefertigt, so kann man das auf derselben befindliche Bild durch mehrmaliges Umphotographiren bis zu einer beliebigen Größe bringen.

Man kann Vergrößerungen von mehreren Tausend erreichen, wie sie ja mit unseren optischen Hilfsmitteln bis jetzt nicht weiter zu erzielen sind. Gerlach hat nun gehofft, durch diese Bilder in colossalem Maßstabe vielleicht Structurverhältnisse aufzudecken, welche für unsere gewöhnliche Beobachtung noch verborgen wären. Allein ich bin der Ansicht, daß bis jetzt noch kein Ding an mikrophotographischen Bildern gesehen worden ist, welches man nicht ebensogut und noch besser durch die gewöhnliche Beobachtung hätten wahrnehmen können.

So kommen wir denn zu dem Schlusse, daß die Leistungen des photographischen Instrumentes für bestimmte Präparate und bei schwächeren Vergrößerungen genügen, in den Fällen aber, wo es darauf ankommt, die Wissenschaft zu fördern, im Stiche zu lassen.

5. Bildmikroskop.

Das Bildmikroskop ist der geringere Bruder des photographischen Mikroskopes. Es ist schon seit lange bekannt und hat die Zeit seines Glanzes bereits seit hundert Jahren hinter sich. Als die ersten bescheidenen Anfänge dieser Abart des Mikroskopes muß die allbekannte und beliebte Laterna magica genannt werden, ja es wurde die Zauberlaterne nach ihrer Erfindung, die in die vierziger Jahre des siebenzehnten Jahrhunderts fällt, meist dazu benützt, naturwissenschaftliche Gegenstände zu betrachten. Jedoch kam man erst etwa neunzig Jahre nach der Entdeckung dieses Instrumentes dazu, die Idee für ein wirkliches Mikroskop zu verwerthen. Fahrenheit hatte in Amsterdam ein solches Instrument verfertigt (Harting). Dort sah es der oben schon mehrfach erwähnte Lieberkühn, und machte es auf seinen Reisen allgemein bekannt. Deßhalb wird auch von ihm ganz allgemein erzählt, er habe das Instrument im Jahre 1738 erfunden.

Dieses Lieberkühn'sche Mikroskop arbeitete ganz nach dem Princip der Laterna magica, warf also das mittelst einer Linse erzeugte Bild auf eine weiße, in einem dunkeln Zimmer befindliche Wand. Da man zur Beleuchtung aber sehr helles Licht haben mußte, so wurde stets die Sonne als Lichtquelle benutzt, man nannte das neue Instrument deßhalb „Sonnenmikroskop“. Die Construction hat sich seit den ersten Verbesserungen bis heute nicht wesentlich verändert und ich bilde in Figur 83 ein modernes derartiges Instrument ab. Dasselbe hat als Grundlage eine starke Messingplatte, welche über die passend ausgeschnittene Oeffnung eines hölzernen Fensterladens geschraubt wird. Vor dem Laden im Freien befindet sich der Spiegel,

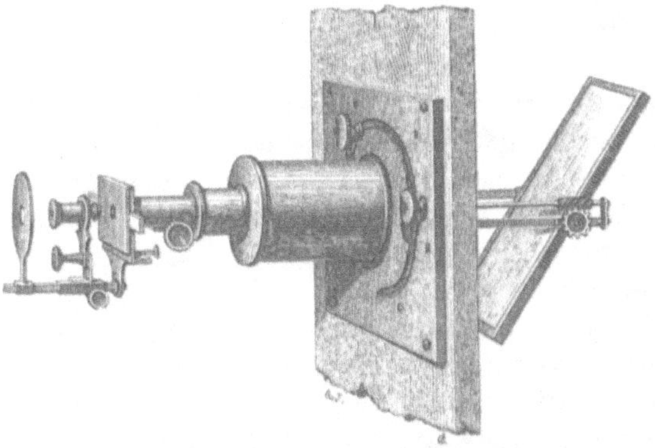

Fig. 83.
Sonnenmikroskop. (Pisco Fig. 99.)

welcher die Sonnenstrahlen auffängt. Derselbe kann durch Schrauben, welche sich an der Messingplatte befinden, nach allen Richtungen bewegt werden. Nach innen in's Zimmer ragt eine enger werdende Röhre, in welcher sich Sammellinsen für das einfallende Licht befinden. Das Object wird mittelst Spiralfeder zwischen zwei Platten festgehalten, wie es schon in Fig. 41 abgebildet ist. Dann folgen die vergrößernden Objectivlinsen, welche sich von denen eines gewöhnlichen Mikroskopes nicht unterscheiden.

Selbstredend ist es, daß man früher eine einfache Vergrößerungslinse benützte, während man jetzt achromatische Linsensysteme anwendet. Das Diaphragma, welches sich in der Figur vor dem Objective befindet, dient nur dazu, um ein rundes, scharf begrenztes Gesichtsfeld zu erzeugen.

Der bei den klimatischen Verhältnissen des Nordens sehr fühlbare Fehler des Mikroskopes, daß es nur bei Sonnenschein benützt werden konnte, hatte den in dem nebeligen London lebenden Adams veranlaßt, 1771 das Sonnenmikroskop mit einigen kleinen, nöthig werdenden Veränderungen in ein Lampenmikroskop umzuwandeln. Mit dem Fortschreiten der physikalischen Wissenschaft hat man statt der dunklen Argand'schen Lampe, welche Adams benützte, zur Erleuchtung electrisches Licht oder Magnesiumlicht, am meisten Hydrooxygengas verwandt und dadurch genügend helle Bilder erzielt.

Schon gleich nach seinem Auftauchen erregte das Sonnenmikroskop ein bedeutendes Aufsehen. Die großen brillanten Bilder, welche es zeigte, die bequeme Art, einem größeren Publicum von „curiösen Personen", die Wunder des Mikroskopes zu zeigen, bewirkte, daß es allenthalben willkommen geheißen wurde. Außer dieser populären Verwendung wurden die Sonnenmikroskope und besonders die späteren Lampenmikroskope, mit einer kleinen Camera obscura versehen, als wissenschaftlicher Zeichenapparat benutzt. Die oben beschriebenen Zeichenprismen waren damals noch nicht bekannt, und so läßt es sich wohl begreifen, daß man die Erfindung der Sonnenmikroskope auch nach dieser Richtung hin mit Freuden begrüßte.

Obgleich man aber, wie es fast bei allen Modificationen des Mikroskopes erwähnt werden mußte, im Anfang sehr hoch gespannte Erwartungen von dem neuen

Instrumente hatte, wurde man doch schon nach kurzer Zeit gewahr, daß die ungeheure Vergrößerung, welche man mittelst des Sonnen- resp. Lampenmikroskopes erreicht, nur auf Kosten der Deutlichkeit erzielt wird. Nicht einmal schwache Vergrößerungen geben unter den gewöhnlichen Sonnenmikroskopen deutliche Bilder und gesteht man die Wahrheit, so muß man sagen, daß dieselben nur eine höhere Laterna magica sind, durch welche naturwissenschaftliche Gegenstände besehen werden, und die deßhalb auch einen wissenschaftlichen Namen tragen.

Für die Zwecke der Forschung kann ein solches Instrument natürlich nur in sehr beschränktem Maßstabe angewandt werden und es reducirt sich ein solcher Gebrauch in der That auf zwei Fälle. Einmal hat der jüngst verstorbene Czermak in Leipzig in seinem neu erbauten prachtvollen Auditorium ein Bildmikroskop mit electrischem Lichte angebracht, um einzelne, ganz bestimmte physiologische Gegenstände, wo es weniger auf die Genauigkeit der Conturen, als das Sichtbarmachen gewisser Vorgänge ankommt, z. B. ein schlagendes Froschherz einem größeren Publicum sichtbar zu machen. Zweitens hat Harting ganz im Kleinen die Idee, mittelst der Camera obscura zu zeichnen, für das gewöhnliche Mikroskop in bequemer und einfacher Weise angewandt. Ein

Fig. 84.
Harting's Bildmikroskop zum Zeichnen.
(Nach der Originalabbildung.)

kegelförmiges Rohr, welches auf einem Gestell ruht, wird über ein Mikroskop gestülpt (Fig. 84) und mit der Röhre desselben so verbunden, daß zwischen beiden kein Licht durchdringen kann. Oben auf dem Rohre befindet sich eine mattgeschliffene Glasplatte, auf welcher sich das mit directem Sonnenlichte beleuchtete Bild entwirft. Will man es fixiren, dann legt man auf die Glasplatte ein Blatt Pauspapier und zeichnet nach, indem man Kopf und Apparat mit einem schwarzen Tuch verhängt.

Sieht man von diesen speciellen Verwendungen des Bildmikroskopes ab, so kann man dreist behaupten, daß es lange allen Credit verloren hat. Es wird gewiß stets bei der jetzigen Verwendung dieses Instrumentes bleiben, die darin besteht, daß herumreisende „Professoren" dem staunenden Publikum für ein billiges Entgeld Flöhe und die Infusorien eines faulenden Wassertropfens als unkenntliche Klumpen in der Größe von Hunden oder Pferden vorführen.

Wie aber Alles im Kreislaufe der Welt zu seinen Anfängen zurückkehrt, so hat auch die alte Laterna magica unter dem neuen Namen „Sciopticon" (zu haben bei Talbot in Berlin) vor Kurzem ihre wissenschaftliche Wiederauferstehung gefeiert. Man benutzt sie jetzt, um statt der wirklichen Präparate photographische Glasbilder derselben einem größeren Auditorium sichtbar zu machen. Wenn der Apparat auch für einzelne Präparate (z. B. embryologische) gerühmt wird, so gilt doch im Allgemeinen für dies neue Sciopticon dasselbe, was schon für die alte Laterna magica gesagt wurde.

Anhang.

Katoptrische und Katadioptrische Mikroskope.

Ehe ich die Beschreibung des Mikroskopes verlasse, muß ich noch eines Versuches gedenken, die gewöhnlich durch eine Linsencombination erreichte Vergrößerung in anderer Weise hervorzurufen. Man hat nämlich von der schon dem Alterthum bekannten Thatsache Gebrauch gemacht, daß auch Hohlspiegel in ähnlicher Weise vergrößernd wirken, wie Linsen.

Die gewöhnlichen Mikroskope, bei welchen das Licht durch den optischen Apparat durchgeleitet wird, und durch Brechung in das Auge gelangt, nennt man dioptrische von dem griechischen Wort *διόπτρα* (Instrument zum Durchsehen). Im Gegensatz hierzu tragen die Mikroskope an denen statt der durchsichtigen Linsen reflectirende Spiegel benutzt werden, den Namen katoptrische von *κάτοπτρον* der Spiegel. Sind die beiden verschiedenen Principe combinirt, dann spricht man von katadioptrischen Mikroskopen.

Die Idee, anstatt der Linsen vergrößernde Hohlspiegel zu benützen, wurde zuerst für das Fernrohr realisirt, da man durch die überaus lästige sphärische Aberration gezwungen wurde, auf Mittel zu sinnen, wie man fehlerfreier eine stärkere Vergrößerung erzielen könne. Die Hohlspiegel aber zeichnen sich dadurch aus, daß ihre sphärische Aberration so außerordentlich viel geringer ist, als die der Linsen, daß sie sich wie 1 zu 8 verhält. Ferner ist es sogar möglich, ellip=

tische Spiegel herzustellen, eine Form, welche bekanntlich bei Linsen nicht erreicht werden kann. Dadurch aber fällt die sphärische Aberration natürlich ganz fort und es bleiben nur Fehler von einer solchen Kleinheit, daß man sie für den Gebrauch als nicht vorhanden ansehen darf.

Es war demnach sehr naheliegend, die günstigen Erfahrungen, welche man am Fernrohr bei Anwendung der Spiegel gemacht hatte, auch auf das Mikroskop anzuwenden, und so finden wir, daß schon zu Ende des siebzehnten Jahrhunderts Versuche gemacht wurden, Spiegelmikroskope herzustellen. Doch waren diese Instrumente nichts weiter, als Hohlspiegel von größerer oder kleinerer Brennweite, vor welche man das Object aufstellte. Ohne weitere Ocularvorrichtung konnten natürlich solche Instrumente keinen Nutzen haben, was auch Grund gab, den katoptrischen Mikroskopen sehr schnell Valet zu sagen. Eine Idee Newton's aber, welche von ihm zu gleicher Zeit mit diesen mißglückten Versuchen gefaßt wurde, hatte bedeutendere Erfolge. Er gab an, man solle die Objectivlinse eines zusammengesetzten Mikroskopes durch ein Hohlspiegelchen ersetzen, welches das Bild des Objectes entwirft. Das gewöhnliche Ocular solle dazu dienen, dieses Bild einer nochmaligen Vergrößerung zu unterwerfen und in das Auge zu leiten. Es war damit das Princip des katadioptrischen Mikroskopes gegeben.

Die praktische Ausführung dieser theoretischen Angabe ließ nicht lange auf sich warten und so finden wir Anfang des achtzehnten Jahrhunderts bereits die ersten derartigen Instrumente angefertigt. Im Laufe des vorigen Säculums wurden noch mehrere Spiegelmikroskope hergestellt, doch war ihr Gebrauch nur ein sehr beschränkter.

Zu Anfang unseres Jahrhunderts verfertigte der

berühmte Amici, von dem oben schon die Rede war, ein katadioptrisches Mikroskop, welches die vorhergehenden an Güte bedeutend übertraf.

Bei der Besprechung der Verdienste, welche sich Amici um die Achromatisirung der dioptrischen Mikroskope erworben (pag. 120), wurde erwähnt, daß seine ersten Versuche, achromatische Linsen für das Mikroskop herzustellen, gescheitert waren. Die Sache als hoffnungslos aufgebend, wandte er sich nun den in Rede stehenden Spiegelmikroskopen zu, um auf diese Weise fehlerfreie Bilder zu erhalten.

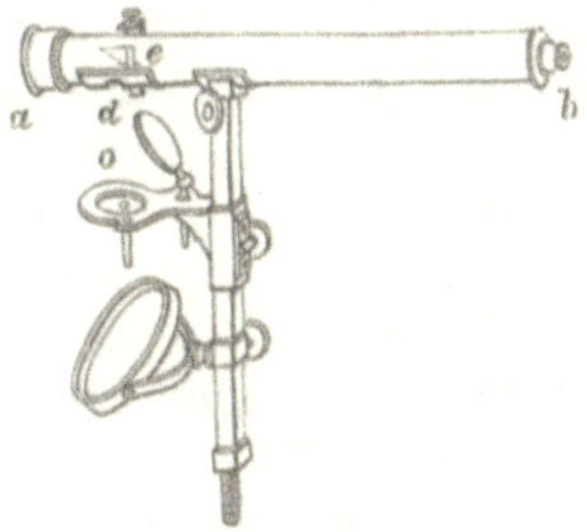

Fig. 85.
Amici's Katadioptrisches Mikroskop.
(Nach Harting.)

Das Resultat seiner Versuche war ein Instrument, wie es in Fig. 85 abgebildet ist. Objecttisch und Beleuchtungsspiegel sind beschaffen, wie beim gewöhnlichen Mikroskop. Der Tubus steht horizontal. In demselben ist bei a ein elleptischer Hohlspiegel aus Metall angebracht, der die Vergrößerung besorgt. Bei e ist ein kleines Planspiegelchen — der schiefe Durchschnitt eines Metallcylinders — welcher die Strahlen, die vom Object o durch die Oeffnung d in das Mikroskoprohr gelangen, auf den Spiegel a reflectirt. Das Bild, welches auf letzterem entsteht, wird mittelst des Oculares bei b betrachtet.

Dieses Mikroskop gab schöne und klare Bilder, die durch Einsetzen verschiedener Oculare bis zu einer tausendmaligen Vergrößerung gebracht werden konnten. Selbst bei der endlichen Anfertigung der achromatischen dioptrischen Mikroskope kamen sie nicht ganz in Vergessenheit, sondern regten noch mehrere Optiker zur Herstellung ähnlicher Instrumente an, die zum Theil außerordentlich gerühmt werden. So sollen besonders die Spiegel des Engländers Cuthbert (1837) ausgezeichnet gewesen sein; doch beschränkte sich die Fabrikation dieser Instrumente auf England, wo außer Cuthbert noch Tulley und Pott[1]) und auf Italien, wo Cavalleri und Barnabita solche verfertigten. Dieselben waren zum Theil dem Amicischen Mikroskope nachgebildet, zum Theil etwas anders eingerichtet, besonders wurde öfters die unpraktische Einrichtung getroffen, das Object vor den Planspiegel in das Mikroskoprohr selbst hineinzubringen. Bei einem der Instrumente (Tulley) war auch der vergrößernde Spiegel selbst durchbohrt, um directes Licht auf das vor demselben befindliche Object zu leiten.

Wenn wirklich, wie erwähnt, brauchbare Instrumente auf katoptrischem Wege hergestellt wurden, so muß es verwundern, daß die Fabrikation derselben immer kümmerlicher geworden ist, bis sie schließlich ganz in den Sand verlief. War ja doch statt mindestens zweier Flächen bei den Linsen hier nur eine einzige zu schleifen, was die Instrumente, wie man glauben sollte, bedeutend billiger machen mußte. Allein dies letztere ist nicht der Fall, da gerade das Vorhandensein einer einzigen Vergrößerungsfläche eine große Klippe für die Herstellung dieser Mikroskope ist. — Bei einem Linsensystem kann man leicht die kleinen Fehler, die jeder einzelnen Linse anhaften, durch

[1]) Brewster gab außerdem noch zwei dergleichen Instrumente an, die aber nie zur Ausführung kamen.

Combination mit anderen verbessern. Bei einem Spiegel aber ist eine Verbesserung nicht weiter möglich; ist er im Schliffe mißlungen, so kann er einfach weggeworfen werden. Nun berichten aber die Verfertiger mikroskopischer Hohlspiegel, daß schon die allerkleinsten Fehler der Krümmung unbrauchbare Bilder geben, woraus hervorgeht, daß bei deren Herstellung nicht allein sehr viel Geduld und Geschicklichkeit, sondern auch viel Glück erfordert wird, so daß also ein Objectivsystem trotz der vielen Flächen, die geschliffen werden müssen, doch schneller und billiger herzustellen ist, als ein Spiegel. Ueberdies ist noch zu erwähnen, daß die Helligkeit der katadioptrischen Mikroskope so bedeutend hinter der der dioptrischen zurückbleibt, daß schon allein daran ihr ausgedehnter Gebrauch scheitern würde.

Da ferner ein Spiegel durch die vielen bei der mikroskopischen Beobachtung benutzten Reagentien weit mehr leidet, als eine Linse, so ist es begreiflich, daß sich heute die Optiker ebenso scheuen, katadioptrische Mikroskope herzustellen, wie die Untersucher, solche zu benützen und trotz aller Experimente wird das einfache Arbeitsmikroskop, wie bisher, so auch in Zukunft alle seine Nebenbuhler weit überflügeln und für die Wissenschaft stets die lohnendste und sicherste Ausbeute geben.

VII. Prüfung, Pflege und Kauf des Mikroskopes.

Hat man ein Mikroskop auf seine Beschaffenheit zu untersuchen, so wird man natürlich bei dem wichtigsten Theil, bei den Linsen beginnen. Man wird sie einzeln auf ihre Politur und ihre Reinheit prüfen. Denn es ist klar, daß eine Linse, welche keine vollständig glatte Oberfläche zeigt, oder welche im Innern Luftblasen enthält, oder auch im Glase selbst nicht ganz homogen ist, nicht tadellos genannt werden kann und oft genug den Dienst versagt. Freilich ist heute die Fabrikation der Mikroskope so weit fortgeschritten, daß nicht leicht ein solches verkauft werden wird, welches nicht diesen Erfordernissen völlig entspricht. Hat man aber Verdacht, daß sich nicht Alles ganz nach Wunsch verhält, so wird man am besten thun, die einzelnen Linsen mit der Lupe oder unter dem Mikroskope zu untersuchen, wobei leicht die angegebenen Fehler zum Vorschein kommen.

Kleine, in die Linsen der Objective eingeschlossene Luftblasen schaden jedoch der Schärfe des Bildes wenig oder gar nicht. Die Verfertiger der Mikroskope scheuen sich deßhalb auch nicht, solche Linsen zu verkaufen. Während man also hier nicht allzustreng zu sein braucht, müssen die Oculare einer um so genaueren Prüfung unterworfen werden. Denn hier stellen sich alle Fehler in außerordentlich vergrößertem Maßstabe dar, da die Linsen dem Auge so sehr genähert sind, und man sieht die geringsten Fehler als große schwarze Punkte oder Flecken im Gesichtsfeld, wodurch die Beobachtung aufs Empfindlichste beeinträchtigt wird.

Hat man ein älteres Mikroskop zu prüfen, welches schon länger im Gebrauch war, dann muß man auf etwaige Risse, die durch schlechte Behandlung in der Politur der Linsen entstanden sind, vor Allem sein Augenmerk richten. Auch kann die Politur an solchen Instrumenten durch die Einwirkung starker Säuren gelitten haben, wodurch die Oberfläche der Linsen unter der Lupe ein rauhes, bei höheren Graden selbst milchglasartiges Ansehen bekommt. Besonders ist es das mehrfach benützte weiche, stark bleihaltige Glas, welches leicht in solcher Weise leidet. Linsen, welche sich so verändert haben, sind völlig unbrauchbar und man muß sie entweder abschleifen lassen, oder was noch rathsamer ist, ganz beseitigen und ein völlig neues System kaufen.

Auch alte Mikroskope, welche gar nicht im Gebrauch waren, sondern Jahre lang ruhig im Etui gelegen haben, sind oft einer Trübung der Politur ausgesetzt, welche durch Oxidation oder auch wie man glaubt durch eine feste Verbindung anhaftender Wassertheilchen mit der Glasoberfläche, hervorgebracht wird. Sie müssen ebenfalls einer erneuten Politur unterworfen werden, um wieder brauchbar zu sein.

Hie und da ist auch der Canadabalsam, mit welchem die einzelnen Linsen zu Systemen zusammengekittet werden,

Ursache der Verschlechterung der letzteren. Es entwickeln sich in demselben manchmal Krystalle, welche die Durchsichtigkeit der Systeme ganz aufheben können. Hat ferner der Fabrikant den Balsam zu dünn genommen, dann zieht sich derselbe unter Verdunsten des Lösungsmittels allmählig zurück und läßt störende Luftblasen eindringen. In Systemen, welche nicht in ganz festen Verschraubungen sitzen, können auch die einzelnen Linsen, wenn sie lange auf der Seite liegen, kleine Verschiebungen erleiden, die dann die Centrirung aufheben und verzerrte oder unbrauchbare Bilder geben. — Alle diese durch den Canadabalsam hervorgebrachten Störungen im optischen Vermögen der Linsen lassen sich jedoch leicht corrigiren. Ein zuverlässiger Mikroskopverfertiger, dem man das verdorbene System zur Reparatur übergibt, löst die Linsen von einander, und stellt sie in kurzer Zeit durch neue Verkittung mit besserem Balsam in der ursprünglichen Güte wieder her.

Den temporären Trübungen der Linsen muß der Arbeiter am Mikroskope eine ganz besondere Aufmerksamkeit widmen. Denn gar häufig wird ja das vollständige Verderben derselben durch Nachlässigkeit herbeigeführt. Vor und nach dem Gebrauche des Instrumentes müssen dessen Linsen einer genauen Durchsicht und Reinigung mittelst eines ganz weichen Waschleders oder eines weichen, oft gewaschenen Leinenlappens, das zu keinem anderen Gebrauche dient, unterworfen werden. Hat man die Linsen mit scharfen Flüssigkeiten in Berührung gebracht, so muß die Reinigung besonders sorgfältig vorgenommen werden. Hat man aber die Linsen mit harzigen Stoffen, die meist als Kitt für mikroskopische Präparate gebraucht werden, beschmutzt, so muß das nöthig werdende Putzen mit Weingeist deßhalb mit außerordentlicher Vorsicht vorgenommen werden, weil ja auch der Canadabalsam, der die Systeme verbindet, durch Alcohol gelöst wird. Hütet man sich also nicht, letzteren zwischen die Linsen eindringen zu lassen, dann kann man leicht durch eine einzige derartige Unvorsichtigkeit das ganze System unbrauchbar machen.

Ist die Güte der technischen Ausführung der einzelnen Linsen und Systeme festgestellt, dann hat sich die Prüfung des Mikroskopes auf die Gesammtheit des optischen Apparates auszudehnen. Vor allem ist es die Centrirung, welche einer Untersuchung bedarf. Dieselbe besteht darin, daß die optischen Axen der einzelnen Linsen genau in deren Mitte liegen, und daß die Axen sämmtlicher Linsen genau zusammenfallen.

Bei einem fertigen Mikroskope freilich kann man die einzelnen Linsen nicht untersuchen, sondern muß sich genügen lassen, einen Totaleindruck zu erhalten, der aber auch genügt, um über die Güte des Instrumentes zu entscheiden. Die Prüfung nimmt man einfach dadurch vor, daß man ein beliebiges Object so unter das Mikroskop legt, daß es den Rand des Gesichtsfeldes berührt. Dann dreht man das Objectiv um seine Axe und sieht zu, ob das Object seine Stelle behauptet oder sich mit der Drehung scheinbar fortbewegt. Ist letzteres der Fall, dann ist die Centrirung keine vollständige. Leider aber müssen wir eingestehen, daß fast stets das Letztere der Fall ist, auch die besten Systeme sind nicht ganz vollkommen centrirt. Die Kleinheit der Linsen und die durch ihre vergrößernde Kraft bewirkte Vergrößerung des Fehlers, welche so mannigfach der tadellosen Herstellung des empfindlichen Instrumentes in den Weg tritt, übt auch hier ihre nachtheilige Wirkung aus. Wenn nun aber freilich eine völlig fehlerfreie Centrirung mehr als glücklicher Zufall betrachtet werden muß, so kann man doch verlangen, daß deren Fehler auf ein so geringes Minimum reducirt sind, daß sie sich nur bei genauerer Prüfung offenbaren. Die Fabriken der Jetztzeit lassen es sich auch in der That angelegen sein, darin möglichst vollkommenes zu leisten.

Nach diesen Vorprüfungen aber gilt es zuletzt die eigentliche optische Kraft der Systeme zu untersuchen und dies ist natürlich das wichtigste Geschäft. Diejenigen Momente, welche hierbei in Betracht kommen, sind die alten, vielgenannten, um welche sich die ganze Technik der Vergrößerungsgläser dreht, die Correction der Aberrationen und die Herstellung genügenden Lichtes. Sind die Aberrationen möglichst verbessert, dann erhält man ein scharfes, gutbegränztes, mit glatten Rändern versehenes Bild des Objectes und spricht von einem guten „Begränzungsvermögen" der Linsen. Ist die Lichtstärke eines Systemes möglichst groß, dann verschärft sich der Gegensatz zwischen Licht und Schatten. Die einzelnen Conturen werden in Folge dessen dunkler und präciser, ja es kommen bei feineren Objecten sogar Conturen zum Vorschein, welche ein lichtärmeres System vermissen läßt. Man nennt dies das „Auflösungsvermögen".

Was die Prüfung der am störendsten wirkenden sphärischen Aberration betrifft, so ist sie sehr einfach auszuführen. Man sucht ein Object, welches auf dunklem Grunde sehr zarte und scharf ausgeprägte Lichtstreifen zeigt und wird bei gut corrigirten Systemen den Rand scharf sehen, während bei schlechten die hellen Stellen keinen vollkommen reinen Grenzcontur haben, sondern noch einen mehr oder weniger großen verwaschenen Lichtschimmer auf die schwarze Fläche senden. Die Wahl eines passenden Objectes kann jeder Untersucher nach Belieben vornehmen, es sind deren mehrere in Vorschlag gebracht worden. Man hat z. B. auf kleinen Quecksilbertropfen das directe Bild des Fensters, auf kleinen in einer schleimigen oder harzigen Substanz eingeschlossenen Luftblasen des durch den ebenen Spiegel reflectirte Fensterbild benützt und die Probe durch Einstellen der scharfen Lichtränder des Fensters angestellt. Praktischer aber hat man vorgeschlagen, einen Objectträger über der Lampe mit Ruß zu überziehen und die darin entstandenen sehr feinen Sprünge zu betrachten (Harting). Springt der Ruß nicht, dann kann man ebenso gut einen Objectträger benützen, der mit chinesischer Tusche überzogen ist, welche in dickerer Schicht beim Trocknen stets springt (Mohl, Nägeli und Schwendener).

Es läßt sich bequem mittelst dieser einfachen Mittel nachweisen, ob die sphärische Aberration fehlt, ob sie über- oder untercorrigirt ist, ob sie die centralen oder ob sie die peripherischen Parthieen eines Systemes betrifft. Verbessert man die Aberration durch Abhaltung der Randstrahlen, dann sind die peripherischen Theile schlecht corrigirt, kann man durch Abblendung der Centralstrahlen helfen, dann wird der Fehler in der Axe des Systemes liegen. Ist eine Unterverbesserung vorhanden, so zeigt sich beim Senken des Objectives ein scharf begränztes Bild beim Heben ein stärkerer Lichthof. Bei Ueberverbesserung findet natürlich das Gegentheil statt. Ist das System aber von Aberrationen frei, dann ist nur bei einer Einstellung das Bild scharf, während es sowohl beim Heben wie beim Senken des Tubus in gleich regelmäßiger Weise verschwindet. Bei der Prüfung der sphärischen Aberration darf man aber nicht vergessen, den Einfluß der Deckgläschen, für welche die jetzigen Systeme sämmtlich berechnet sind, in Anschlag zu bringen.

Was die chromatische Aberration anlangt, so genügt jedes beliebige farblose und scharf begränzte Präparat, etwa die Schüppchen von Lepisma saccharinum zur Prüfung. Zeigt dasselbe einen farbigen Rand und eine mehr oder weniger schmutzig gefärbte Oberfläche, dann ist die Farbenabweichung vorhanden. Ein übercorrigirtes System wird nach den oben entwickelten Grundregeln (p. 36) einen blauen, ein untercorrigirtes einen rothen Rand zeigen.

Wohl zu unterscheiden von der Farbenzerstreuung der Linsen ist die Färbung des ganzen Gesichtsfeldes, welche in den meisten Fällen der Farbe der Glassorten ihre Entstehung verdankt. Die Farbe pflegt eine ganz schwach bläuliche, grauliche oder gelbliche zu sein. Da man jetzt aber das Glas so ausnehmend rein anzufertigen versteht, so hat man wenig von diesem den älteren Mikroskopen gar manchmal anhaftenden Fehler zu leiden und nur eine sehr genaue Vergleichung mehrerer Instrumente mit einander vermag abweichende Nüancen zu ergeben.

Auch einer temporären Färbung des Gesichtsfeldes muß gedacht werden, welche dasselbe durch Spiegelung des blauen Himmels erfährt. Schon oben wurde derselbe als weniger günstig für die Beobachtung feinster Structurverhältnisse erwähnt, und der Leser weiß ja, wie wenig empfehlenswerth monochromatisches Licht wirkt. Arbeitet man an einem wolkenlosen, heißen Sommertag bei tiefblauem Himmel, so wird man leicht den schwach blaugrauen Ton des Gesichtsfeldes wahrnehmen. Bekannte Objecte, deren feine Conturen bei gleichmäßig bewölktem Himmel deutlich zu sehen waren, lassen dieselben oft nur schwer erkennen, und das den Augen nicht sehr angenehme Licht wird erst besser und zum Beobachten geeigneter, wenn man den Spiegel auf eine sonnenbestrahlte weiße Hauswand richtet.

Nicht allein der Erkennung feinster Conturen, sondern auch der gefärbter Objecte ist ein gefärbtes Gesichtsfeld hinderlich, und ich brauche, um dies zu erklären, nur an die allbekannte Thatsache zu erinnern, daß sich Landschaften und Gegenstände durch ein gefärbtes Glas gesehen ganz anders ausnehmen, als wenn man sie mit freiem Auge betrachtet.

Was die Lichtstärke der Systeme betrifft, so fällt dieselbe zusammen mit deren Oeffnungswinkel (p. 32) und nimmt im quadratischen Verhältniß mit ihrem Durchmesser zu. Es muß nun das Bestreben der Optiker dahin gehen, auch bei kurzer Brennweite noch einen großen Oeffnungswinkel zu erzielen. Denn bei schwachen Objectiven mit an sich großem Durchmesser genügendes Licht zu schaffen, ist nicht schwierig. Es wird sich deßhalb die Prüfung der Lichtstärke besonders eingehend mit den starken Systemen beschäftigen müssen. Wirklich sichere wissenschaftliche Anhaltspunkte hat man zwar für diese Untersuchung nicht, es kann aber ein erfahrener Praktiker auf den ersten Blick durch ein Mikroskop bestimmen, ob es in Bezug auf die Lichtstärke mustergiltig ist oder nicht. Mohl empfiehlt, das Licht, welches ein weißer, hellem Tageslicht ausgesetzter Bogen Papier zeigt, als Maßstab zu benützen und dessen Helligkeit als das Minimum für die Lichtstärke eines Systemes anzusetzen. Für den Ungeübten aber ist es zu schwierig, die beiden Dinge zu parallelisiren und ein geübter Praktiker bedarf einer solchen Vergleichung nicht zur Beurtheilung. Am besten thut man, ein Mikroskop von bekannter Güte zum Vergleich heranzuziehen und entweder ein und dasselbe Object oder doch zwei ganz ähnliche unter beiden zu betrachten. Wem es nicht zu langweilig ist, der mag auch nach Gorings Vorschlag, des Abends die zwei zu vergleichenden Instrumente horizontal legen und auf einen und denselben leuchtenden Punkt richten. Dann muß er warten, in welchem Mikroskop bei fortschreitender Dämmerung der Punkt zuerst verschwindet. Dieses wird natürlich das lichtärmere sein.

Zuletzt hat man noch die Krümmung und Wölbung des Gesichtsfeldes, welche Folgen der sphärischen Oberfläche der Linsen sind, in den Bereich der Prüfung zu ziehen. In einem guten Mikroskop müssen diese Eigenschaften zugleich mit der Berichtigung der sphärischen Aberration beseitigt werden, so daß ein Netz aus geraden Linien, welches auf einer ebenen Glasplatte eingravirt ist, auch wirklich eben erscheint. Ist das Gesichtsfeld gekrümmt, dann erscheint ein solches Netz, wie die gekrümmten Linien, welche die Längen- und Breitengrade einer gezeichneten Weltkugel darstellen oder umgekehrt.

Diejenigen Leistungen, welche bei einem Mikroskope, das zu wissenschaftlichen Arbeiten dienen soll, vor Allem in Frage kommen, sind das Begrenzungsvermögen und das Auflösungsvermögen, und wenn man der Sache auf den Grund geht, so wird man sich sagen müssen, sind diese beiden mustergiltig, dann können auch die Fehler des Instrumentes nicht groß sein. Ja man kann noch weiter gehen und sagen, ist nur das Auflösungsvermögen gut, dann muß auch das Begrenzungsvermögen gut sein und und alle den Linsen anhaftenden natürlichen Fehler müssen eine genügende Correctur erfahren haben. Man wird deßhalb auch gewöhnlich die Untersuchung der Mikroskope nicht ängstlich der Reihe nach mit den einzelnen erwähnten

Prüfungsmitteln vornehmen, sondern wird sich vielmehr nach Objecten umsehen, welche es erlauben, mit einem Mal die wichtigsten Erfordernisse an dem untersuchten Instrumente nachzuweisen. Erst wenn sich dasselbe hierbei nicht vollständig bewährt hat, wird man durch die Specialuntersuchung eruiren, wo der Fehler liegt.

Die Natur bietet uns nun eine Anzahl von mikroskopischen Objecten, welche eine so feine Structur und Oberflächenzeichnung besitzen, daß nur die allerbesten Instrumente im Stande sind, sie aufzulösen. Sie werden ganz allgemein zur Prüfung der Mikroskope benützt und heißen deßhalb „Probeobjecte“ oder „Testobjecte“. Am besten sind solche, welche sehr feine durcheinander gehende Systeme von Strichen auf ihrer Oberfläche tragen.

Die Zahl der Präparate, welche sich zu Probeobjecten eignen, ist natürlich außerordentlich groß, doch pflegt man nach einer Art stillschweigenden Uebereinkunft nur einige besonders häufig zu benützen, welche sich zum Theil dadurch auszeichnen, daß sie sich sehr leicht herbeischaffen lassen, zum Theil dadurch, daß sie ganz vorzüglich brauchbar für die Prüfung sind. Zuerst hat man nach Empfehlung von Jaquin und Goring die Schuppen, welche staubartig die Flügel der Schmetterlinge und anderer ähnlicher Insecten bedecken, angewandt; in neuerer Zeit, seit den fünfziger Jahren benützt man auch, durch Sollitt und Harrison darauf aufmerksam gemacht, sehr vielfach die besonders schwierig aufzulösenden Diatomeen. Dieselben sind kleine Pflanzen aus der Gattung der Algen, welche mit einem Kieselpanzer ausgestattet sind. Dieser trägt oft die feinsten Streifen und Zeichnungen und er wird als Präparat verwendet.

Was die Schmetterlingsschuppen betrifft, so sind dieselben meist von einer Gestalt, welche an die der Fischschuppen erinnert und sind fast stets nach zwei Richtungen gestreift. Die eine Art der Streifen sind Längsrippen, welche vom Ansatzpunkt am Flügel zum freien Rand hin verlaufen. Sie stehen entweder ganz gerade oder etwas geschweift, und sind leicht auch schon mit schwacher Vergrößerung zu sehen. Die zweite Art der Streifung verläuft schief (Fig. 87) oder quer (Fig. 86). Sie besteht aus kleinen, in einer tieferen Schichte liegenden Verdickungen oder kleinen Furchen, welche die Längsstreifen mit einander verbinden. Diese sind bei manchen Schmetterlingsschüppchen sehr schwer zu sehen, so daß man der stärksten Systeme bedarf, um sie befriedigend aufzulösen. Besonders viel benützt man die verschieden gefärbten und geformten Schüppchen des gewöhnlichen Kohlweißlings (Pieris brassicae), von denen zwei verschiedene Exemplare in Fig. 86 abgebildet sind. Ferner eignen sich die ebenfalls sehr gemeinen Schmetterlinge Hipparchia Janira und Lycaena. Ersterer ein im Hochsommer auf allen Wiesen anzutreffender Schmetterling hat in den weiblichen Exemplaren eine gelbe Binde, in welchem ein brauner Augenfleck steht. Die gelblichen Schüppchen, ähnlich gestaltet, wie das kleinere Schüppchen in Fig. 86, sind am schwierigsten aufzulösen, daher am besten zur Prüfung geeignet. Auch Lycaena Argus und Alexis, Röthlingsarten, finden sich im Sommer häufig, erstere auf Wiesen und im Wald, letztere in Kleefeldern. Der männliche L. Argus ist blau, mit schwarzen Streifen und weißem Saume. L. Alexis ist jenem ähnlich, doch von hellerem Blau. Bei beiden benutzt man die blauen Schuppen, welche jedoch bei durchfallendem Licht statt der blauen eine gelbe Farbe zeigen. Für schwache Objective pflegt man auch häufig die Längsstreifen der sehr durchsichtigen Schüppchen von Lepisma saccha-

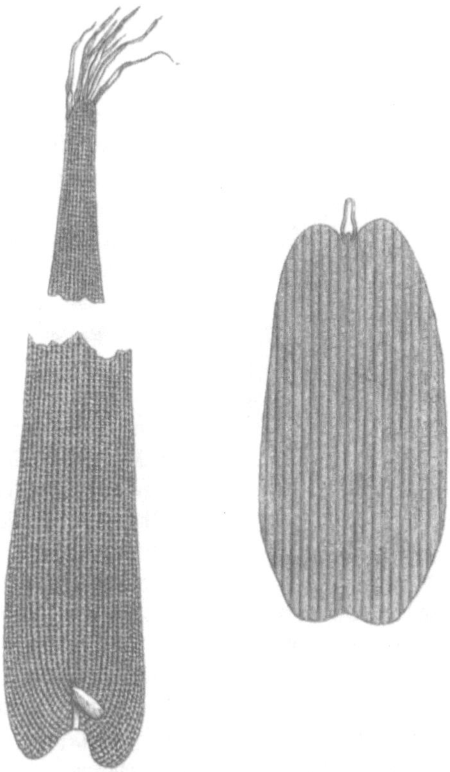

Fig. 86.
Schüppchen vom Flügel des Kohlweißlings.

rinum (Zuckergast oder Silberfischchen) zu verwenden, einem kleinen perlmutterglänzenden Insect, welches man an feuchten Stellen des Hauses oft in vielen Exemplaren findet (Fig. 87).

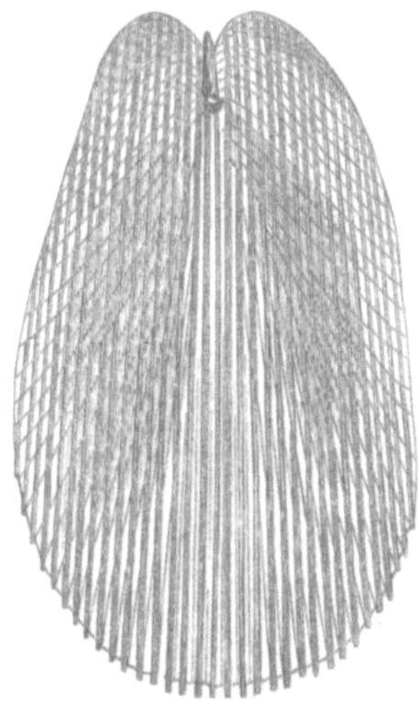

Fig. 87.
Schüppchen von Lepisma.

Um dem Leser einen Begriff von der Feinheit der beschriebenen Streifung zu geben, will ich noch erwähnen, daß auf ein Hundertstel Millimeter kommen: 3,8 der Längsstreifen auf den größeren Schüppchen von Lepisma, 6,6 der Querstreifen auf den hellen Schüppchen von Lycaena Argus, 10 derselben von Alexis, etwa 11 von Hipparchia Janira und 10 von Pieris brassicae.

Weit schwieriger aufzulösen als die Schmetterlingsschuppen, sind, wie erwähnt, die äußerst fein gezeichneten Diatomeen. Sie eignen sich deßhalb auch besonders gut als Probeobjecte für die stärkeren Vergrößerungen. Man kann sie sich jetzt sehr leicht verschaffen; die Handlungen mikroskopischer Präparate von Bourgogne in Paris und von Möller in Wedel (Holstein) liefern sie um sehr billige Preise. Viele Mikroskopverfertiger legen sogar jedem Instrumente, welches sie abliefern, ein oder mehrere Probeobjecte bei.

Unter der großen Menge der verschiedenen Diatomeen sind vor Allem als vorzügliche Objecte die Pleurosigma-

Arten[1]) zu nennen, und unter ihnen Pl. angulatum hervorzuheben. Während die übrigen Pleurosigmaarten meist nur zwei Streifensysteme besitzen, ist die Oberfläche von Pl. angulatum mit drei sich kreuzenden Liniensystemen ausgestattet. Davon steht das eine im rechten Winkel auf die Mittellinie (Figur 88) und ist am schwersten zu sehen. Die beiden andern schneiden sich unter einem Winkel von 53 Grad und ziehen schräg nach derselben hin (Fig. 88). Sie können schon durch mittelstarke Systeme zugleich sichtbar gemacht werden. Benutzt man eine passende schiefe Spiegelstellung, dann ist es möglich, jedes der drei Systeme für sich schon bei mittlerer Vergrößerung wahrzunehmen. Beobachtet man aber mit den stärksten Linsen, dann sieht man, wie sich die drei Streifensysteme auflösen und dafür die ganze Oberfläche des Präparates mit sechseckigen Feldern besetzt ist (Fig. 89), welche bei schwächerer Vergrößerung in die Linsensysteme zusammengeflossen waren. Will man ein noch schwierigeres Object benützen, dann greift man

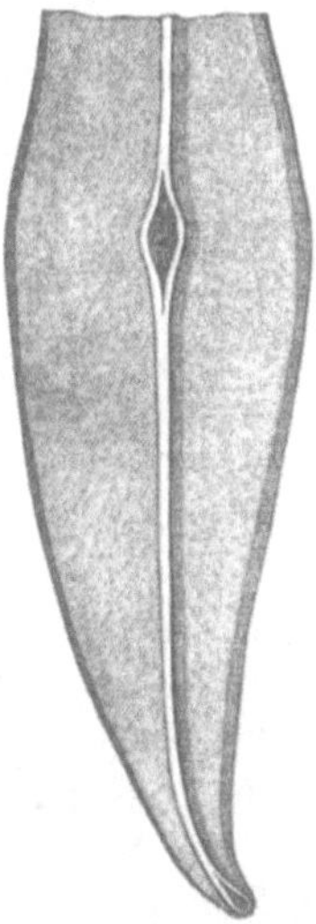

Fig. 88.
Pleurosigma angulatum; Streifensysteme. (Nach Nägeli und Schw.)

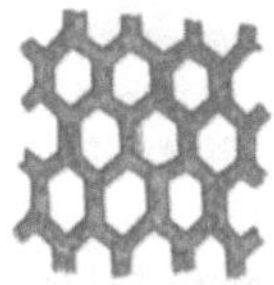

Fig. 89.
Felder von Pleurosigma angulatum bei starker Vergrößerung.

[1]) Pleuros. angulatum, attenuatum, acuminatum, aestuarii, balticum, formosum etc. etc.

am besten zu der außerordentlich fein gezeichneten Grammatophora subtilissima, deren Querlinien (Fig. 90) zu den schwierigsten Objecten gehören, die wir für unsere starken Systeme haben. Noch eine Menge anderer Diatomeen

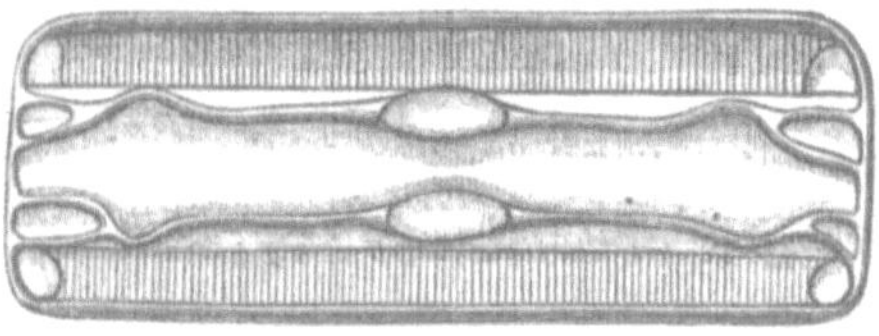

Fig. 90.
Grammatophora subtilissima. (Nach Dippel.)

werden benutzt, wie die vortreffliche Surirella gemma, dann die Nitzschia-Arten, Frustulia saxonica u. a. mehr. Die Aufzählung der verschiedenen Streifensysteme derselben würde hier viel zu weit führen, besonders da sie an Brauchbarkeit den beschriebenen Diatomeen durchaus nicht überlegen sind.

Während die Schmetterlingsschüppchen für die stärksten Systeme nicht ausreichen, sind die Diatomeen ganz derselben Art nicht alle gleich groß, und deßhalb auch nicht mit gleich schwierigen Liniensystemen versehen. Man kann also leicht einem Mikroskop Unrecht thun, wenn man sich in der Auswahl des Probeobjectes irrt. Dieser letzteren Calamität machen die in den letzten Jahren aufgetauchten Diatomeen-Testplatten von Möller in Wedel ein erwünschtes Ende. Derselbe versteht es mit großer Kunst, eine beliebige Zahl solcher kleiner Objecte, von welchen man mit bloßem Auge meist nicht das geringste sieht, in schönster Ordnung neben einander auf einen Objectträger aufzustellen. Er pflegt ein Dutzend oder mehr solcher Diatomeen in aufsteigender Schwierigkeit neben einander gelegt, auf seine Platten zu bringen. Da man nun stets nur ein und dasselbe Präparat in derselben Stellung bei allen Prüfungen benützt, so hat man mit einer solchen Platte einen untrüglichen Maßstab für eine vergleichende Untersuchung von Mikroskopen gewonnen, der nichts mehr zu wünschen übrig läßt.

Bei allen bis jetzt genannten Präparaten kommt es, wie schließlich bemerkt werden mag, noch sehr darauf an, ob sie trocken auf dem Objectträger liegen oder in den üblichen Canadabalsam eingeschlossen sind. Ist das letztere der Fall, dann werden alle Einzelheiten der Zeichnung undeutlicher und bedeutend schwieriger zu lösen, indem die vollkommene Durchtränkung des Präparates mit der stark lichtbrechenden Flüssigkeit die einzelnen Conturen nicht zur Geltung kommen läßt.

Alle organischen Probeobjecte, wenn sie auch noch so schön sind, haben doch stets den großen Nachtheil, daß sich die Resultate, welche zwei verschiedene Untersucher mit verschiedenen Objecten erhalten, nie vergleichen lassen, denn man weiß ja nicht, ob die beiden Präparate nicht an Deutlichkeit der Striche und an Schönheit und Erhaltung im Allgemeinen ganz verschieden sind. Diesem Uebel helfen die Probetäfelchen von Nobert in Barth in gründlicher und ausgezeichneter Weise ab. Es ist diesem überaus geschickten Mechaniker nämlich gelungen, so feine Theilmaschinen herzustellen, daß er mit deren Hilfe auf eine Glasplatte Linien einritzen kann, welche die natürlichen Linien der meisten Probeobjecte noch an Schwierigkeit der Auflösung übertreffen. Schon 1846 verfertigte er Täfelchen mit zehn Liniengruppen, deren Zahl er jetzt bis auf dreißig gebracht hat. Die Gruppen werden stets feiner und er liefert jetzt Täfelchen, auf denen sich Linien befinden, welche nur 1/10000 Pariser Linie von einander abstehen, so daß deren 4430 auf einen Millimeter gehen.

Jeder Untersucher, der ein solches Täfelchen bezieht, weiß nun, daß die Linien auf dem seinigen genau ebenso weit von einander entfernt sind, wie auf jedem andern, wodurch eine fast absolute Sicherheit der Vergleichung ermöglicht ist. Freilich hat Nobert in neuerer Zeit seine Gruppen mit anderen Nummern versehen, doch schadet dies nichts, da man ja von jedem Probetäfelchen alten, wie neuen, genau weiß, wie weit in jeder Gruppe die Linien von einander abstehen, wodurch eine gegenseitige Verständigung jederzeit ermöglicht ist.

Hat man ein Arbeitsinstrument mit den passendsten Testobjecten durchgeprüft, so darf man die Untersuchung noch nicht aufgeben, sondern hat noch die Tiefenwirkung der Systeme zu erproben. Jeder Blick in ein Instrument ergibt nämlich, daß das Gesichtsfeld nicht eine mathematische Ebene ist, sondern eine gewisse wenn auch allerdings sehr minimale Dicke hat, die es erlaubt Dinge zusammen zu erblicken, welche nicht genau in einer Linie liegen. Wenn nun diese Eigenschaft der Mikroskope vielleicht auch vom theoretisch-optischen Standpunkte nicht zu rechtfertigen ist, so bietet sie doch der Praxis nicht zu unterschätzende Vortheile, wie es jedem erfahrenen Mikroskopiker, der darauf achtet, bekannt ist. Gute Instrumente müssen nun auch in der Tiefe die sie durchdringen, klare Bilder geben. Ob dies jedoch der Fall ist, läßt sich an den glatten und sehr dünnen Probeobjecten nicht entscheiden, sondern man benützt hierzu Präparate, welche nicht elegant eingelegt sind, die man sich im Augenblick der Probe vielleicht erst zubereitet.

Mit der eben erwähnten Eigenschaft der Mikroskope hängt meistens noch eine andere nicht weniger schätzenswerthe zusammen, welche man als Tiefenwirkung im weiteren Sinne bezeichnen könnte. Sie besteht darin, daß ein System auch bei tiefer Einstellung, d. h. nachdem es eine oder mehrere darüber liegende Schichten durchdrungen hat, noch klare Bilder gibt. Jedes System ist, wie bekannt, für eine bestimmte Deckglasdicke corrigirt und sollte demnach nur mit dieser ganz brauchbare Bilder geben, und zwar nur von Dingen, welche unmittelbar unter diesem Deckglas liegen. Nun ist es aber klar, daß man solch' genaue Präparate, welche wohl ein Händler mit Probeobjecten herstellen kann, nicht jederzeit auch bei der wissenschaftlichen Arbeit zu fertigen im Stande ist. Denn abgesehen davon, daß man Deckgläschen von gleicher Dicke niemals aus der Fabrik geliefert erhält, kann man auch die Flüssigkeitsschichte des Präparates um das Object selbst niemals mit einer solchen Sicherheit abmessen, daß nicht Schwankungen in Bruchtheilen eines Millimeters immer vorkommen. Für ein gutes Mikroskop aber dürfen solche Schwankungen nicht störend einwirken, es müssen auch die mittleren Systeme noch größere Schwankungen in der Dicke des Präparates, einschließlich Deckgläschen erlauben und dies kann man natürlich an eben zubereiteten, allen Zufälligkeiten unterliegenden Präparaten am besten prüfen. Jeder Untersucher wird natürlich die Art von Gegenständen am liebsten benützen, die er am genauesten kennt, doch will man ein besonders geeignetes Object betrachten, so kann Kartoffelstärke, Speichelkörperchen, Muskelfasern vor allem empfohlen werden. Die ersteren werden einem Botaniker am geläufigsten sein, die letzteren einem Thier-Histologen. Die Speichelkörperchen aber hat jeder Untersucher am ersten zur Hand, wird sie deßhalb jedenfalls genau kennen und als Probeobjecte schätzen. Sie stellen kleine kugelförmige Gebilde dar, und sind aufgeblähte Zellen, welche im Speichel herumschwimmen. Neben abgestoßenen Epithelzellen (Fig. 91. b.), Haufen

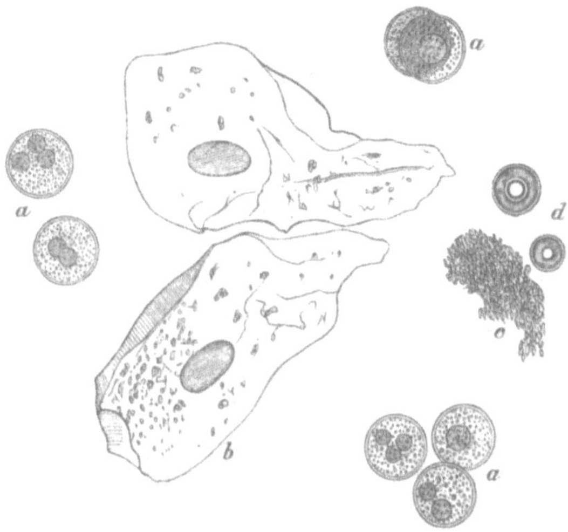

Fig. 91. Speichel mit den darin suspendirten Körpern.
a Speichelkörperchen. b Epithelzellen. c Pilzsporen. d Luftblasen.

von Pilzsporen (c), Luftblasen (d) und anderen Verunreinigungen des Speichels, kommen sie (a) in mehr oder weniger großer Masse in demselben vor. In der Flüssigkeit, welche sie erfüllt, sind außer dem ein- oder mehrfachen Kern eine große Menge sehr kleiner Körnchen suspendirt, welche in lebhafter Bewegung hin und her schwingen. Nun ist es schon schwierig einzelne Körnchen zu sehen, noch schwieriger aber ist es, die Bewegung zu erblicken, welche aussieht wie das Gewimmel in einem Ameisenhaufen. Nur gute Linsen von etwa 400—500maliger Vergrößerung geben davon ein deutliches Bild. — Die Stärkekörner (Fig. 92) sind mit feinen concentrischen Streifen versehen, welche ebenfalls nur mit starken Vergrößerungen deutlich wahrgenommen werden können. Am allerschwierigsten aufzulösen, daher auch am besten für die Erprobung eines Mikroskopes geeignet sind aber die Muskelfasern, und es ist sehr interessant zu verfolgen, wie die Erkennung dieses vieluntersuchten Gewebes zugleich mit der Verbesserung der Mikroskope gefördert wurde. In der Fig. 93 a—g auf der folgenden Seite sind Copieen nach den genauesten mikroskopischen Untersuchern des Muskels dargestellt und ein Blick auf die Abbildungen ergibt, wie die einzelnen Stadien in der Erkennung der Muskelstructur sind. Die erste Abbildung (a) nach Leeuwenhoeck zeigt die Muskelfaser quergestreift, wie sie unter einem guten schwächeren Mikroskop aussieht. Auch Muys (b) hat noch Bilder, welche der Wahrheit nicht ferne stehen. Dagegen zeichnen Home (c) und Milne-Edwards (d) kurz vor dem weiteren Bekanntwerden der achromatischen Mikroskope noch Gebilde, welche mit Muskeln wenige Aehnlichkeit haben. Bowmann (e) hat schon mit achromatischen Instrumenten untersucht und deshalb auch bessere Bilder erhalten. Ganz ausgezeichnet aber ist die Abbildung Amici's (f), welche schon richtig zwischen je zwei dunkleren Abtheilungen eine helle mit einer Reihe dunkler Punkte abzeichnet. Die letzte Abbildung (g) stellt ein Stückchen Froschmuskel in 2000maliger Vergrößerung eines modernen Mikroskopes dar. Hier ist jede dunkle Abtheilung Amici's

Fig. 92.
Korn der Kartoffelstärke.

wieder in zwei Theile zerlegt. So sind also im Laufe der Zeit aus den einfachen hellen und dunklen Querstreifen deren je drei geworden, welche sich in gleicher und immer wiederkehrender Anordnung wiederholen. —

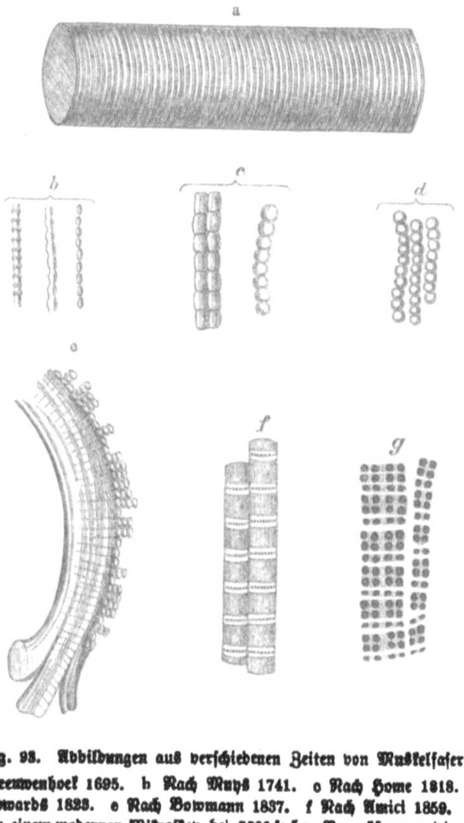

Fig. 93. Abbildungen aus verschiedenen Zeiten von Muskelfasern.

a Nach Leeuwenhoek 1695. b Nach Muys 1741. c Nach Home 1818. d Nach Milne Edwards 1828. e Nach Bowmann 1837. f Nach Amici 1859. g Muskeln unter einem modernen Mikroskop bei 2000facher Vergrößerung (eigene Zeichnung aus dem Jahre 1873).

Verfährt man in der eben angegebenen Weise, so wird man die Güte des optischen Theiles eines Mikroskopes mit voller Sicherheit zu bestimmen vermögen. Was die Güte des mechanischen Theiles anlangt, so wird man dessen Beschaffenheit nach den Ausführungen des dritten Kapitels vollkommen beurtheilen können. Hat die Mikrometerschraube einen leichten und sichern Gang, ist der Spiegel in der gehörigen Weise drehbar, ist der Objecttisch groß genug und ist der Bau im Ganzen ein solider, dann wird man an einem neuen Instrument nur wenig mehr zu prüfen haben. An einem schon gebrauchten älteren Instrument dagegen erfordert die Prüfung weit mehr Sorgfalt. Denn da sich Metall, insbesondere Messing sehr leicht abnutzt, so wird man wohl zu beachten haben, ob noch alle Theile au sich fest und gegenseitig gut zusammengefügt sind. Denn nichts ist ärgerlicher, als wenn sich bei jeder Drehung der Schraube, der sog. todte Gang bemerklich macht, oder wenn gar bei dem Hinundhergehen derselben auch der Tisch oder der Tubus kleine Excursionen macht.

Da sich solche Fehler so leicht einfinden, so hat man natürlich auch auf die Messingarbeit eines Mikroskopes, welches man in gutem Stande erhalten will, nicht weniger zu achten als auf die Linsen. Das Mikroskop darf nicht zu derb angefaßt und hingestellt werden. Man muß es stets an der Säule zwischen Objecttisch und Fuß anfassen, um der Centrirung nicht zu schaden. Man darf auch das Instrument nicht zu oft in das Etui packen und wieder herausnehmen, sondern man lasse es für gewöhnlich an einem geschützten Orte unter einer Glasglocke stehen. Ferner muß auch sehr darauf gesehen werden, daß sich in die Züge kein Grünspan und Schmutzschleim einsetzt, der das Auf- und Niederschieben des Tubus außerordentlich erschwert. Bemerkt man etwas davon, dann reinigt man das Messing mittelst eines reinen Lappens und etwas starken Alkohol. Besonders leicht setzt sich Grünspan an, wenn man mit Flüssigkeiten gearbeitet hat, welche das Messing angreifen. Vor Allem aber hüte man sich aus Vergeßlichkeit ein Präparat auf dem Objecttische liegen zu lassen, wenn man das Instrument unter die Glasglocke stellt, denn nichts ist demselben sowohl in Linsen, wie in Metallarbeit schädlicher als eine feuchte Athmosphäre. — Specielleres über die Pflege des Instrumentes beizufügen, wäre überflüssig, denn wer eines dieser kostbaren und empfindlichen Instrumente besitzt, wird ganz von selbst behutsam mit demselben umgehen.

Was noch den Kauf eines Instrumentes anlangt, so wird man aus dem oben über die optischen Firmen mitgetheilten und aus den Bemerkungen über die Prüfung des Mikroskopes das Nöthige ersehen. Es mag nur noch wiederholt werden, daß man sich vor einem allzu billigen Instrumente hüten muß; denn unter 36—40 Thlr. ist ein einigermaßen brauchbares Instrument nicht zu bekommen. Will man ein etwas vollständigeres mit stärkeren Linsen haben, so wird man bis zu 70 und 80 Thalern gehen müssen. Die nöthigen Objectträger schneidet jeder Glaser, die Deckgläschen hat am besten und billigsten Glasermeister Vogel in Gießen.

Zum Schluße mag noch das Ergebniß von Harting's Berechnung Platz finden, nach welcher im Jahr 1866 die ungeheure Zahl von 2000 aplanatischen Mikroskopen verfertigt und verkauft wurden. Hat man es verfolgt, wie bedeutend sich auch seitdem noch die mikroskopische Beobachtung und in Folge dessen auch der Consum an Instrumenten gehoben hat, so wird man heute gewiß nicht zuviel sagen, wenn man den jährlichen Verkauf an Mikroskopen auf die Zahl von 3000 schätzt. Es geht aus diesen Zahlen am allerklarsten hervor, daß das Mikroskop ein Instrument geworden ist, welches trotz seiner Kostbarkeit die gesammte naturwissenschaftliche Welt beherrscht.

VIII. Das Arbeiten mit dem Mikroskope.

1. Mikroskopische Wahrnehmung.

Besitzt man das beste Mikroskop, so ist damit noch nicht gesagt, daß man mit demselben auch sofort die feinsten Beobachtungen machen kann, denn es versteht sich von selbst, daß auch dieses Instrument wie jedes andre vom Arbeiter in seinen Vorzügen und Schattenseiten, in seinen wirklichen Leistungen und Capricen erst durch vielfache Uebung und manche Erfahrung erkannt werden muß, ehe er behaupten darf, dasselbe zu beherrschen. Beim Sehen mit dem Mikroskop ist so manches anders als bei dem Sehen mit bloßem Auge, daß ein Anfänger sogar erst einige körperliche Hindernisse überwinden muß, ehe er in gehöriger Weise beobachtet. Das Auge muß sich erst an das gleichmäßige und ziemlich helle Licht gewöhnen, ehe es ohne Mühe stundenlang in das Mikroskop zu sehen lernt. Im Anfang bekommt man durch Anstrengung der Sehwerkzeuge leicht Kopfschmerzen, die sich aber meist schon nach einigen Tagen nicht mehr einzustellen pflegen. Ferner wird man durch die Accomodation genirt. Man ist gewohnt, mittelst derselben bei all' den unendlich vielen Nüançen des Lichtes die Pupille zu erweitern und zu verengern, so daß die Regenbogenhaut den ganzen Tag in Bewegung ist. Wird man nun plötzlich gezwungen, ungewohnt lange Zeit in eine gleichmäßig beleuchtete Fläche zu sehen, dann wird bei vielen Menschen die Accomodation auf einige Zeit gelähmt, und sie sehen bedeutend schlechter als gewöhnlich. Der Unerfahrene pflegt darüber wohl zu erschrecken; wenn er jedoch merkt, daß es statt schlechter, nach einigen Tagen besser wird, bis die Unannehmlichkeit mit der Gewöhnung ganz verschwindet, dann verschwindet auch die Angst. Noch eine andre Erscheinung am Auge gibt wohl Veranlassung zu Beunruhigung, nämlich die sogenannten Mouches volantes. Dieselben sind Figuren irgend welcher Gestalt, z. B. Kugeln oder längere, wie gewundene Schläuche aussehende Zeichnungen, welche im Gesichtsfelde erscheinen. Man hat dieselben von Kindheit an, denn sie werden durch nichts anders bedingt, als durch Residuen ausgedienter und sonst ganz verschwundener Gewebstheile im Glaskörper. Sieht man auf eine helle Fläche, zum Beispiel eine Hauswand, dann kann man die Gebilde oft beim Augenschlag in die Höhe schnellen und wieder ganz langsam heruntersinken sehen. Bei der mikroskopischen Beobachtung treten sie, wie erwähnt, sehr oft in's Gesichtsfeld und wirken dann besonders bei stärkeren Vergrößerungen störend, indem sie die feinen Conturen bedecken. Ein Augenaufschlag genügt, sie zu entfernen. Die Mouches volantes können sich nicht vermehren und sind ganz unschädlich. Das Auge wird überhaupt durch die Arbeit am Mikroskope nicht dauernd angegriffen, was alle unsre mikroskopischen Coryphäen beweisen, welche dreißig und mehr Jahre fast täglich mehrere Stunden ohne jeden Schaden dem Mikroskope gewidmet haben.

Ebenso wie der Anfänger seine Augen an die mikroskopische Arbeit gewöhnen muß, sind auch die Hände nicht immer sogleich im Stande, Alles zu thun, was man von ihnen verlangt. Besonders die Sicherheit ist es, welche fehlt: die kleinen gleichmäßigen Bewegungen, welche vor Allem bei der Zubereitung der Präparate nöthig werden, müssen von diesen an gröbere Actionen gewöhnten Körpertheilen erst gelernt werden. — Ja man kann sogar sagen, daß die stundenlang gebückte Haltung manchem schwer fällt, so daß er von einer Art nervöser Aufregung befallen wird, welche ihn dazu treibt, aufzuspringen und die Glieder dadurch wieder gehorsamer zu machen, daß er einige Male durch das Zimmer hin und herläuft. Sind diese kleinen Anfangsleiden einigermaßen überwunden, dann kann daran gedacht werden, auch der Behandlung des Mikroskopes die nöthige Aufmerksamkeit zu widmen, welche besonders in Bezug auf Einstellung und Finden des Präparates und die richtige Spiegelstellung Schwierigkeiten macht. Einmal ist im Anfang das Gesichtsfeld zu hell, dann wieder zu dunkel. Ziehen Wolken am Himmel, dann wird vergessen mit deren Weiterrücken auch den Spiegel zu verstellen, und man wundert sich sehr über das dunkler und immer dunkler werden des Gesichtsfeldes. Ehe der Anfänger aber darauf kommt, an den Spiegel zu denken, hält er es oft genug für einen plötzlichen Nachlaß der Sehkraft. Wie oft passirt es dann weiter bei den ersten Versuchen, daß man glaubt, der richtigen Einstellung nahe zu sein und mit der Mikrometerschraube arbeitet, bis sie völlig verbraucht ist, während man noch zollhoch über dem Objectträger steht. Noch häufiger sieht man, daß bei schwacher Vergrößerung, die einen großen Focusabstand hat, mittelst der groben Einstellung derselbe bereits überschritten wird. Man schraubt und schraubt bis es zuletzt nicht mehr geht und siehe da, der Untersucher hat im Eifer das Präparat und das Deckglas obendrein durch das fest aufgedrückte Objectiv zerstört. Bald wird man zur Erfahrung kommen, daß man die Mikrometerschraube nur für die letzten Momente der Einstellung benützen darf und daß man die grobe Aufsuchung des Präparates mittelst Hin- und Herschieben des Tubus so lange fortsetzen muß, bis man schon ein undeutliches Bild des Objectes sieht. Selbst hierbei aber drohen dem arglosen und eifrigen Jünger der Naturforschung Gefahren. Denn er sucht den Tubus herunterzuschieben, es geht schwer, ein kräftiger Druck! und Deckglas, Object, vielleicht auch Objectträger und gar das Objectiv liegt in Trümmern! Der unkundige Forscher hat, statt die Bewegung durch sanfte Drehung des Tubus zu bewerkstelligen, durch Druck die Adhäsion zu rapide überwunden, und wieder eine Erfahrung auf dem Anfangs so dornenvollen Pfade der Mikroskopie gemacht. Doch genug von diesen Ränken des scheinbar so unschuldigen Instrumentes, man könnte Bogen darüber schreiben.

Sind aber einmal glücklich alle Gefahren überwunden, hat man das Bild gefaßt und scharf eingestellt, dann beginnt der neue Naturforscher neugierigen Blickes die Beobachtung. Wie erstaunt er über die gewaltige Größe und die barocke Form der Zellen und Fasern. Vielleicht zieht gar nur eine einzige der letzteren glänzend blau oder roth gefärbt durch das Gesichtsfeld! Ein herbeigerufener Kundiger belehrt ihn, daß er eine zufällig auf den Objectträger gefallene Wollen- oder Baumwollfaser für das Präparat angesehen hat, welches sich vielleicht noch gar nicht im Gesichtsfeld befindet. Bestürzt wendet sich unser Naturforscher zur Beobachtung zurück, um im nächsten Moment durch Kritzel im unreinen Glas des Objectträgers oder durch allerlei mineralischen und vegetabilischen Staub aufs Neue getäuscht zu werden. Am wenigsten aber kann man Anfangs mit den zahlreichen, in jedem Object befindlichen Luftblasen fertig werden. Dieselben erscheinen nämlich dunkelschwarz in der Peripherie mit einem hellleuchtenden Centrum (Fig. 91 d). Sie fallen durch ihre markirten Conturen vor Allem ins Auge und erscheinen dem Anfänger leicht als runde Zellen, die einen stattlichen Kern in der Mitte tragen. Eine veränderte Einstellung und damit ein Größer- oder Kleinerwerden des hellen Centrums lehrt, daß man nur eine optische Erscheinung, aber kein unveränderliches Structurverhältniß vor sich hat. Warum aber sieht Luft schwarz aus, dieses makroskopisch durchsichtigste Fludium? So werden wir billig gefragt. Die Antwort liegt sehr nahe. Jede kleine Ansammlung von Luft in Flüssigkeit bildet ein rundes Bläschen (Figur 94), wird also natürlich wie eine optische Linse wirken. Nun kommt es nur darauf an, ob diese kleine Linse in einer Flüssigkeit liegt, welche stärker oder schwächer lichtbrechend ist, als sie selbst. Bei der Luft wird stets das erstere der Fall sein. Denkt man sich die Flüssigkeitsschichte (Fig. 94 A) als Wasser, so werden die von a her in das Luftbläschen eintretenden Lichtstrahlen nach den im ersten Capitel mitgetheilten Brechungsgesetzen durch dasselbe vom Einfallsloch weg gebrochen werden müssen. Nur die Centralstrahlen a—b werden in unser Auge gelangen können, die weiter außen liegenden dagegen nehmen Wege, die an unserm Auge vorbeiführen, werden daher unsichtbar sein oder was dasselbe ist, schwarz aussehen. Das dem eben geschilderten entgegengesetzte Verhältniß ist in Figur 94 B dargestellt. Hier ist das eingeschlossene

Bläschen stärker lichtbrechend gedacht als die umgebende Flüssigkeit. Der Gang der Strahlen ist aus der Figur zu ersehen; auch hier werden nur die Centralstrahlen unser Auge erreichen, während die peripherischen verloren

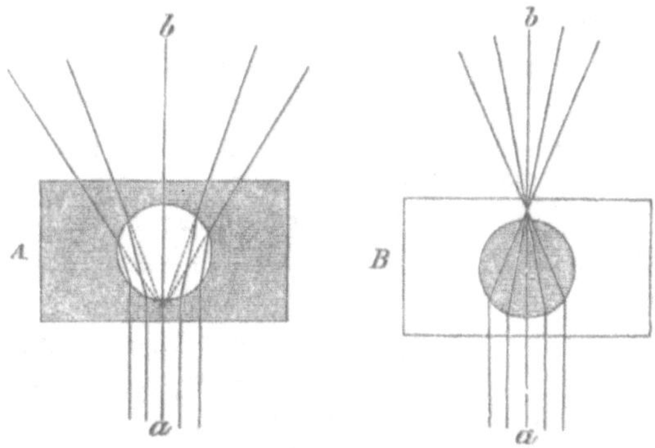

Fig. 94 A und B.

A Luftbläschen in Wasser suspendirt. Gang der bei a in den Tropfen eintretenden Lichtstrahlen. B Oelbläschen im Wasser suspendirt.

gehen, und es ist also für die Betrachtung ziemlich gleichgültig, ob sich die Strahlen in einem wahren Brennpunkte (B) vereinigen oder in einem Zerstreuungspunkte (A) vereinigen, wir werden stets ein helles Centrum umgeben von einer schwarzen Peripherie sehen.

Wenn auch der in B dargestellte Fall für Luftbläschen nie eintrifft, da ja alle für Herstellung von mikroskopischen Präparaten verwandten Flüssigkeiten stärker lichtbrechend sind, als diese, so wird er sich doch für andere Dinge realisiren können, und besonders sind es Fett- und Oeltröpfchen, welche in Wasser schwimmend, ein Bild geben, wie das Dargestellte. Daraus geht aber hervor, daß nicht allein für den Anfänger, sondern auch für den geübten Mikroskopiker die Unterscheidung von Luft- und Oelkügelchen nicht immer leicht ist. Zwar kommt den letzteren ein etwas größeres helles Centrum zu, allein dies möchte doch nicht immer genügen, um eine leichte Erkennung zu ermöglichen.

Nach dem Mitgetheilten ist es selbstverständlich, daß Luft unter dem Mikroskop stets schwarz aussehen muß, wenn nur die Oberflächen linsenartig gekrümmt sind. Werden dieselben plattgedrückt, wie es bei größeren, zwischen Objectträger und Deckglas eingeklemmten Luftblasen der Fall ist, dann werden sie natürlich ebensowenig das Licht ablenken, wie es eine planparallele Fensterscheibe (Fig. 8) thut. Wie man aber in manchen Fällen von der Eigenschaft der Luft, schwarz auszusehen, in der Mikroskopie Gebrauch zu machen versteht, dies ist in Fig. 95 dargestellt. Die Abbildung stellt einen feinen Knochendurchschnitt bei starker Vergrößerung dar. In der harten, verkalteten Grundsubstanz desselben sind nämlich Zellen eingelagert, welche durch viele und sehr feine Ausläufer mit einander verbunden sind. Trocknet man den Knochen, dann ändert sich die Grundsubstanz nicht, die weichen Zellen aber trocknen oder verfaulen und es bleiben nur die jetzt mit Luft gefüllten Höhlen zurück, die nun vermöge ihrer gekrümmten Conturen das Licht so zerstreuen, daß sie dunkelschwarz aussehen und ein sehr zierliches Bild zeigen.

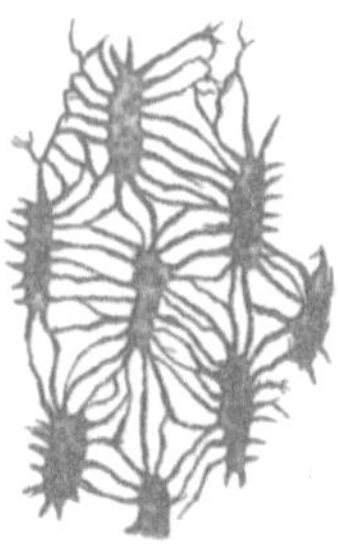

Fig. 95.
Knochenhöhlen mit Luft gefüllt.

Bei der mikroskopischen Beobachtung gibt es jedoch

außer den erwähnten, noch andere Klippen, deren Vermeidung oft sehr gewiegten Forschern Mühe macht. Es sind dies die Täuschungen, welche uns in dem trügerischen Aussehen des Präparates selbst entgegentreten. Denn wie schon oben angedeutet, ist das mikroskopische Sehen von dem mit bloßem Auge grundverschieden. Analysiren wir mit ein paar Worten erst das letztere, so müssen wir es in der Art, wie wir unsere Augen zu benützen pflegen, als ein Resultat gemachter Erfahrungen und einen aus denselben resultirenden Gewohnheitsact darstellen. Denn wir haben auch bei dem gewöhnlichen Sehen nur ein beschränktes Gesichtsfeld, welches wir, wie schon im ersten Capitel erwähnt, durch Wenden der Augen und Drehen des Kopfes zu einem größeren Bilde ergänzen. Dann suchen wir entferntere Gegenstände durch kleinere unwillkürliche Accomodationsbewegungen deutlich zu machen und construiren so das Bild, welches ein Mensch, der nicht weiter darüber nachgedacht hat, für die einfache Thätigkeit der Netzhaut erklären wird, ohne sich nur im Geringsten bewußt zu werden, wie viele kleine Actionen des Körpers und Geistes dazu gehören, um einen richtigen Gesichtseindruck zu erhalten.

Die Tiefenentfernung oder Perspective ist sogar mittelst unseres Sehapparates gar nicht zu erreichen, sie ist ein reines Resultat unserer Gehirnthätigkeit. Denn wir sehen eigentlich nur ein flaches Bild, da uns jedoch die Erfahrung gelehrt hat, wie weit Gegenstände, welche wir betasten können, von einander entfernt liegen und wie weit wir zu noch entfernteren Dingen zu gehen haben, so lernen wir allmählich den Gesichtswinkel abschätzen und richtig beurtheilen. Kinder können dies noch nicht, wie ja bekannt ist; auch Erwachsene können sich noch über Entfernungen ganz außerordentlich täuschen, was nicht der Fall sein würde, wenn wir eine rein physiologische Thätigkeit und nicht einen Act der geistigen Combination vor uns hätten. Ueber den reinphysiologischen Vorgang der Schmerzempfindung, welche entsteht, wenn man sich am heißen Ofen brennt, wird gewiß niemals eine Täuschung entstehen!

Die Richtigkeit der vorstehenden Ausführungen, welche eigentlich nur ein Kind in den ersten Lebensmonaten bezeugen könnte, hat schon vor länger Zeit durch einen pathologischen Fall eine wunderbare Bestätigung erhalten. Ein blindgeborner Mensch erhielt nämlich in erwachsenen Jahren durch eine Operation das Augenlicht. Allein weit davon entfernt, durch den neuen Sinn sich besser zu orientiren, wurde er vielmehr im Anfang durch die von allen Seiten einstürmenden Eindrücke nur verwirrt und es verging längere Zeit, bis er dahin kam, die Resultate seines Tastsinnes und seiner Ortsbewegung mit den Lichteindrücken in Einklang zu bringen.

Ganz ähnlich, wie diesem Blindgebornen geht es jedem, der zum ersten Male in ein Mikroskop sieht. Alle Eindrücke sind neu und ungewohnt und es muß erst die Verstandesthätigkeit dazugenommen werden, um mit ihnen fertig zu werden. Man sieht einäugig, hat also keine stereoskopische Ansicht und man entbehrt jeder Tiefenwahrnehmung, da man bei jeder Einstellung immer nur eine einzige Ebene vor sich hat. Man vergleicht ein mikroskopisches Bild am besten mit den steinernen geschliffenen Tischplatten, in welche Petrefacten eingeschlossen sind. Nie sieht man ein Gesammtbild der letzteren, sondern hat nur schiefe, quere, flächenhafte Durchschnitte, welche oft genug auf die Gesammtgestalt der Versteinerung nur schwer einen Schluß ziehen lassen.

Unter dem Mikroskope sehen wir ebenfalls nur Durchschnitte, entweder wirkliche, wenn wir Scheiben von solchen Gegenständen abschneiden, die zu dick sind, um im Ganzen betrachtet zu werden, oder doch wenigstens optische, wenn wir eine mittlere Einstellung haben, da wir dann weder die eine noch die andere Oberfläche, sondern eben nur eine Durchschnittsebene sehen, welche zwischen beiden mitten inne liegt. Dadurch nun, daß wir durch höheres und tieferes Einstellen die ganze Dicke des Präparates durchmustern, versuchen wir es, uns ein geistiges Gesammtbild zu verschaffen, etwa in der Art, wie man einen Apfel, welchen man in Scheiben geschnitten hat, durch deren Aufeinanderlegen reconstruirt. In den allermeisten Fällen aber gibt diese Methode nicht die genügende Sicherheit. Denn wie leicht kann man sich selbst bei den gewöhnlichsten Formen über die wirkliche Höhe eines Gegenstandes irren, wenn man es mit so kleinen und schwach conturirten Dingen zu thun hat, wie es die Bauelemente der organischen Wesen oft genug sind. Jeder Mikroskopiker wird deßhalb alles thun, um sich mindestens zwei verschiedene Ansichten seines Objectes zu verschaffen. Entweder muß er versuchen es hinundherzurollen, oder wo das nicht geht, wird er durch Zerschneiden oder Zerreißen seines Präparates nach verschiedenen Richtungen seinen Zweck zu erreichen suchen. Es mag dies noch durch zwei Beispiele erläutert werden. In Figur 96 auf der folgenden Seite stellt a mosaikartig zusammengefügte Zellen dar, auf die man von oben sieht, wie auf die Steine eines gepflasterten Vorplatzes. Nun kann es sein, daß die Zellen im Profil aussehen, so wie es in b bezeichnet ist, sie können aber ebensogut die in c abgebildete Gestalt haben. Nur die wirkliche Darstellung der Seitenansicht wird darüber Sicherheit geben können.

In d ist ein Gebilde abgebildet, welches man ebensogut für eine Kugel wie für eine Platte halten kann. Erst die Seitenansicht e gibt den Ungeübten Sicherheit über die wahre Gestalt.

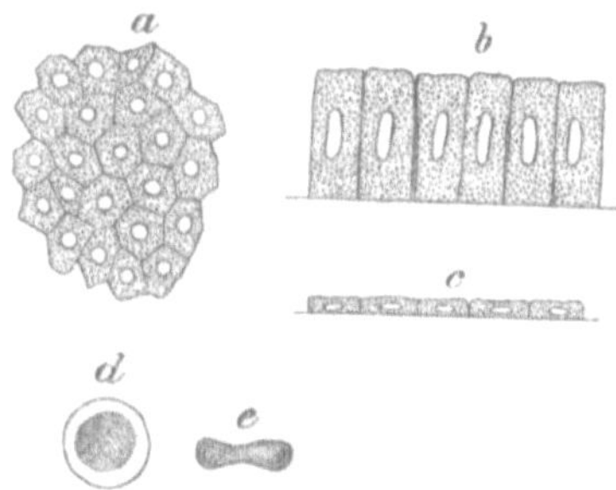

Fig. 96.

a Mosaikartig zusammengefügte Zellen von der Fläche gesehen, b u. c dieselben von der Kante, d rothes Blutkörperchen des Menschen von der Fläche, e dasselbe von der Kante.

Noch schwieriger als die Erkennung der äußeren Form mikroskopischer Objecte ist jedoch die der inneren Beschaffenheit derselben. Entspricht eine Zeichnung einer Erhabenheit oder einer Vertiefung des Präparates, ist ein kugeliges Gebilde solide, oder ein hohles Bläschen, ist ein mikroskopischer Cylinder eine Röhre oder ein fester Stab; entspricht ein Kreiscontur einem Loch oder einem eingelagerten festen Körper! Dies sind Fragen, welche bei der mikroskopischen Arbeit täglich vorkommen. Sie durch bloße Beobachtung zu entscheiden, ist in den kritischen Fällen, das heißt bei starken Vergrößerungen, oft genug unmöglich und man muß zu künstlichen Hilfsmitteln, wie Färbung, Injection und dergleichen seine Zuflucht nehmen. Bei etwas gröberen Structurverhältnissen, bei günstiger Lage und günstigem Lichte genügt allerdings schon eine recht sorgfältig regulirte Einstellung, um zur nöthigen Klarheit zu gelangen.

Zuletzt muß noch zweier Fehlerquellen gedacht werden, welche uns Linien vortäuschen, die nicht in der natürlichen Beschaffenheit des Präparates liegen, sondern deren eine rein optischer, die andre rein mechanischer Natur ist. Die erste ist die Strahlenbrechung, welche durch Diffraction und Interferenz hervorgerufen wird. Durch die mehrfachen Ablenkungen, welche die Lichtstrahlen erfahren, ehe sie vom Spiegel aus durch das Object und an demselben vorbei bis ins Auge gelangen, entstehen Lichtsäume, welche von dunklen Linien eingefaßt werden. An den beiden Luftblasen d in Fig. 91 sind dergleichen Diffractionsringe abgebildet. Ein Ungeübter könnte nun leicht einen solchen Ring etwa für den optischen Ausdruck eines Häutchens, welches das beobachtete Gebilde umgibt, halten. Doch zeigen sie stets ein so charakteristisches Aussehen, daß man sie schon beim ersten Sehen als optisches Phänomen deuten wird; denn ganz unerfahren in mikroskopischen Dingen kann der nicht sein, welchem die Diffractionslinien auffallen. Bei höheren Graden der Ablenkung treten sogar in den Farben des Spectrums erscheinende Interferenzbilder auf, welche jedoch nur bei dem Gebrauch eines sehr intensiven Lichtes, wie es eine helle Lampe oder die Sonne bietet, entstehen. Zweckmäßig geänderte Spiegelstellung entfernt diese lästigen Erscheinungen und löst auch jeden Zweifel, der vielleicht über einzelne Diffractionsbilder geblieben ist. Wie die schwarz erscheinende Luft, so kann man auch die Interferenzerscheinung in einzelnen Fällen mit Vortheil für die Erkennung von Structurverhältnissen verwerthen. In kleineren Löchern, z. B. der elastischen Haut der Arterien, entsteht nämlich durch Interferenz stets ein blaß rosafarbener Ton, welcher so charakteristisch ist, daß man daran solche Löcher stets in ihrer wahren Natur erkennen kann. Werden die Praktiker erst auf diese Eigenthümlichkeit aufmerksam, was bis jetzt noch nicht der Fall ist, dann werden vielleicht manche Fehler vermieden werden können.

Noch leichter als diese optischen Linien sind die Täuschungslinien zu erkennen, die durch eine mechanische Mißhandlung des Präparates entstanden sind. Harte Gegenstände, welche durch Abschleifen für die mikroskopische Beobachtung vorbereitet werden, weiche Objecte, welche mit schartigen Messern geschnitten worden sind, tragen Spuren davon in der Gestalt von unregelmäßigen oder parallel verlaufenden Linien und Streifen auf der Oberfläche. Nur sehr wenige und ganz specielle Fälle gibt es, wo auch ein geübter Beobachter Zweifel über die Natur verdächtiger Linien hegt.

2. Zubereitung und Conservirung mikroskopischer Objecte.

Soeben wurde bereits erwähnt, daß in vielen Fällen die einfache Beobachtung nicht genügt, um ein Object nach allen Richtungen hin genau kennen zu lernen, sondern daß oft eingreifendere Vorbereitungen nothwendig sind, um einem solchen alle seine Geheimnisse zu entlocken. Oft genug aber ist es auch gar nicht möglich, organische Gewebe lebend unter das Mikroskop zu bringen und es ist die Aufgabe der Hilfswissenschaften der Mikroskopie, hauptsächlich der Chemie, für geeignete Methoden zu sorgen, um nicht allein die Präparate in ihrer ursprünglichen Gestalt zu erhalten, sondern sie je nach Bedarf durchsichtiger zu machen oder zu verdunkeln, fester zu machen, oder zu erweichen.

Hat man aber die Objecte in richtiger Weise hergestellt, dann gehört auch ein einfacheres oder complicirteres Handwerkszeug dazu, um sie soweit zu verkleinern, auszubreiten u. dergl. daß sie der Beobachtung unterworfen werden können.

Am allerbesten wird man natürlich thun, wenn man ein Object, sowie es dem lebenden oder eben getödteten Organismus entnommen ist, unter das Mikroskop legt. Denn jede auch noch so schonende „Behandlung" des Präparates zerstört eine große Menge der feinsten Formverhältnisse oder was noch schlimmer ist, verändert sie in verschiedenster Weise, so daß auch der einsichtvollste, nüchternste und erfahrenste Forscher oft genug groben Täuschungen unterliegt. Auf keinem Wissenschaftsgebiet macht sich die Polemik so breit wie auf dem der Mikroskopie, und während sich die eine Hälfte der Streitigkeiten um den Vorwurf dreht, der Gegner habe nicht genau genug in das Mikroskop geguckt, behandelt die ganze andere Hälfte der kleinen und großen Kämpfe das Thema, welcher der Streitenden das der Natur am ähnlichsten sehenden Präparat vor sich gehabt habe.

Gelingt es nicht, ein Präparat ganz ohne weiteren Eingriff in erschöpfender Weise zu durchforschen, dann nimmt man zu allerlei Methoden seine Zuflucht, welche in den beiden Gebieten der Pflanzen- und Thieranatomie theilweise die gleichen sind, in manchen Dingen sich jedoch nicht decken. Es mag nun zuerst ein Blick auf die mikroskopische Behandlung der Gewebe von Thier und Mensch geworfen werden, da dieselbe weit complicirter ist, als die der Pflanzen.

Am öftesten scheitert der Versuch, die Objecte ohne weitere Präparation zu untersuchen, daran, daß dieselben austrocknen: die meisten Gewebe sind nur verhältnißmäßig wenig durchfeuchtet, und halten sich, besonders in kleinen Stückchen, natürlich nur ganz kurze Zeit unversehrt. Blut freilich, oder Eiter, Samen, Speichel, Harn u. dgl. kann man stets bequem in frischem Zustande untersuchen und wird bei ihrer Betrachtung nur selten zu Reagentien greifen. Bei andren Dingen muß man für eine Flüssigkeit sorgen, die der ihnen eigenthümlichen sehr nahe steht. Dies ist aber Blut oder Serum[1]), das heißt, von den festen Körperchen, welche die Träger der rothen Farbe sind, und dem größten Theil seines Eiweiß befreites Blut. Solches Serum findet sich im thierischen Körper in mehreren Modificationen vor; als Flüssigkeit, welche den Herzbeutel und den Brust- und Bauchfellsack erfüllt, als das Wasser, welches den Embryo im Mutterleibe umspült, als das Wasser, welches in der Augenkammer befindlich ist. Man kann also von irgend einem Thier frisch sich solche Flüssigkeit verschaffen und damit das Präparat befeuchten. Besonders wird man leicht aus jedem Schlachthause ohne Kosten frische Augen beziehen können, welche die nöthige Flüssigkeit liefern. Zugesetztes Jod hütet das Serum mehrere Wochen vor dem Verderben, ohne dessen Wirkung zu ändern, weßhalb man auch solches „Jodserum" viel gebraucht.

Um ganz dem Leben analoge Bedingungen zu schaffen, benützt man ferner auch die oben erwähnte feuchte Kammer und bei warmblütigen Thieren den heizbaren Objecttisch.

---

[1]) Eigentlich die lateinische Bezeichnung für Molken.

Obwohl man schon, so lange überhaupt mikroskopirt wird, von der Ueberzeugung durchdrungen war, daß die Beobachtung unter Umständen, welche dem Leben möglichst nahe kommen, allen anderen Methoden vorgezogen werden muß, so ist es doch eigentlich erst das Verdienst der letzten Jahrzehnte dieses Ei des Columbus aufrecht gestellt zu haben. Denn noch im Anfang unseres Jahrhunderts hielt man allgemein auch das Wasser für ein gänzlich unschuldiges und indifferentes Befeuchtungsmittel, was aber eine

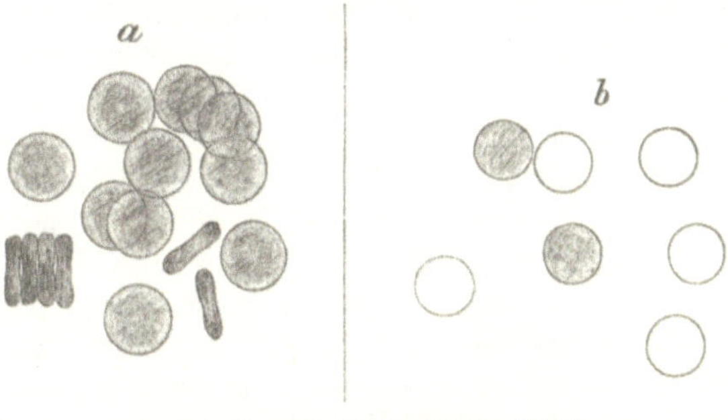

Fig. 97. Körperchen des menschlichen Blutes.

a Frisch ohne jeden Zusatz, b aus Blut, welches mit etwas Wasser gemischt ist. Zwei der Körperchen haben ihren Farbstoff noch erhalten, die übrigen sind desselben verlustig gegangen.

große Täuschung genannt werden muß, denn dasselbe macht die meisten lebenden Gewebe bis zur Unkenntlichkeit quellen, und übt noch andre Wirkungen aus, welche durchaus nicht geeignet sind, ein naturgetreues Bild des Objectes zu geben. In Fig. 97 ist, als ein Beispiel für diese Wirkung des reinen Wassers, menschliches Blut abgebildet. Die gelbroth gefärbten platten Körperchen, welche in demselben suspendirt sind (a), quellen zu runden Kugeln (b), welche außerdem ihren Farbstoff verlieren und sich nun am besten mit den farblos-gallertartigen Körnern gequollenen Sago's vergleichen lassen.

Trotzdem aber, daß man heute in dem Serum ein so vortreffliches Befeuchtungsmittel hat, ist doch die mikroskopische Untersuchung frischer thierischer Gewebe noch auf ein sehr bescheidenes Maaß eingeschränkt, da man an solchen bei weitem nicht alles sieht, was wirklich in ihnen enthalten ist. Indem nämlich auch schon während des Lebens sämmtliche Organe so vollständig von Serum durchdrungen sind, wie ein vollgesaugter Schwamm, werden alle Conturen durch dasselbe überdeckt. Das Lichtbrechungsvermögen der meisten Gewebstheile ist ganz das gleiche, macht für unser Auge also keinen Unterschied und die verschiedensten Fasern, Zellen, Häutchen und dergleichen können eine matt durchscheinende helle Masse bilden, in welcher einige verschwommene Linien kaum ahnen lassen, was alles unter der gleichmäßigen Decke des Serums enthalten ist.

Die Mikroskopie mußte deßhalb auf Mittel sinnen, durch irgend welche Einwirkungen verborgene Conturen deutlich zu machen. Am besten würde man nun thun, das Eiweiß, welches reichlich in den meisten Theilen des Thierkörpers enthalten ist, gerinnen zu machen. Denn dadurch verliert es bedeutend an Durchsichtigkeit, wird also die vorhandenen Conturen leicht zeigen.

Man kann dies z. B. durch Alkohol recht gut erreichen. Aber auch unzählige andre Mittel gibt es, welche die gleiche oder eine ähnliche Wirkung ausüben. Doch kommt man meistens mit einer solchen Manipulation aus dem Regen in die Traufe, denn was vorher zu durchsichtig war, wird jetzt zu dunkel und es ist nichts erreicht; deßhalb hilft man sich bei frischen Präparaten oder auch bei solchen mit coagulirtem Eiweiß dadurch, daß man Reagentien anwendet, welche nicht gleichmäßig auf alle Organtheile einwirken, sondern die bei Erhaltung gewisser Theile andre zerstören. Aus einigen sogleich folgenden Beispielen wird sich dies erklären.

Das einfachste dieser verschieden wirkenden Reagentien ist das kochende Wasser. Dasselbe hat die Eigenschaft, das Bindegewebe, welches allenthalben im Körper vorkommt, in homogenen Leim umzuwandeln, gegen welchen sich nun die eingeschlossenen Gewebstheile weit schärfer abheben, als gegen das unveränderte Bindegewebe.

In anderer Weise wirken Säuren und Alkalien. Von den ersteren werden die starken Mineralsäuren nur zu bestimmten Zwecken gebraucht, während die schwächeren organischen Säuren, wie die Weinsteinsäure, Citronensäure, Essigsäure eine ausgedehnte Anwendung finden. Auch sie

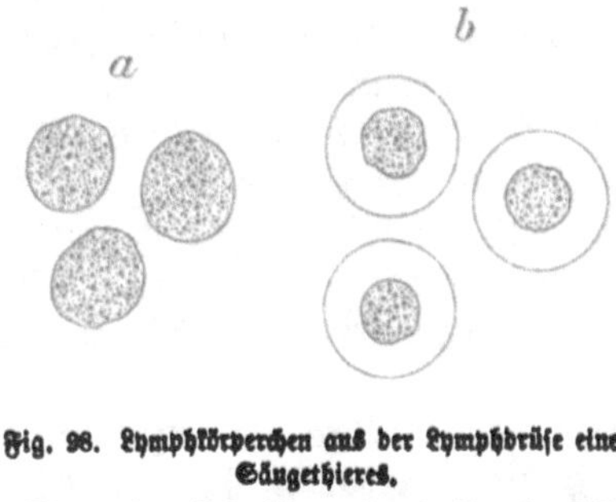

Fig. 98. Lymphkörperchen aus der Lymphdrüse eines Säugethieres.

a Ohne weitere Behandlung, b mit schwacher Essigsäure behandelt.

machen das Bindegewebe quellen, wodurch es gallertartig durchsichtig wird. Zugleich aber haben sie die sehr wichtige und schätzenswerthe Eigenschaft, auch das Eiweiß des

Zellinhaltes in gleicher Weise zu verändern, während der Kern nicht allein nicht quillt, sondern sogar dunkler und schärfer conturirt wird. In Fig. 98 a auf der vorigen Seite sind einige Zellen dargestellt, wie sie sich als Lymphkörperchen in den Lymphdrüsen des Menschen und vieler Thiere und als weiße Blutkörperchen im Blute derselben vorfinden. Sie sind mattglänzende Gebilde mit einer mehr oder weniger deutlichen Granulirung versehen, in welchen keine Spur eines Kernes sichtbar ist, derselbe versteckt sich unter dem Protoplasma der Zelle. Die zweite Abbildung b stellt dieselben Körperchen dar, nach Zusatz schwacher[1]) Essigsäure. Das eigentliche Zellprotoplasma ist so gequollen, daß man Mühe hat, den Grenzcontur zu sehen. In der Mitte dagegen ist nun ein scharf conturirter dunkelgranulirter Kern von rundlicher Form zum Vorschein gekommen.

Während also das Kochen nur das Bindegewebe wegnimmt, die genannten Säuren auch das Zellprotoplasma durchsichtig machen, erstreckt sich die Wirkung der Alkalien, von welchen man hauptsächlich verdünnte Natron- und Kalilauge verwendet, auch auf den Kern. Es bleiben jetzt also nur noch verhältnißmäßig wenig Gewebe zurück, wie elastische Fasern, Nerven und dergleichen, welche sich natürlich in dem gallertig gewordenen Präparat sehr bequem verfolgen lassen.

Das mehrfach erwähnte Bindegewebe wird aber lediglich durch die erstgenannte Procedur, das Kochen, gänzlich zerstört. Säuren und Alkalien machen es nur

---

[1]) Sowohl Säuren wie Alkalien üben ihre specifische Wirkung nur in der Verdünnung aus. In starker Concentration wirken sie einfach wasserentziehend, schrumpfend.

durchsichtig, die eigentliche Desorganisation betrifft hier blos das Protoplasma, resp. die ganzen Zellen. Entfernt man die Reagentien, dann erscheint auch das Bindegewebe wieder in alter Form. Wie man davon Gebrauch macht, dies mag die Figur 99 veranschaulichen. In a ist ein Stückchen Lymphdrüse abgebildet, wie man es ohne Behandlung findet. Ein Körperchen liegt am andern, ohne einen nennenswerthen Raum zwischen sich zu lassen. Nur selten zeigt sich ein Fäserchen zwischen ihnen. Behandelt man aber das Präparat mit verdünnter Kalilauge, dann werden alle Zellen zerstört. Schafft man nachher die Lauge wieder durch Auswaschen weg, dann erhält man das zarte und zierliche Bindegewebegerüst, wie es in b gezeichnet ist.

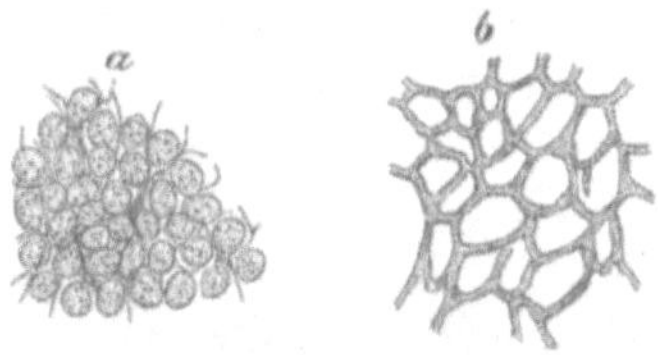

Fig. 99. Schnitt durch die Substanz einer in Weingeist gehärteten Lymphdrüse.
a Ohne weitere Behandlung, b mit Kali behandelt und in Wasser ausgewaschen.

Will man das Fett beseitigen, dann greift man zu starkem Alkohol, Aether, Benzin und Chloroform und so sucht man eben in mannigfaltigster Weise unnöthige und störende Bestandtheile des Präparates unter Schonung der wichtigen zu entfernen.

Eine solche theilweise Zerstörung nimmt man auch oft vor, um Zellen oder andere Gewebstheile zu isoliren, denn es ist ja klar, daß man einen Gegenstand um so deutlicher erkennt, je freier von maskirendem Beiwerk man ihn hat.

Viele Gewebe sind in ihren einzelnen Elementen durch

16*

eine organische Kittsubstanz verbunden, welche durch gewisse Reagentien zerstört wird, so daß dann die Elementartheile frei in der Flüssigkeit herumschwimmen. So kann man die Fasern des Bindegewebes durch Kalkwasser isoliren, eine Menge von Epithelien, wie sie in Fig. 96 abgebildet sind, werden durch schwache Chromsäuremischungen in einzelne Zellen zerlegt. Die Kanäle der Niere kann man durch Salzsäure von einander trennen, selbst die feste Hornsubstanz der Nägel kann durch Aetzkali in die einzelnen Zellen, aus denen sie sich aufbaut, gelöst werden, ja man hat sogar Mittel gefunden, die Elemente des Zahnes einzeln darzustellen.

Wenn auch nicht in der Isolirung, so doch in der Wirkung überhaupt, schließen sich an die genannten Reagentien diejenigen an, welche die Kalksalze des Knochens entfernen, und denselben dadurch weich, biegsam und schneidbar machen. Die Salzsäure steht unter denselben obenan.

Noch öfter fast, als die Nothwendigkeit einer Erweichung, Trennung und Maceration der Gewebe ist aber für die unter dem Mikroskope zu betrachtenden Gegenstände eine Erhärtung, welche vorgenommen wird, um feinste Schnitte zu machen, dazu bestimmt, die gegenseitige Lage der Theile eines Objectes zu zeigen. Derjenige Härtegrad, welcher allein geeignet ist, die Anfertigung feinster Schnitte zu ermöglichen, ist etwa der des Knorpels. Im ganzen Körper ist es ja aber eben nur der Knorpel der diese Härte besitzt, fast alle anderen Organe sind weicher meist bedeutend weicher.

Die einfachste und schonendste Härtungsmethode, welche man kennt, ist das Gefrierenlassen. Hierbei bleiben die Gewebe absolut ebenso, wie im Leben, wofür erst vor

Kurzem der schlagende Beweis gegeben worden ist. Zwei Gelehrte haben nämlich das Gehirn von Fröschen bloßgelegt, zum Gefrieren gebracht, einige mikroskopische Schnitte davon gemacht und dann wieder aufthauen lassen. Nachdem der Rest des Gehirns wieder weich geworden war, lebte auch der Frosch wieder auf, was gewiß Beweis genug ist, daß das wieder funktionsfähige Gehirn durch das Gefrieren in Nichts verändert worden war. Freilich möchte ich einem warmblütigen Thier ein solches Experiment nicht empfehlen, es möchte ihm schlechter bekommen, als dem von kaltem Blute durchströmten Amphibium. Die nöthige Kälte für das Gefrierenlassen von Geweben läßt sich jeder Zeit durch eine Mischung von Eis und Salz herstellen. Da jedoch diese Methode an denselben Mängeln leidet, wie die Untersuchung ganz ohne Behandlung, so hat sie auch nur eine beschränkte Bedeutung.

Beruht die beschriebene Methode auf einer Krystallisation des Wassers, so beruhen andre Härtungsmethoden auf der gänzlichen Fortschaffung desselben. Die eine besteht einfach darin, daß man die Gewebe an der Luft trocknet. Beim Gebrauch wird von solchen Objecten, welche sich Jahre lang halten, ein kleines, dünnes Scheibchen abgeschnitten und in Wasser wieder aufgeweicht. Manche Gewebe eignen sich ganz gut zu einer solchen Behandlung andre aber finden entweder schon Zeit, sich zur Unkenntlichkeit zu verändern, bis sie trocken sind, oder sie thun dies, wenn man sie aufweicht.

Weit allgemeiner ist die zweite Art der Wasserentziehung im Gebrauch, die durch die Einwirkung wasserfreien Alkohols vorgenommen wird. Derselbe entzieht nämlich allen Stoffen, mit denen er in Berührung kommt, das Wasser, und trocknet sie auf diese Art feucht, wenn es erlaubt ist einen solchen paradoxen Ausdruck zu gebrauchen. Auch er macht die Gewebe schnittfähig, auch bewahrt meist die Formen besser, als das Trocknen an der Luft. Oft aber geschieht die Wasserentziehung nicht ganz gleichmäßig, so daß auch die Gewebstheile nicht gleichmäßig schrumpfen und dann entstehen Formen, welche nur schwierig eine Deutung auf den ursprünglichen Zustand zulassen. — Wie eine ungleichmäßige Austrocknung wirkt, kann man an der holperigen Oberfläche jeder gedörrten Pflaume genugsam studiren!

Es konnten die Trocknungsmethoden deßhalb nicht immer befriedigen und besonders die neuere Mikroskopie verlangte nach Mitteln, welche ohne Schrumpfung härteten. Man fand dieselben in denjenigen Reagentien, welche mit dem Eiweiße feste und unlösliche Verbindungen eingehen. Es ist dies eine Reihe von Metallen, deren chemische Verbindungen man zu diesen Zwecken verwerthet. Vor allem ist das Chrom zu nennen. Die Chromsäure, das chromsaure Kali, das chromsaure Ammoniak sind Stoffe, welche in den verschiedensten Verdünnungen und in den verschiedensten Combinationen als Härtungsmittel benützt werden. Bei richtiger Behandlung werden viele Präparate außerordentlich schön und lassen einen vortrefflichen Einblick in ihren innern Bau thun.

Neben diesen hat man in neuerer Zeit die Wirkungen einer Reihe von edlen Metallen kennen und schätzen gelernt, welche in der Erhaltung organischer Gewebe ganz Vorzügliches leisten. Es ist dies das Osmium, das Palladium, Platin und Gold. Ersteres wird als Säure, die übrigen als Chloride in Anwendung gebracht. Sie haben eine ganze Reihe verschiedener Gewebe erst wirklich kennen gelehrt und besonders sind es die Verhältnisse der feinsten

Nerven, welche mit ihrer Hilfe aufgedeckt wurden. Die Fig. 100 mag davon einen Beweis geben. In a ist die Abbildung der menschlichen Netzhaut gegeben, wie sie im Jahre 1845 von Brücke dargestellt wurde. Derselbe besah sie nur frisch, ohne Zusatz. Im Jahre 1856 zeichnet H. Müller

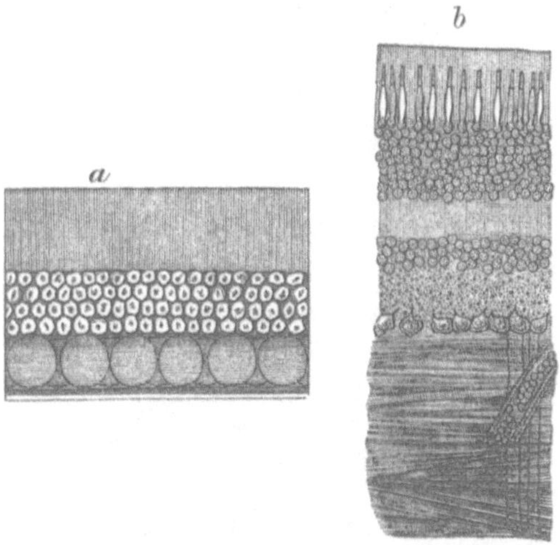

Fig. 100. Abbildungen von Durchschnitten der menschlichen Netzhaut aus verschiedenen Jahren.

a Nach Brücke 1845, b nach Müller 1856, c nach M. Schultze s. pag. 248.

dasselbe Organ nach Präparaten aus chromsaurem Kali so, wie es in b wiedergegeben ist, und c auf der folgenden Seite gibt die Copie der Abbildung M. Schulze's, welche derselbe 1872 nach Anwendung der Osmiumsäure entwarf. Bei Brücke hat man noch kaum einen annähernden Begriff der vielen aufeinanderfolgenden Schichten, welche die Netzhaut zusammensetzen. H. Müller kommt der Lösung schon näher, doch ist auch hier noch so manches verschwommen und unrichtig aufgefaßt und erst der Anwendung des Osmiums

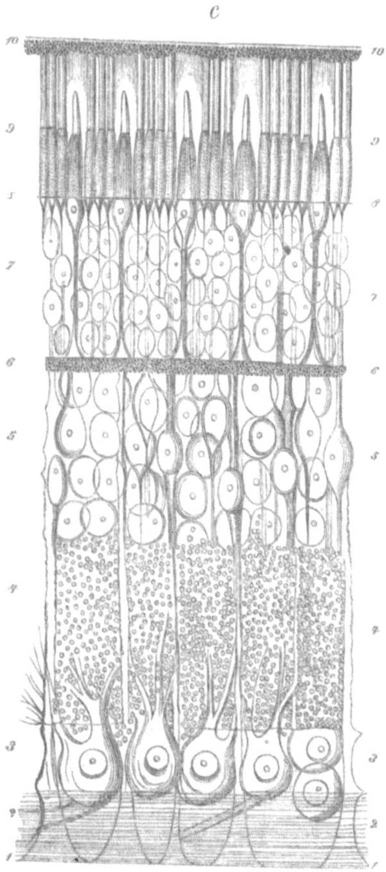

Fig. 100 c. Nach M. Schultze 1872.

war es vorbehalten, die Schichten scharf von einander zu trennen und ihren Zusammenhang kennen zu lehren.

Außer der Conservirung der einzelnen Structurelemente haben die betreffenden Metallverbindungen noch die sehr angenehme Wirkung, manche organische Substanzen zu färben. So werden einzelne Theile (Fett) durch Osmiumsäure tief schwarz, andre (Muskeln) durch Palladium braun oder gelb, eine ganze Reihe von Elementen nimmt durch Gold eine rothe oder violette Färbung an, und Chromsäure färbt gelb in verschiedenen Nüancen.

Die Färbung der Präparate wurde jedoch nicht erst durch die Wirkung der genannten Metalle als vorzügliches Untersuchungsmittel erkannt, sondern schon seit längerer Zeit weiß man deren Werth zu schätzen. Man bedient sich deßhalb auch verschiedener animalischer, vegetabilischer, mineralischer und chemischer Farbstoffe, um eine markantere Unterscheidung zu ermöglichen. Die Wirkung ist häufig eine der Essigsäure nicht ganz unähnliche, indem besonders die Zellkerne den Farbstoff begierig aufnehmen, jedoch färben sich auch eine Reihe anderer Substanzen wie das Zellprotoplasma, einzelne nervöse Theile, Glashäute u. s. w., je nachdem man die Mischung oder die Art des Farbstoffes wählt.

Die Wichtigkeit der Färbungsmethoden wurde zuerst von Gerlach 1858 erkannt. Damals entdeckte er, daß das Karmin durch Imbibition (Einsaugung) in die Zellkerne aufgenommen wird. Seitdem hat man noch eine ganze Reihe andrer Färbeflüssigkeiten eingeführt, wie das Indigcarmin, das Anilinroth und Anilinblau, das Molybdän und zuletzt das vortrefflich wirkende Blauholz. Aus der Nennung dieser Färbemittel geht hervor, daß man verschiedene Nüancen in Roth, Blau und Violett erzielt.

Indem man diese Farben erst einwirken läßt, wenn eine Behandlung mit den oben erwähnten gelb färbenden Metallverbindungen, dem Palladium, Platin, ferner auch der Pikrinsäure vorausgegangen ist, oder auch indem man sie nacheinander gebraucht, erhält man sogenannte Doppelfärbungen, gelb und roth oder gelb und lila, welche einzelne Verhältnisse ganz vorzüglich zu zeigen im Stande sind und besonders für Unterrichtszwecke eine ausgedehnte Anwendung finden.

Die Application der Farbstoffe ist eine sehr einfache. Man legt die Stücke, welche man färben will in eine genügende Menge der passenden Farbstofflösung und wäscht mit Wasser ab, wenn die Einwirkung genügt.

Noch einer Färbungsmethode muß gedacht werden, welche in neuerer Zeit sehr schätzenswerthe Aufschlüsse über die Verbreitung von Zellen gegeben hat, es ist dies die Behandlung mit salpetersaurem Silber (Höllenstein). Dasselbe hat die Eigenschaft bei richtiger Anwendung schwarze Niederschläge auf den Gränzen der Zellen hervorzurufen, so daß sie wie mit dem Stifte gezeichnet erscheinen. Man hat dadurch eine Reihe von Geweben erst in ihrer Zusammensetzung richtig erkennen gelernt. So wurden z. B. die feinsten Blutgefäße, die Capillaren, früher als Röhren beschrieben, die aus einer gänzlich structurlosen Haut bestehen, welche mit Kernen ausgestattet ist. Die Abbildungen wurden auch demgemäß entworfen (Fig. 101 a). Jetzt aber, wo man mit Silber behandelt, weiß man, daß sich die Capillaren aus langgestreckten platten Zellen zusammensetzen, welche nach der Fläche des Rohres gekrümmt sind (Fig. 101 b).

An die Färbung durch Imbibition, schließt sich auf's engste die durch Injection (Einspritzung) an, oder ist derselben vielmehr vorausgegangen. Die Erfindung der Gefäßinjection mit erstarrenden farbigen Massen, rührt ja

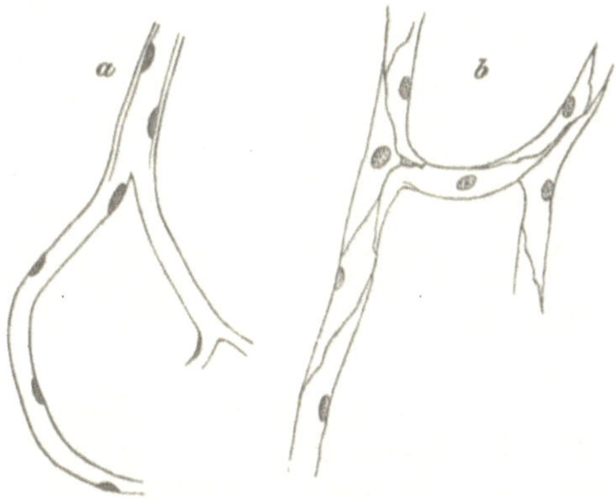

Fig. 101. Capillargefäße.
a Nach den früheren Abbildungen, b nach Einwirkung von Höllenstein.

von Swammerdam und Ruysch her. Dieselben benützten in flüssigem Wachs und Talg feinvertheilte körnige Farbstoffe, hauptsächlich Zinnober, um die Gefäße zu erfüllen. Für damalige Zwecke war eine solche Methode auch sehr praktisch, da man fast stets mit auffallendem Lichte beobachtete. Bei durchfallendem Lichte aber sehen die Körnchen des ungelösten Farbstoffes schwarz aus, da sie undurchsichtig sind. Je vollständiger also ein Präparat mit solchen Massen injicirt ist, um so weniger sieht man davon.

Trotz dieser mißlichen Zustände kam man jedoch bis zur Mitte unseres Jahrhunderts nicht dahin, eine andere Injectionsmasse, als eine solche körnige, in Wachs, Harz, Talg oder Leim suspendirt, anzuwenden. Erst dem vorhin erwähnten Prof. Gerlach dankt man die Erfindung einer durchsichtigen mit Leim vermischten Karminlösung, welche unter dem Mikroskope die prachtvollsten Bilder gibt. Nach seinem Vorgang hat man noch andre durchsichtige Injectionsmassen in Blau, Gelb und Grün hergestellt, so daß nun für alle Zwecke bestens gesorgt ist. — Um die bei Anwendung von Leim nöthige Erwärmung des Präparates zu ersparen, werden in letzterer Zeit auch vielfach in Wasser suspendirte durchsichtige Farbstoffe (kaltflüssiges Berliner Blau) mit bestem Erfolge benützt.

Die Injectionen werden für gewöhnlich mit kleineren oder größeren Spritzen bewerkstelligt, welche natürlich sehr genau gearbeitet sein müssen. Auf die Feinheit und Güte der Canülen, (Ansatzrohre), deren jede Spritze mehrere hat, wird großes Gewicht gelegt. Entweder sind sie stumpf und werden dann in das angeschnittene Gefäß, welches injicirt werden soll, eingebunden, oder es ist ihnen eine feine Spitze angeschliffen, mittelst deren man in das Gewebe einsticht. Bei den feinen Injectionsversuchen der neueren Zeit hat man sich oft genöthigt gesehen, unter lang anhaltendem und sehr gleichmäßigem (sog. „constantem“) Drucke zu injiciren. Hierzu reicht die Spritze nicht mehr aus, sondern es muß ein Injectionsapparat angewandt werden. Derselbe beruht auf demselben Princip, wie jedes Hochreservoir, und jeder Wasserthurm; hier erzielt man ja dadurch, daß das Wasser von einer bestimmten Höhe aus in ein Canalsystem eingepreßt wird, die gewünschte Weiterbeförderung.

Die einfachsten Injectionsapparate bestehen aus einem Blechcylinder, aus dessen Boden ein Kautschukschlauch abgeht, welcher die Canüle trägt. Indem man den Blechcylinder, der die Injectionsmasse enthält, in verschiedener

Höhe aufhängt, wird der nöthige Druck erzielt. Sehr oft macht man auch von der Thatsache Gebrauch, daß der Druck einer größeren Wassersäule durch den einer kleinen Quecksilbersäule ersetzt werden kann. In Fig. 102 ist ein

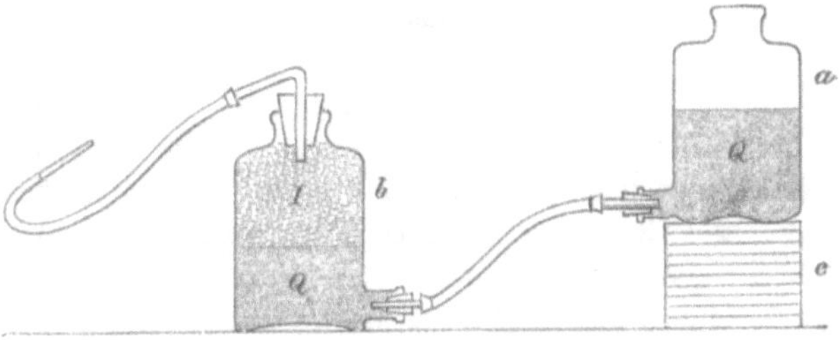

Fig. 102. Quecksilber-Injectionsapparat.
Erklärung der Bezeichnungen siehe im Text.

solcher Quecksilber-Injectionsapparat dargestellt, der mit großer Einfachheit eine ebenso große Brauchbarkeit verbindet. Derselbe besteht aus zwei Flaschen in der abgebildeten Form. Die eine a enthält das Quecksilber Q, mittelst dessen der Druck ausgeübt wird. Durch untergelegte gleich dicke Brettchen (c) kann man dieselbe beliebig hochstellen. Mittelst eines Kautschukrohres ist diese Flasche mit einer zweiten verbunden. In dieser befindet sich die Injectionsflüssigkeit (I). Dadurch, daß das Quecksilber aus a nach b hinfließt, wird in b die Injectionsmasse gehoben und in den Schlauch gepreßt, dessen Ende die Canüle trägt.

Lufthaltige Canäle z. B. die Tracheen der Insecten (auch lufthaltige Pflanzentheile) injicirt man mit der Luftpumpe. Das zu füllende Object wird in die Injectionsflüssigkeit gelegt, und unter den Recipienten gebracht. An Stelle der entweichenden Luft tritt dann die Injectionsmasse.

Soweit von der Thieranatomie.

Was die Pflanzenanatomie anlangt, so werden ganz ebenso Härtungs- und Erweichungsmethoden angewandt, wie dort. Vom Trocknen macht man einen ausgedehnten Gebrauch, als Erweichungsflüssigkeiten sind besonders Aetzalkalien und reines Wasser zu nennen. Viele botanische Untersuchungen werden erleichtert durch die vortrefflichen specifischen Reagentien, welche für Pflanzengewebe besonders für Cellulose vorhanden sind. Jod-Schwefelsäure-, Chlorzinkjodlösung, Kupferoxydammoniak werden zur Erkennung derselben vor Allem gebraucht. Von den in der Thieranatomie weniger verwendeten starken Mineralsäuren kann der Botaniker mehr Gebrauch machen. Färbung und Injection unterscheiden sich in ihrer Anwendung nicht von der thierischen Anatomie. —

Um die Behandlung mit Reagentien und mit Farbstoffen zu machen, sowie um Objecte, an denen man augenblicklich arbeitet, bei der Hand zu haben, bedient sich der mikroskopische Arbeiter der Uhrgläser, in deren Höhlung Platz genug für die nöthige Flüssigkeit ist.

Will man ein Präparat zur mikroskopischen Beobachtung zurecht machen, dann braucht man zu den ersten Manipulationen das gewöhnliche anatomische Handwerkszeug, das anatomische Messer, Scalpell genannt, einige gröbere und feinere anatomische Scheeren und ebenso verschiedene Pincetten, diese für alle naturwissenschaftlichen Präparationen so nöthigen Zängelchen. Soll ein Präparat durch die Methode des Zerfaserns zerkleinert werden, dann wird ein passendes Stückchen mit zwei in stiftförmige Stiele eingesetzten Nadeln in einem Tröpfchen Flüssigkeit auf dem Objectträger zerrissen. Sucht man dagegen die zur Durchsichtigkeit der Objecte nöthige Dünne durch Schneiden zu erreichen, dann bedient man sich für gewöhnlich der hohlgeschliffenen Rasirmesser. Dieselben können den allerfeinsten Schliff erhalten und liegen sehr bequem in der Hand. Trotzdem aber ist die Kunst, einen feinen und gleichmäßigen Schnitt zu machen, eine nicht ganz leichte, welche ein ungeschickter Mensch nur sehr schwer lernen kann. Man hat deßhalb auch mancherlei Schneidemaschinen erfunden, welche entweder nach dem Princip der Guillotine, nach dem des Gurkenhobels, oder nach dem der Wurzelschneidmaschine construirt sind. Doch haben sämmtliche Praktiker längst erkannt, daß alle dergleichen Vorrichtungen doch das gewöhnliche Rasirmesser niemals erreichen können, welches für den Geübten gleich sicher wie eine Maschine und doch so sehr viel freier in der Handhabung ist. Zum Schneiden wird das Messer mit Wasser oder Weingeist befeuchtet, um ein Antrocknen und Festkleben der Schnitte zu verhindern. Der fertige Schnitt wird mit einigen Tropfen Wasser von der Klinge gespült und dann schonend ausgebreitet.

Drei Hindernisse können sich aber der Ausführung eines guten Schnittes in den Weg legen. Erstens kann das Präparat zu weich, zweitens kann es zu hart und drittens kann es zu klein oder zu ungünstig geformt sein, um in freier Hand gehalten zu werden.

Ist das Präparat zu weich, dann kann man in bestimmten Fällen von dem in Fig. 103 dargestellten Doppelmesser Gebrauch machen. Die beiden Klingen desselben können einander durch Stellung der Schraube a so sehr genähert werden, daß sie wie in d zueinanderstehen. Befeuchtet man nun das Messer und macht einen schnellen sichern Zug durch das zu schneidende Gewebe, z. B. durch frische Haut, dann wird man gewöhnlich ein brauchbares Präparat zwischen den Klingen finden. Ist aber das Präparat für das Doppelmesser nicht geeignet, dann macht man es dadurch schneidbar, daß man es in irgend eine dem Objecte nicht schädliche erstarrende Masse eingießt, etwa in Paraffin, oder in eine Mischung von Wachs und Oel, oder in eine dicke Gummilösung oder in Transparentseife. Diese Massen durchdringen das Object so, daß es sich nun leicht und bequem schneiden läßt. Zu demselben Hilfsmittel greift man, wenn die Präparate zu klein oder zu schlecht für die Handhabung geformt sind. Doch kann man hierbei oft von dem viel bequemeren Auskunftsmittel Gebrauch machen, daß man das Object zwischen zwei Stückchen Kork oder noch besser Hollundermark einklemmt, welche dann beim Schneiden des Präparates mitgeschnitten werden.

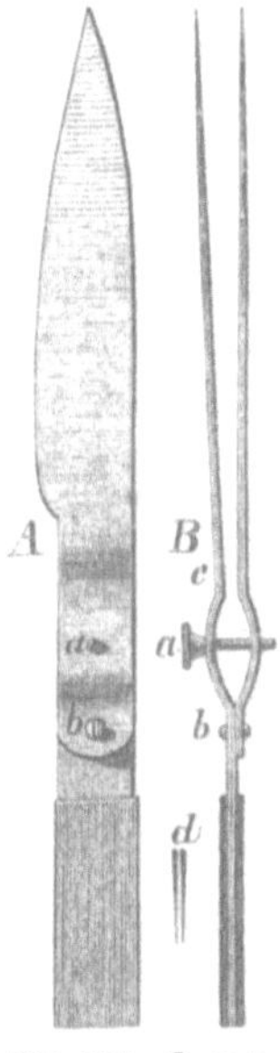

Fig. 103. Doppelmesser Harting's. (Nach Dippel.) A von der Fläche, B von der Rückseite aus gesehen. Bezeichn. s. Text.

Ist der Gegenstand zu hart für das Rasirmesser, dann greift man zu einem Messer mit derberer Schneide. Ist es überhaupt zu hart, um geschnitten zu werden, (Knochen, festes Holz), dann muß man feine Sägeschnitte, auf dem Schleifstein zur nöthigen Dünne abschleifen, dieselben auf dem Abziehstein glätten, und schliesslich mit Leder oder Postpapier poliren, um sie besehen zu können.

Sind die Schnitte von Objecten gemacht, welche durch reine Wasserentziehung gehärtet waren, etwa durch Trocknen oder durch Einlegen in starken Weingeist, dann kann man mit den oben erwähnten Reagentien, den Säuren und Alkalien, noch dieselben, oder doch ähnliche Resultate erzielen, als wären die Präparate frisch. Hat man es jedoch mit Präparaten zu thun, welche eine chemische Umsetzung des Eiweißes in unlösliche Chrom-, Osmium-, Platinverbindungen u. s. w. erfahren haben, dann wirken die genannten Reagentien nicht mehr und man kann nur noch durch Färbung einzelne Theile hervorheben. Ist es nöthig, aus einem solchen Präparate störende Zellen wegzuschaffen, wie z. B. in Fig. 99, dann entfernt man sie mechanisch, entweder dadurch, daß man mit einem Malerpinsel betupft, oder daß man das Object in einem Probirröhrchen mit Wasser schüttelt, wodurch die verdeckenden Zellen ausfallen.

Auch solche Präparate, welche in Härtungs- oder Macerationsflüssigkeiten längere Zeit verweilt haben, können natürlich nicht trocken unter das Mikroskop gelegt werden. Bei diesen macht man nun den ausgedehntesten Gebrauch vom destillirten Wasser, da man hier nicht mehr wie bei frischen Präparaten eine zerstörende Einwirkung zu fürchten hat. Mittelst eines Glasstabes oder eines kleinen Tropfröhrchens bringt man ein passendes Tröpfchen, dessen Größe man schnell abzumessen lernt, auf den Objectträger. Sind die Präparate aber trotz der feinsten Schnitte zu undurchsichtig, dann sind andere Zusatzflüssigkeiten vorhanden, welche vermöge ihres hohen Brechungsindex dieselben soweit aufhellen, daß sie bequem durchmustert werden können. Unter diesen steht das jetzt so viel gebrauchte Glycerin oben an. Dasselbe hat einen Index von 1,475 gegen 1,336 des Wassers, und macht schon bedeutend durchsichtig. Noch weit mehr wirkt aber der Canadabalsam mit einem Index von 1,535—1,540. Da sich jedoch der letztere nicht mit Wasser mischt, müssen die Präparate erst durch absoluten Alkohol von Wasser befreit werden, ehe man sie in denselben einlegt[1]).

Die beiden Aufhellungsmittel, Glycerin und Canadabalsam eignen sich auch vortrefflich dazu, fertige Präparate zu conserviren. Denn während das Wasser verdunstet, wodurch also die Präparate bei jeder Unvorsichtigkeit dem Verderben ausgesetzt sind, hat das Glycerin diese lästige Eigenschaft nicht, weßhalb man Präparate Jahrelang in demselben ohne Gefahr liegen lassen kann. Um das Deckgläschen zu befestigen, und um eine bequeme Reinigung desselben zu ermöglichen, bringt man einen Verschluß an, wie er in Figur 104 a von oben, b im Durchschnitt dargestellt ist. Mit Wachs oder gewöhnlichem schwarzen Asphaltlack oder irgend einem andern Lack umzieht man das Präparat so, daß die Spalte zwischen Deckgläschen und Objectträger hermetisch verschlossen wird (x). Nun klebt man mit Papier überzogenen Pappdeckel auf beide Seiten des Objectträgers, welche als Schutzleisten und zugleich als Etiquetten dienen und das Präparat ist zur Einstellung in eine beliebige Sammlung fertig. Mit Canadabalsam ist die Sache noch einfacher. Er trocknet in kurzer Zeit

[1]) Gewöhnlich unterwirft man die aus dem Alkohol herausgenommenen Präparate der Sicherheit wegen noch einer kurzen Behandlung mit einem aufhellenden Oele, wie Nelken- oder Anisöl.

so aus, daß das Präparat in eine feste glasartige Masse eingeschlossen erscheint, welche eines weiteren Schutzes nicht bedarf.

Statt der beiden genannten Universaleinschlußflüssigkeiten hat man für bestimmte Zwecke noch andere in Vor-

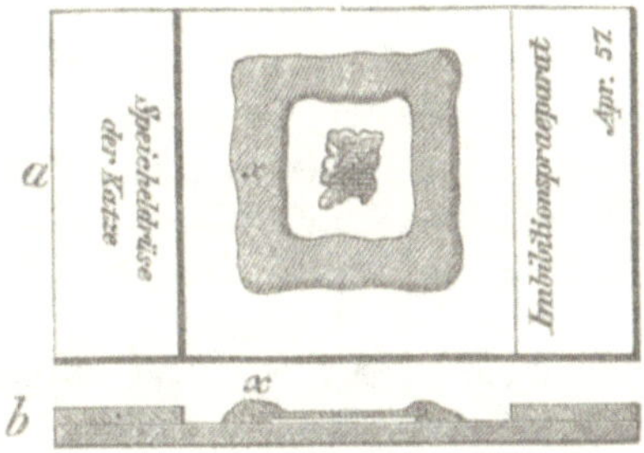

Fig. 104.

Fertiges mikroskopisches Präparat, a von oben, b im Durchschnitte dargestellt.

schlag gebracht. Als wässerige Einschlußflüssigkeiten hat man Chlorcalciumlösungen, essigsaures Kali und Gummilösungen benützt, letzteres mit Arsenik zur Vermeidung von Pilzentwickelung versetzt. Statt des Canadabalsams wird manchmal verharztes Terpentinöl oder Damarfirniß in Anwendung gebracht. Da jedoch Glycerin und Canadabalsam weitaus am bequemsten sind, haben sie sich bis heute nicht verdrängen lassen und werden auch in Zukunft das Feld behaupten.

Uebersicht man die ganze Masse der für die mikroskopische Technik vorgeschlagenen Reagentien und Nebenapparate, so ist es interessant zu sehen, wie auch hier gerade, wie auf allen Gebieten des socialen und wissenschaftlichen Lebens die Mode herrscht. Taucht ein neues Hilfsmittel auf, so kann man sicher sein, daß dasselbe von den verschiedensten Seiten fast für alle Gewebe des Körpers durchprobirt und auch gut befunden wird. Sind einige Jahre verlaufen, ist eine Reihe von Erfahrungen gemacht worden, dann hört das Reagens auf, Tagesgespräch zu sein, es hat sich für einige Dinge bewährt, bleibt ruhig für dieselben in Gebrauch, und ist unter die große Zahl wenig beachteter, bescheiden im Hintergrunde stehender Apparate aufgenommen. Dieselben erinnern oft genug an ältere Personen in subalterner Stellung. Die Sphäre, in der sie wirken, ist eine engumgrenzte, die Leistungen auf dem speciellen Felde sind oft vorzügliche, jedoch nur von Wenigen gekannt und geschätzt, und zuletzt sterben sie eines einsamen und ruhmlosen Todes. Manchmal hört dann einer der Epigonen von ihnen und bringt ihre Verdienste wieder zu Ehren. Oft auch geht es anders. Das Reagens tritt auf mit der Miene und den Prätensionen eines großen Mannes. Alles ist davon entzückt, überall ist man des Lobes voll. Plötzlich taucht ein brauchbareres Untersuchungsmittel auf; der bisher Geachtete wird zur Seite geschoben und endet ebenfalls einsam und vergessen. Im besten Falle behält das Reagens Achtung und Werth, doch wird man sich klarer über die ihm anhaftenden Fehler und theilt ihm einen nach allen Richtungen passenden Wirkungskreis zu.

Leider ist auch die so tief einschneidende Periode der Gründungen nicht an der Mikroskopie vorübergegangen. Gar manches Reagens, manches Nebeninstrument wurde „gegründet". Ebenso wie die Actienunternehmungen schossen pilzartig die neuen wissenschaftlichen Hilfsmittel in die Höhe. Künstlich aufgeputzt wurden sie dazu benützt, um in irgend einer Weise Kapital zu machen. Freilich aber konnte auch der „Krach“ nicht ausbleiben. Plötzlich sah man ein, was an den neuen Erfindungen war und sie fielen ebensotief, wie die Erfinder.

Durch solche oft gänzlich fehlschlagende Versuche die Wissenschaft zu fördern, wird natürlich eine sehr große Menge von Schriftstücken in die Welt gesetzt, welche nur Ballast für die Bibliotheken sind, und die oft genug die Unerfahrenen erschrecken und zurückscheuchen. Mit Sehnsucht warten wir deßhalb auch des Tages, an welchem diese mechanische, nur auf Technik und nicht auf wirkliche Akte des Denkens gegründete Arbeit aufhört, um wieder zu der Art unserer Heroen der dreißiger und vierziger Jahre zurückzukehren, welche mit dem einfachen Handwerkzeug, welches ihnen zu Gebote stand, das nicht viel über Essigsäure, Kali und Alkohol hinausging, Leistungen zu verzeichnen hatten, welche die meisten der heutigen an Scharfsinn der Forschung weit hinter sich zurücklassen.

Wenn ich nochmals einen Vergleich herbeiziehe, so waren die früheren Forscher so wie ein Mensch, der sich ohne Helfer im steten Kampf mit dem Leben durch eigene Kraft und frische Arbeit immer höher und höher emporarbeitet. Der jetzige Gelehrte, welchem der reiche Dienertroß der verschiedensten Hilfsmittel aufwartet, ist sehr der Versuchung ausgesetzt, seine Sclaven für sich arbeiten zu lassen. Diese aber betrügen nur allzuleicht, wenn sie sich selbst überlassen sind und nicht fortwährend einer strengen Aufsicht unterworfen bleiben.

Doch es wäre Unrecht, wenn man die guten, ja vortrefflichen Leistungen der neueren Zeit verkennen wollte, und wenn man sich gar die primitiven Zustände der mikroskopischen Hilfsmittel zurückwünschen wollte, wie sie in der Renaissancezeit unserer Wissenschaft bei Begründung der Zellentheorie waren. Es wäre dies ebenso vernünftig, als wenn man sich aus unseren Zuständen des socialen Lebens in die des sechzehnten und siebzehnten Jahrhunderts zurücksehnen wollte.

Wenn die neuere Mikroskopie nichts weiter entdeckt hätte, als die Anwendung der Chromverbindungen und des Osmiums, dann würde sie nicht umsonst gewirkt haben. So aber hat sie noch das Palladium, Platin, Gold, Silber u. a. m. entdeckt! Hier ist nicht der Platz, die Brauchbarkeit aller dieser Dinge für jeden einzelnen Fall zu prüfen und es mag sich jeder Forscher selbst das alte Sprichwort zurufen: Es ist nicht alles Gold, was glänzt.

IX. Anwendung des Mikroskopes in Wissenschaft und Handel.

Die vorstehenden Kapitel waren fast geeignet, in dem Laien die Ansicht zu erwecken, daß nur die Anatomie von dem Mikroskop mit Nutzen Gebrauch machen könne. Allein dies ist durchaus nicht der Fall und es wird deßhalb nun noch die Aufgabe übrig bleiben, dem Leser zu zeigen, daß das Mikroskop eine universelle Bedeutung hat, welche sich von Tag zu Tag vergrößert.

In erster Linie freilich wird das betrachtete Instrument stets heute noch ein Werkzeug der Anatomie der Pflanzen und Thiere genannt werden müssen. Verdankt ja auch dasselbe der Anatomie seine fortschreitende Ausbildung und Vervollkommnung. Wie aber der Laie einen weiter gehenden Nutzen des Mikroskopes nicht entdecken kann, so scheint ihm selbst für die anatomischen Disciplinen der Nutzen sehr begränzt; denn es wird ihm dünken, als ob das Mikroskop bald kein Mittel mehr sei, um neue Forschungen zu machen, sondern als ob es nur dazu diene, reproductiv die Gewebe, welche man der Reihe nach erforscht hat, dem Lernenden immer wieder vorzuführen. Wenn nun auch allerdings die Mission des Mikroskopes in der Anatomie beendet ist, sobald alle Gewebe ihrem inneren Bau nach bekannt sind, so ist doch ein solches Ziel noch lange, lange nicht erreicht. Es wird dies dem Leser nach der Lectüre des achten Kapitels gewiß glaubhaft erscheinen.

Denn durch die massenhaften Täuschungen, welche dem Beobachter feiner Structurverhältnisse drohen, wird eine fortwährende Revision der schon durchforschten Gebiete nothwendig. Jedes neue Reagens bringt wieder neue Anschauungen hervor, ja oft genug bedarf es eines solchen gar nicht, um die Meinungen zu ändern, denn oft genügt schon das Aufwerfen der Frage, ob nicht ein Theil eines Objectes, welchen man bis dahin für etwas unwesentliches gehalten hat, eine bedeutendere Rolle in der Anatomie desselben spiele, um den Umschwung der Ansichten herbeizuführen. Um davon nur ein Beispiel anzuführen, so hat man längst gewußt, daß Nerven sehr oft Einschnürungen zeigen, welche regelmäßiger oder unregelmäßiger angeordnet sind (Fig. 105). Man dachte niemals daran in diesen verschiedenen Grenzconturen etwas anderes zu sehen, als die Producte einer vor sich gehenden Leichenzerstörung der im Leben glatten und drehrunden Faser. Wenn man auch im Ganzen Recht hatte, so zeigte sich doch vor kurzer Zeit, daß eine Art dieser Einschnürungen Fig. 105 a eine ganz andere Bedeutung hat. Beachtet man sie genauer,

Fig. 105
Nervenfaser mit geronnenem Mark.

so sieht man, daß hier das geronnene Mark ganz unterbrochen ist, was an dem übrigen Theil der Nerven nicht beobachtet wird. Hier sind die Grenzen der langen stabförmigen Zellen, welche den Nerven zusammensetzen. Man hatte also diese wichtigen Einschnürungen übersehen, obwohl sie schon in der oben erwähnten allgemeinen Anatomie von Henle richtig abgebildet sind; man hatte die Nerven fälschlich für ganz homogene Röhren gehalten, während sie in Wahrheit von Strecke zu Strecke angesetzt sind. Dieses Factum hat nicht allein für die Anatomie, sondern auch für die Physiologie und für die Lehre von den Erkrankungen und Verletzungen der Nerven große Bedeutung.

Aehnliche Beispiele könnten zu Dutzenden aufgeführt werden, aus welchen ebenso wie aus dem eben erzählten hervorgeht, daß jeder Gegenstand der Anatomie, nachdem er einige Jahre scheinbar abgeschlossen geruht hat, wieder neu durchuntersucht werden muß, um durch die inzwischen geläuterten und fortgeschrittenen Anschauungen besser verstanden und richtiger beurtheilt zu werden. Dieser nicht endende Wechsel der Anschauungen über die Gegenstände der organischen Natur gibt freilich der mikroskopischen Forschung etwas Unstetes, auf den ersten Blick sogar Unbehagliches, woraus es sich auch erklärt, daß solche Leute, welche mit den Naturwissenschaften bekannt sind, ohne jedoch mit dem Mikroskope vertraut zu sein, z. B. manche Aerzte, eine gewisse Scheu vor diesem Instrumente haben und sich nicht dazu entschließen können, eine vertraulichere Bekanntschaft mit demselben anzuknüpfen. Einem Mann dagegen der mitten in der Fortentwicklung steht, ist nichts anziehender und förderlicher als dies wechselnde Spiel der Meinungen. Benützt er die bei der Betrachtung desselben gesammelten Erfahrungen richtig, so wird er selbst so manche Täuschungen, denen andere zum Opfer gefallen sind, vermeiden, und eine raschere und richtigere Gestaltung seiner Anschauungen bewerkstelligen, als ein andrer, welcher ohne um sich zu blicken in seinen einmal vorgefaßten Meinungen, die sich später oft genug als Vorurtheile erweisen, weiterlebt.

Ist einem Jünger der Naturwissenschaft eine solche Theilnahme an den Kämpfen um die Cardinalfragen zu schwierig oder zu aufregend, so findet er auch noch einsame und undurchforschte Gebiete, auf welchen er bescheidene Lorbeeren genug zu erndten vermag. Wie viele Thiere, wie viele Pflanzen, haben noch nie Bekanntschaft mit dem Mikroskope gemacht! Er braucht nur hineinzugreifen in's volle Leben der Natur, um Themata in Hülle und Fülle zu finden.

Nächst der Anatomie ist es besonders die Physiologie, welche schon früher mit dem Mikroskope vertraut wurde und Malpighi muß der erste genannt werden, der durch seine Untersuchungen den Weg der mikroskopisch-physiologischen Forschung zeigte. Er ließ sich nicht genügen, die gefundenen Gewebe einfach zu besehen und zu beschreiben, sondern er hatte auch den Drang das Wachsthum und die Entwicklung derselben zu studiren. Er zeigte der Wissenschaft, daß man ein Ding nicht dadurch kennen lernt, daß man es in einem zufällig sich darbietenden Moment untersucht, sondern dadurch, daß man alle Lebensphasen des Objectes studirt und erst durch Aneinanderreihung der verschiedenen Stadien ein Bild erhält, welches ein wirkliches Verständniß garantirt. Er untersuchte die Entwickelung von Pflanze und Thier vom Samen und vom Ei ausgehend bis zur vollendeten Form und leistete dadurch der Wissenschaft die bedeutendsten Dienste. Seine Nachfolger faßten stets die physiologische Seite der Mikroskopie ebenso auf, wie der Meister selbst, das heißt, sie beschränkten sich auf ein Studium der Entwicklungsgeschichte. Auch in unserem Jahrhundert hat man derselben viele Studien gewidmet. Da man jedoch nun durch den Fortschritt in der Herstellung des Instrumentes und in seiner Behandlung begünstigt war, drang man immer tiefer in die Organisation des Körpers von Pflanze und Thier ein und hat besonders die mannigfaltigen einzelnen Organe des letzteren fast durchweg bis zu ihren ersten Anfängen zurückverfolgt.

Von anderen physiologischen Untersuchungen hat man in früherer Zeit wenig gekannt. Nur das Phänomen des Blutumlaufes ist davon zu erwähnen. Dieses gefiel aber auch so sehr, daß man sogar eigens ad hoc construirte Mikroskope anfertigte (Fig. 52 und 53). Die Flossen kleiner Fische sowie das Gekröse des Frosches mußte zu diesem stets willkommenen Versuche dienen.

Erst in neuerer Zeit hat man es versucht, noch andre Bewegungs- und Functionserscheinungen in den Bereich der mikroskopischen Beobachtungen zu ziehen. Das Experiment gelang über Erwarten gut. Man unternahm es nämlich, verschiedene Theile des Körpers durch Erhärtung in verschiedenen auf einander folgenden Functionsstadien zu fixiren, indem man sie frisch in Erhärtungsflüssigkeiten legte. Aus den einzelnen erhaltenen Bildern sollte dann auf die während der gesammten Thätigkeit des Organes sich abspielenden Vorgänge geschlossen werden. Besonders mußten sich hierzu die absondernden Drüsen eignen. Speicheldrüsen, Magendrüsen, Nieren hat man denn auch in verschiedenen Functionszuständen untersucht und ich gebe von den ersteren in Fig. 106 eine Abbildung in ihren verschiedenen Secretionsstadien, wie sie nach Heidenhain's Forschungen auf einander folgen. In der Figur sind auf einem Durchschnitt der Drüse mehrere aus Zellen zusammengesetzte Läppchen zu sehen. Bei a sind die Zellen aufgebläht von Secret und sehr hell, ohne einen Kern zu

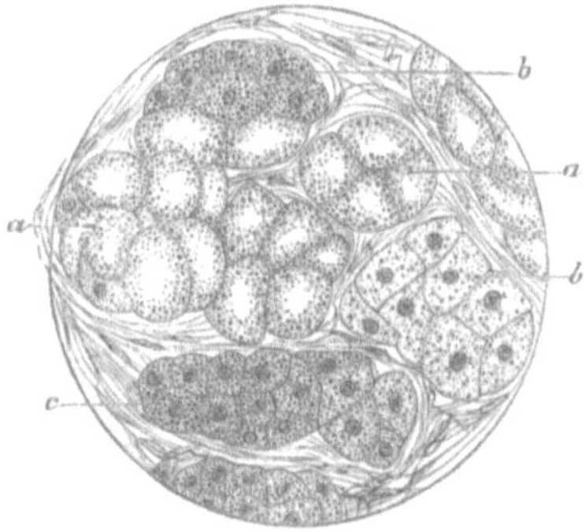

Fig. 106. Durchschnitt der Speicheldrüse des Hundes. Die einzelnen Läppchen sind in verschiedenen Functionszuständen (mit Benützung Haidenhainscher Figuren). a Ausgeruhte Läppchen, b Läppchen in mäßiger Füllung, c in Regeneration begriffenes Läppchen.

zeigen. Entleert sich der in den Zellen producirte Speichel, dann gehen 'zugleich auch die Zellen zu Grunde und es entsteht von der Wand aus eine neue Generation (c), welche sich nun allmählig wieder mit Secret füllt (b), um dann ebenfalls ihrem Untergange entgegenzugehen.

Ebenso wie die verschiedenen Functionszustände der Drüsen, hat man in neuester Zeit auch die des Muskels zu fixiren und zu durchforschen gesucht.

Die physiologischen Untersuchungen, wie sie soeben geschildert wurden, sind aber stets unsicher. Denn man hat ja hierbei nur immer verschiedene Präparate neben einander, welche der observirende Forscher in der richtigen Folge aneinander zu reihen versucht. Daß bei solchem Combiniren viele Fehler vorkommen können, versteht sich ganz von selbst. Wenn ich das Beispiel von den Speicheldrüsen festhalte, so könnte irgend ein Gegner der gegebenen Darstellung einwerfen, die Entleerung des Secretes ginge in der Weise vor sich, daß die Zellen bei a durch allmähligen Verlust = b und schließlich c würden, und daß dann ebenso allmählig die aufsteigende Umwandlung einträte. Trotzdem, daß eine solche Behauptung ganz gewiß unrichtig wäre und trotzdem, daß sie gewiß unter erfahrenen Mikroskopikern sehr wenige Anhänger finden würde, ließe sie sich doch nicht vollgiltig entkräften, da man eben niemals die eine Zelle direct aus der anderen hervorgehen sehen kann. Der Mangel, der solchen Untersuchungen anklebt, wurde denn auch wohl gefühlt und es gingen die Bestrebungen der Physiologen dahin, die einzelnen Functionsstadien an ein und demselben lebenden Organ nach einander zu studiren. Bei manchen Dingen, welche für eine solche Beobachtung geeignet sind, wie z. B. den Muskeln, gelang es auch sehr gut, eine größere Klarheit durch derartige Untersuchungen zu erhalten und so sucht man denn bei so vielen Geweben, wie nur möglich, die inneren Vorgänge der physiologischen Function zu belauschen. Besonders muß es als ein sehr beachtenswerther Fortschritt im Verständniß der Zellphysiologie die Beobachtung hervorgehoben werden, welche gezeigt hat, daß die farblosen Blutzellen, — (vergl. Fig. 98) — durch die Wandungen der Gefäße dringen können und so in das umliegende Gewebe auswandern. (Fig. 107 auf folgender Seite.) Diese Zellen, welche man im Anfang ziemlich unbeachtet ließ, dann als Körper auffaßte, welche bestimmt sind, sich in rothe Blutkörperchen umzuwandeln, haben durch diese Thatsache mit einem Male einen weitausgedehnten Wirkungskreis erhalten, dessen Grenzen sich heute noch gar nicht absehen lassen.

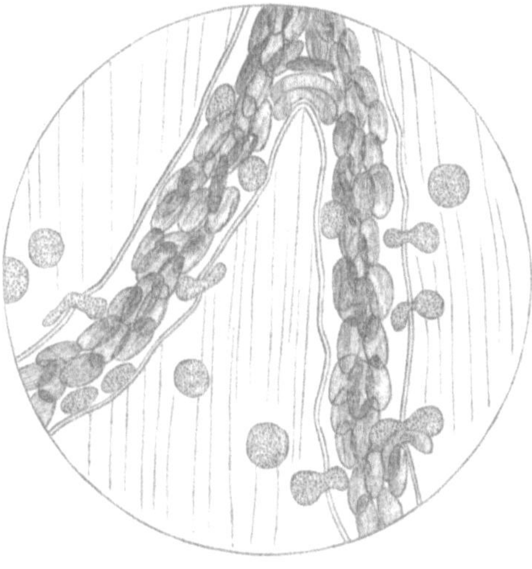

Fig. 107. Blutgefäß des Frosches, mit strömendem Blute gefüllt. Ein Theil der stets der Wand des Gefäßes entlang gehenden weißen Blutkörperchen dringt durch dieselbe durch in das umliegende Gewebe. (Nach Schmuziger.)

Einen Uebergang zu den Beobachtungen der pathologischen Fächer bildet die Untersuchung erbrochener Massen. Während die Physiologie daraus wichtige Erfahrungen über die Vorgänge der Verdauung soweit sie sich im Magen abspielen sammelte, benützten die Pathologen diese Präparate um die Störungen der Verdauung zu studiren, soweit sie sich aus der mikroskopischen Beobachtung nachweisen lassen. Auch durch andre Untersuchungen der theoretisch-medicinischen Wissenschaften mußten die Pathologen darauf hingeführt werden, mehr und mehr das Mikroskop zu ihren Zwecken herbeizuziehen, und es ist ja die pathologische Histologie, d. h. die Untersuchung krankhaft veränderter Gewebe, seit sie durch Joh. Müller inaugurirt wurde, zu einer hohen Vollkommenheit gediehen. Sie steht mit den rein praktischen Fächern, der internen Medicin, der Chirurgie, Geburtshilfe, Augenheilkunde u. s. w. in so innigen Beziehungen, daß man sie mit diesen gewissermaßen als ein gemeinsames Ganzes auffassen muß. Rein pathologisch-anatomisch ist nur die Untersuchung derjenigen Organe, welche nur dem Verstorbenen entnommen werden können, wie z. B. Lunge, Herz, Gehirn, Leber und dergleichen. Alle diejenigen Theile aber, welche während des Lebens erreichbar sind, theilt der pathologische Anatom, der als solcher nur das Interesse hat, die Entwickelung der Krankheit zu demonstriren, mit dem Kliniker, welcher das Mikroskop benützt, um seine Diagnose zu sichern, und eventuell die Prognose darnach zu machen.

Vor allem wichtig in diagnostischer Beziehung sind alle Ausscheidungen des Körpers; wie die erbrochenen Massen, so werden auch die aus den Luftwegen ausgeworfenen einer sorgfältigen Durchsicht unterworfen. Darminhalt, Harn, Eiter sind Dinge, welche stets unter dem Mikroskope betrachtet werden. Zwei Beispiele werden genügen, um zu zeigen, wie entscheidend die mikroskopische Betrachtung für die einzuschlagende Kur sein kann. Zuerst will ich den Fall annehmen, ein Patient leide an hartnäckigem Lungenkatarrhe, und eine Menge von Zeichen lassen schließlich in dem Arzte den Verdacht aufsteigen, der Patient laborire an den Anfängen der Tuberkulose. Er nimmt sogleich ein Tröpfchen der eitrigen Masse, welche der Patient beim Husten entleert, legt es unter das Mikroskop und findet, neben den gewöhnlichen Körperchen des Eiters (Fig. 108 a) und anderen unschuldigeren Beimischungen, wie Epithelzellen b, rothen Blutkörperchen c, noch charakteristisch aussehende, stets geschwungene, elastische Fasern, von dunklem Glanze d, dann weiß er sicher, daß er es mit einer Zerstörung der Lungensubstanz zu thun hat. Denn

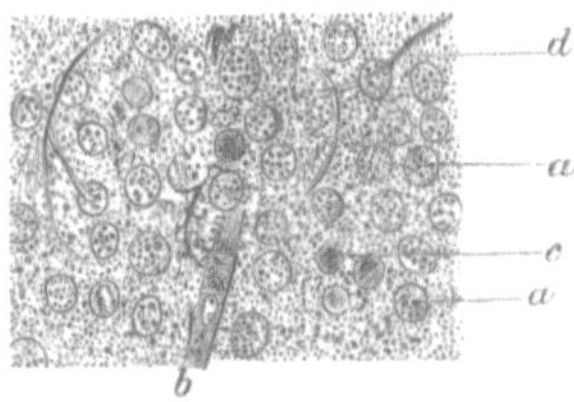

Fig. 108. Tuberculöser Auswurf. Bezeichn. s. T.

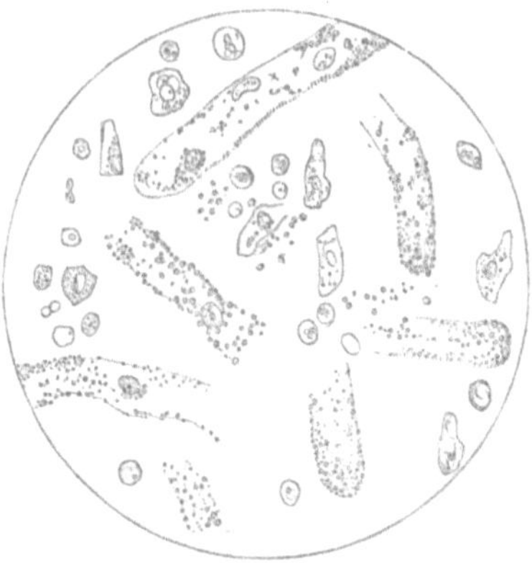

Fig. 109. Harncylinder. (Nach Neubauer und Vogel.)

die Fasern d können **nur** der Lunge selbst entstammen. Die Kur ist nun dem Arzte scharf vorgezeichnet, nachdem er unwiderlegliche Beweise für den wahren Sitz und Character der Krankheit hat. Es braucht nicht weiter bemerkt zu werden, daß das Fehlen der Fasern noch kein positiver Beweis gegen eine Lungenerkrankung ist. — Ein anderer Fall, welcher eine ähnliche sichere Diagnose erlaubt, ist der der Nierenentzündung, welche unter dem Namen der Bright'schen Krankheit bekannt ist. Im Harn finden sich bei derselben cylindrische Gebilde, wie sie in Fig. 109 abgebildet sind. Dieselben können nur aus der Niere stammen und lassen sogar durch ihr Aussehen darauf schließen, ob die Krankheit noch in ihren Anfängen oder ob sie schon weiter fortgeschritten ist. Andre Krankheiten des Harnsystemes bieten natürlich ganz andre mikroskopische Bilder des Harnes. Ich will als Beispiel in Fig. 110 nur noch ein Bild vom frisch entleerten Urin

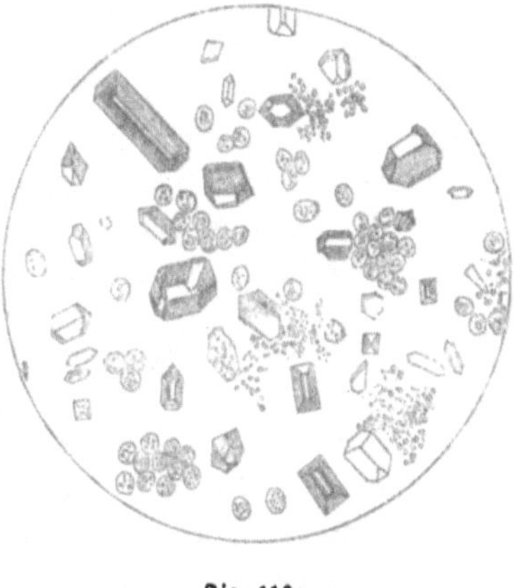

Fig. 110.

eines mit Blasenkatarrh behafteten Menschen beifügen. Statt der Cylinder sieht man hier große Mengen von Eiterkörperchen und viele verschieden geformte Krystalle der phosphorsauren Ammoniak-Magnesia. Es versteht sich aus alledem ganz von selbst, daß man der mikroskopischen Untersuchung des Harnes die allergrößte Sorgfalt zugewandt hat.

Auch der mikroskopischen Prüfung der Darmausscheidungen ist in der letzten Zeit wieder erneute Aufmerksamkeit zugewandt worden. Basirt ja doch auf derselben die viel ventilirte Frage von den Cholerapilzen, die auch dem Laien nicht unbekannt ist.

Nächst diesen ohne weitere Eingriffe zu gewinnenden mikroskopischen Objecten, denen, wie erwähnt, auch der Eiter angeschlossen werden kann, entnimmt man dem Körper des Kranken noch andre Bestandtheile, welche leicht ohne tiefergehende Verletzung zu erreichen sind. Vor Allem ist das Blut zu nennen, welches durch einen kleinen Hautritz in genügender Quantität gewonnen werden kann, um eine Untersuchung zu ermöglichen. In der Leukhämie (Weißblütigkeit), sowie bei dem typhösen Fieber, welches man als Typhus recurrens bezeichnet, finden sich so charakteristische Veränderungen des Blutes, daß die Diagnose keinen Augenblick mehr zweifelhaft sein kann, wenn man jene erst gefunden hat. Der Arzt kann mit voller Klarheit seine Maßregeln nehmen und eine falsche Behandlung ist unmöglich geworden.

Noch mehr aber, als die innere Medicin verdankt die Chirurgie dem Mikroskope, und zwar ist es die Behandlung der krankhaften Geschwülste, welche durch dasselbe erst auf den Standpunkt gekommen ist, den sie jetzt einnimmt. Das äußere Ansehen der Geschwulst ist oft ein so indifferentes, das Gesammtbefinden des Patienten ein so normales, daß es schwer hält, ja manchmal sogar ganz unmöglich ist, mit Sicherheit die Art der Geschwulst zu bestimmen. Besonders ist dies der Fall bei solchen, welche noch in der ersten Entstehung begriffen sind. Da es jedoch gerade bei diesen darauf ankommt, möglichst rasch zu wissen, was man vor sich hat, um gegen bösartige Leiden sofort mit der nöthigen Energie einschreiten zu können, so sticht man mit einem sogenannten Probetroicart[1]) die Geschwulst an und entnimmt ihr ein kleines Tröpfchen Flüssigkeit, in welchem meist so viele Zellen herumschwimmen, daß man eine Bestimmung der Gefährlichkeit der Geschwulst zu machen im Stande ist.

Nirgends aber liefert das Mikroskop so unumstößliche Resultate, als bei parasitischen Krankheiten. Von einem kleinen Stückchen Muskelfleisches, welches Trichinen enthält, weiß man ganz genau, was man zu halten hat. Ebenso schwindet jeder Zweifel über Art und Prognose einer Leberanschwellung, wenn man mit dem Probetroicart die Hakenkränze von Blasenwürmern entleeren kann, welche so charakteristisch sind, daß an eine Täuschung nicht gedacht werden kann. In Figur 111 ist ein solcher abgebildet. Es genügt sogar schon ein einziger Haken, um Zweifel nicht mehr aufkommen zu lassen.

Fig. 111.
Hakenkranz eines Blasenwurmes.

[1]) Derselbe besteht aus einer Nadel, welche so in einem Rohre steckt, daß nur ihre Spitze hervorragt. Hat man eingestochen, dann zieht man die Nadel heraus. Das liegenbleibende Rohr saugt sich mit der vorhandenen Flüssigkeit voll und wird dann mit derselben ebenfalls herausgenommen.

Bei dem Studium dieser Parasiten hat das Mikroskop wahre Wunder gewirkt und zwar hat hier die Zoologie und die Pathologie in schönster Wechselwirkung zur Aufklärung der so räthselhaften Leiden beigetragen. Was die Trichinen betrifft, so wurden dieselben zuerst beim Menschen gefunden, aber nur als eine parasitische Merkwürdigkeit ohne jede fatale Folge für ihren Träger aufgefaßt. Erst später fand man sie auch bei Thieren und zuletzt wurde auch ihre Lebensgefährlichkeit für das inficirte Individuum erkannt. Wie man sich vor denselben zu schützen hat, ergibt sich jedem, der den Weg ihrer Wanderung kennt, von selbst. Besonders sind es die Ratten, deren Muskeln oft von Trichinen wimmeln. In Schweineställen, welche nicht sorgfältig beobachtet werden — was bekanntlich

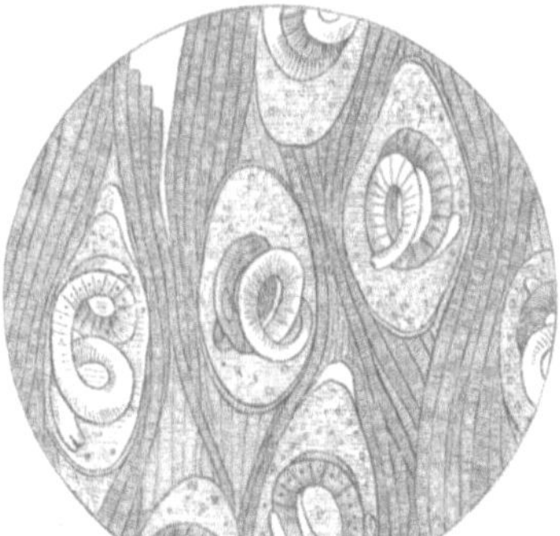

Fig. 112.
Muskelfleisch von Trichinen durchsetzt. (Nach Pagenstecher.)

niemals geschieht — können sie leicht eindringen und werden hier von den Schweinen gelegentlich gefressen. In deren Darm erzeugen die Trichinen eine junge Brut, welche die Wand durchbohrend auswandert und so in das Fleisch zwischen die Muskelfasern kommt (Fig. 112). Wird solches inficirtes Fleisch von einem Menschen genossen, dann erfolgt von seinem Darme aus ganz die gleiche Einwanderung, wie beim Schwein.

Noch complicirter gestaltet sich der Weg, welchen die anderen Parasiten, die vorhin erwähnten Blasenwürmer machen. Dieselben sind nämlich, wie man jetzt weiß, nichts weiter als die Entwickelungsstufen verschiedener Bandwurmarten. Bevor man die nöthigen mikroskopischen Beobachtungen gemacht hatte, wußte man sich die Herkunft der letzteren gar nicht zu erklären, und lange erhielt sich der Glaube, man habe es mit einer Urzeugung zu thun, bei welcher sich diese Thiere aus dem Darminhalte entwickelten, eine Ansicht, die noch auf die vormärzlichen Zeiten zurückweist, welche Regner de Graaf und Swammerdam vorausgehen. Heute aber weiß man, daß die Bandwürmer Thiere sind, welche einen Generationswechsel durchmachen, welche also, wenn ich mich eines sehr hinkenden Vergleiches bedienen soll, sich ähnlich verhalten, wie der Schmetterling, der zuerst als Raupe durchaus nicht an seine spätere Gestalt erinnert. Die Eier des Bandwurmes wandeln sich, an den richtigen Platz gebracht, zu Finnen oder Blasenwürmern um, welche dann, wenn sie von einem anderen Thiere oder dem Menschen verzehrt werden, in dessen Darme wieder zum Bandwurme werden.

Der Bandwurm, welcher zu dem erwähnten Blasenwurm des Menschen und der Hausthiere gehört, lebt im Darme des Hundes. Mit den Darmausscheidungen desselben werden die Glieder des Bandwurmes entleert, und die darin enthaltenen Eier finden Gelegenheit, sich zu isoliren. Ein Mensch kann dann leicht mit dem Trinkwasser solche Eier in den Darmcanal aufnehmen. Hier angelangt, entwickelt sich aus dem Ei ein Embrya; derselbe bohrt sich in die Darmwand ein, wird zuletzt vom Blutstrom erfaßt und von ihm mit fortgerissen. An den Stellen, an welchen ein sehr feines, reich verästeltes Gefäßnetz ist, hauptsächlich in der Leber und Lunge, findet der Embryo Gelegenheit, sich festzulegen. Nun wächst er weiter, und stellt einen Körper dar, wie er in Fig. 113 abgebildet ist. Derselbe umgibt sich mit einer wassergefüllten Blase und heißt jetzt Blasenwurm.

Fig. 113. Echinococcus. (Nach Leukart.)

Es ist klar, daß hauptsächlich solche Menschen und Thiere von Blasenwürmern heimgesucht werden, welche viel mit Hunden verkehren, wie z. B. Schäfer und deren Heerden. Auch in Häusern, in welchen Schooß- und Stubenhunde gehalten werden, findet man dieselben nicht selten. In Island, wo der Hund ein ganz unzertrennlicher Begleiter des Menschen ist, sind die Blasenwürmer so enorm häufig, daß sie zu einer Landplage geworden sind. Das Mikroskop hat also den nicht geringen Triumph gefeiert, eine gänzlich räthselhafte Krankheit nach ihrer Ursache so klar erwiesen zu haben, daß es so ziemlich jedem Menschen selbst anheimgegeben ist, ob er sich durch gehörige Vorsicht davor schützen will oder nicht.

Mit den Bandwürmern des Menschen ist das Verhältniß natürlich ganz ähnlich gefunden worden, wie mit seinen Blasenwürmern. Die Jugendzustände derselben leben als Finnen in den Muskeln und unter der Haut des Schweines, des Rindes, zuweilen auch des Rehes, und man ist nur sicher vor Bandwürmern, wenn man das Fleisch vor dem Genuß stets einer höheren Temperatur aussetzt, welche die etwa anwesenden ungebetenen Gäste tödtet. Ist das Roastbeef noch recht blutig, dann erfreuen sich auch die vorhandenen Finnen eines ungestörten Wohlseins.

Das Mikroskop hat uns ferner in allen möglichen Thieren Bandwürmer nachgewiesen, welche stets in den Opfern derselben als Finnen existiren. So hat der Jagdhund einen Bandwurm, dessen Finnen das Mikroskop in der Leber des Hasen und Kaninchens nachgewiesen hat. Der Fleischerhund bezieht seinen Bandwurm aus den Finnen des Schweines und der Wiederkäuer. Der Schäferhund entwickelt einen solchen aus dem Drehwurm der Schafe. Der Fuchs erzieht sich den seinigen aus einer Finne, die in der Brusthöhle der Feldmaus lebt. Der Katzenbandwurm entstammt einer Finne der Hausmaus. Der Nachtreiher und der gemeine Reiher acquiriren ihre Bandwürmer durch das Fressen der Schleihen, die Hechte durch den Genuß der Karpfenarten. So ließen sich noch viele Beispiele anführen, welche alle darthun, daß die Finne des Opfers in den Bandwurm des Vernichters umgewandelt wird.

Auch andere thierische Parasiten hat das Mikroskop entdeckt und so den Weg zur Heilung der durch sie entstehenden Krankheiten gezeigt. Ich will von denselben nur noch die Krätzmilbe anführen (Fig. 114 folgende Seite). Dieselbe gräbt sich Gänge in der Haut und verursacht Pusteln und unerträgliches Jucken. Früher stand man dieser Krankheit rathlos gegenüber und sprach sogar bei allen möglichen Leiden der inneren Organe von „zurückgetretener Krätze“!

Es machte daher ein colossales und gerechtes Aufsehen, als die kleine Milbe entdeckt wurde. Die zahllosen Krätz-

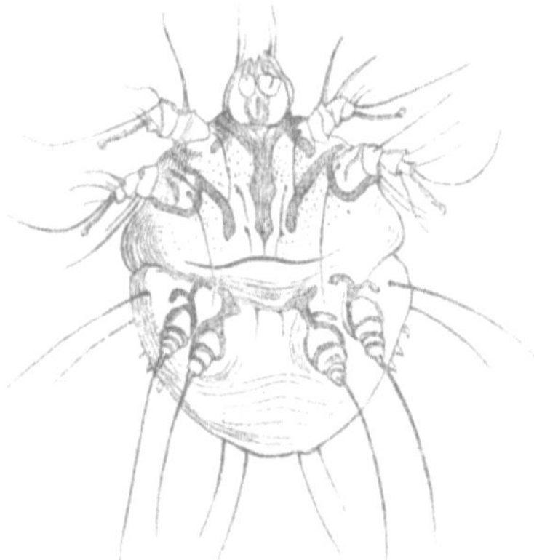

Fig. 114.
Weibliche Krätzmilbe von der Bauchseite. (Nach Robin.)

mittel der früheren Jahrhunderte ersetzt man heute durch ein wenig Petroleum, welches eben so schnell als billig und sicher die Thiere tödtet.

Wie man die thierischen Parasiten jetzt genau kennt, so hat uns das Mikroskop auch die pflanzlichen geoffenbart und es ist interessant zu sehen, wie man vor der Anwendung desselben solche Krankheiten erklärte. Das Schwämmchen oder der Soor im Munde der Neugebornen und sehr schwacher Erwachsener wurde z. B. früher für eine eigenthümliche Form exsudativer Mundentzündung gehalten. Nun wurde entdeckt, daß man es mit einem Pilze zu thun hat, und mit Einem Male war man sich klar über das Wesen dieser räthselhaften Krankheit. In

Figur 115 ist ein Stückchen solchen Soorpilzes abgebildet. Bei a sieht man noch eine Anzahl von Epithelzellen aus der Mundhöhle, welche mehr oder minder zerstört sind. Sie sind überzogen von einem dichten Pilzrasen, der aus rundlichen Fäden b besteht, welche sich viefach durchflechten. Zwischen den letzteren und den Epithelien liegen allent-

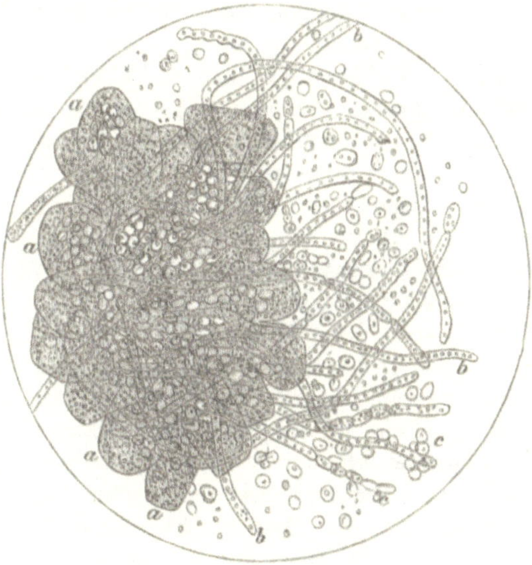

Fig. 115.
Elemente des Soorpilzes. (Nach Robin.)

halben die Pilzkeime, Sporen genannt (c) umher. Zum Theil hängen sie noch an dem Mutterfaden, dessen Produkte sie sind.

Mehrere Hautkrankheiten, welche ebenfalls durch Einnistung und Wucherung mikroskopischer Pilze bedingt werden, zeigen in der Ausbildung und äußeren Form keine erhebliche Abweichung von den Elementen des Soors. Auch sie wurden früher in ihrer Bedeutung gänzlich verkannt. So brachte man die unregelmäßigen, braungelben Flecken, welche oft auf Hals und Brust vollkommen gesunder Menschen vorkommen (Pityriasis versicolor) früher häufig in Verbindung mit Anomalien der Leberfunction, ohne sich weiter zu überlegen, daß bei der Richtigkeit einer solchen Annahme unerklärlich wäre, warum nicht auch andere Krankheitserscheinungen durch eine solche Anomalie herbeigeführt würden. Seit man weiß, daß man es nur mit Pilzsporen zu thun hat, welche in den obersten Schichten der Haut eingelagert sind, weiß man freilich, warum die Menschen bei einem solchen Leiden übrigens kerngesund sein können und hat überdies nun noch die richtigen Mittel anwenden gelernt, die häßlichen Flecken leicht und rasch zu beseitigen.

Den Erbgrind, eine Pilzkrankheit, welche die Haut und Haare des Kopfes befällt, hielt man für das Product einer „dyskrasischen pustulösen Hautentzündung", eine Bezeichnung, welche sich nur durch hochtrabenden Mysticismus auszeichnet, der aber dem älteren Mediciner nöthig war, um seine Unwissenheit sich selbst und dem Publikum gegenüber zu bemänteln. Auch die scheerende Flechte und andre Haarkrankheiten haben sich als parasitisch herausgestellt.

Neben diesen leicht zu findenden und leicht zu deutenden Pilzvegetationen hat die neuere pathologische Mikroskopie ihre Aufmerksamkeit noch auf kleinere und deßhalb schwieriger zu beobachtende Pilzindividuen gerichtet. Schon vorhin wurden die sogenannten Cholerapilze erwähnt, welche sich in den Darmausscheidungen Cholerakranker massenweise finden. Man schrieb ihnen die Schuld an der Krankheit zu und es wird gewiß dem Leser erinnerlich sein, welches Aufsehen die Entdeckung dieser kleinen Organismen seinerzeit in allen Kreisen machte. Später kamen zu diesen noch andere Pilze von specifischer Wirkung hinzu, wie die Pilze der Diphteritis, des Rothlaufes u. s. w. Alle gleichen sich so sehr, daß ihr äußeres Ansehen durchaus keine Verschiedenheit erkennen läßt. Sie sind Sporen, welche entweder kleine glänzende Kügelchen darstellen, oder welche etwas in die Länge gezogen, eine ovale und stäbchenartige Form haben können. Diese Monaden oder Mikrococcen, wie man sie nennt, lassen sich

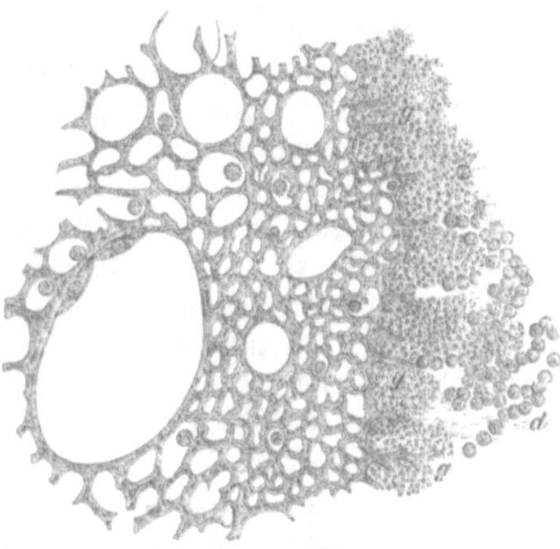

Fig. 116. Durchschnitt durch Knochenmark, welches mit Pilzsporen inficirt ist. (Nach Klebs.)
g Pilzmassen, d Eiterkörperchen.

nur durch ihre Wirkung in verschiedene Abtheilungen bringen.

In manchen Fällen kann man eine directe Einwanderung der Pilze von Außen her nachweisen, wie in dem Falle, welcher in Figur 116 dargestellt ist. Diese Abbildung stellt den Durchschnitt durch das Knochenmark des Oberarmstumpfes eines Turcos dar, welcher im letzten Kriege in Folge der Amputation gestorben war. Während das Gewebe mit engeren und weiteren Maschen noch gut erhaltenes Knochenmark ist, sind die mit g bezeichneten Massen, welche aus ganz kleinen, kugelförmigen Gebilden bestehen, die wuchernden Pilzsporen. Bei d liegt eine Anzahl gewöhnlicher Eiterkörperchen. Es ließ sich hier nachweisen, daß die Pilze in den Eiterkanälen des Knochenmarkes in die Höhe gewandert waren, und von hier aus ihre Zerstörungen begonnen hatten.

Nicht immer, sogar nur selten, gelingt es einen solch' exacten Beweis zu führen. Trotzdem aber haben doch die Pilzenthusiasten ihre Bedeutung — nämlich die der Pilze — sehr hoch gestellt und man ist soweit gekommen, daß man jetzt sogar versucht hat, alles Fieber überhaupt auf eine Infiltration des Körpers und zwar vor allem des Blutes mit Pilzsporen, zurückzuführen. Es ist dies nicht zu verwundern. Zeigt ja doch ein Blick auf die einzelnen Phasen der Geschichte der Mikroskopie, daß jede neue, anregende und frappirende Erscheinung in ihrer Sphäre zuerst ein weites Hinausschießen über das Ziel verursacht hat. Erst die kalte Ueberlegung, welche der anfänglichen Erregung folgt, lehrt dann die Grenzen der neuen Thatsache richtig erkennen und stellt sie an den Platz, der ihr vermöge ihrer wahren Bedeutung zukommt. So wird auch die Lehre von den krankheitserregenden Pilzsporen wohl bald ihre augenblicklich dominirende Stellung aufgeben und einen etwas weniger anspruchsvollen, wenn auch noch immer angesehenen Platz einnehmen.

Man sieht aus den vorstehenden Mittheilungen, welche Umwälzung das Mikroskop in der Erkennung und Behandlung der Krankheiten hervorgebracht hat, und wie großen Dank die Medicin diesem Instrumente schuldig ist, dessen Anwendung allein erst ein richtiges Verständniß wichtiger und häufiger Krankheitsformen ermöglicht.

Es ist nun aber noch eines Zweiges der medicinischen Mikroskopie zu gedenken, welcher von höchster Bedeutung ist, nämlich der Mikroskopie in der gerichtlichen Medicin. Gar manchmal kann nur durch sie die Schuld eines Angeklagten erwiesen werden und oft ist auch nur durch ihre Hülfe die Unschuld eines solchen an den Tag gekommen. Vor Allem wichtig ist die Untersuchung verdächtiger Flecke auf Blut. Ich setze z. B. den Fall, ein Mensch wird angeklagt, einen anderen mit einem großen Einschlagmesser erstochen zu haben. Die Indicien sprechen für Ausführung der That, der Angeklagte läugnet aber hartnäckig. Schließlich fallen dem Untersuchungsrichter an dem Messer einige wenige Flecken auf, die in der Nähe des Ansatzes von Heft und Klinge sitzen und wie Rostflecke aussehen. Er betraut sofort einen Sachkundigen mit der Untersuchung. Dieselbe wird einfach so vorgenommen, daß die abgeschabte Masse in Kochsalzlösung gebracht und mit starker Essigsäure gekocht wird. Es entstehen nun kleine, nur bei stärkerer Vergrößerung sichtbare Kryställchen von brauner Farbe, wie sie in Fig. 117 auf folgender Seite bei a dargestellt sind. Der Sachverständige ist dadurch in den Stand gesetzt, mit Sicherheit zu sagen, daß die verdächtigen Flecken kein Rost, sondern eingetrocknetes Blut sind. Die gewonnenen Krystalle sind nämlich Häminkrystalle, welche entstehen, wenn man das

Blut in der angegebenen Weise behandelt. Hat man nur sehr geringe Mengen Blutes zur Verfügung, dann entstehen nur die kleineren Krystalle, hat man mehr, dann findet man auch die übrigen in Fig. 117 abgebildeten Formen vor. Das Hämin kann man aus ganz frischen oder aus faulem Blute, aus allen in Kleidern und auf Möbeln oder Geräthschaften befindlichen Flecken darstellen, es bildet deßhalb dasselbe ein unschätzbares Beweismittel für die Rechtspflege.

Fig. 117.
Häminkrystalle.

Ohne weiter alle Fälle aufzuzählen, in welchen das Gericht von der mikroskopischen Untersuchung Gebrauch macht, will ich nur noch eines Falles gedenken, der in England vorgekommen ist und der das größte Aufsehen erregte. Eine Frau war angeklagt, einen Mord mit einem Messer verübt zu haben. Sie behauptete, mit dem Messer allerdings getödtet zu haben, aber nur ein Thier. Trotz dieser sehr unglaubhaften Ausrede betraute doch der Richter einen namhaften Gelehrten mit der Untersuchung des Messers, ohne ihm jedoch Mittheilung von den Aussagen der Angeklagten zu machen. Der Untersucher fand außer dem an der Klinge klebenden Blut noch ein Haar, welches sich zwischen Heft und Klinge eingeklemmt hatte. Er konnte nicht nur erklären, daß es ein Thierhaar sein müsse, sondern ſogar, daß es höchſt wahrſcheinlich das Haar eines Eichhörnchens ſei. Wirklich war das Thier, deſſen Tödtung die Angeklagte behauptete, ein Eichhörnchen geweſen, und das Mikroſkop hatte einer Unſchuldigen den Beweis ihrer Schuldloſigkeit zu liefern vermocht.

Wie ſehr ſich in der That die Haare des Menſchen von denen der Thiere unterſcheiden und wie erhebliche Differenzen unter den letzteren ſelbſt wieder beſtehen, mag

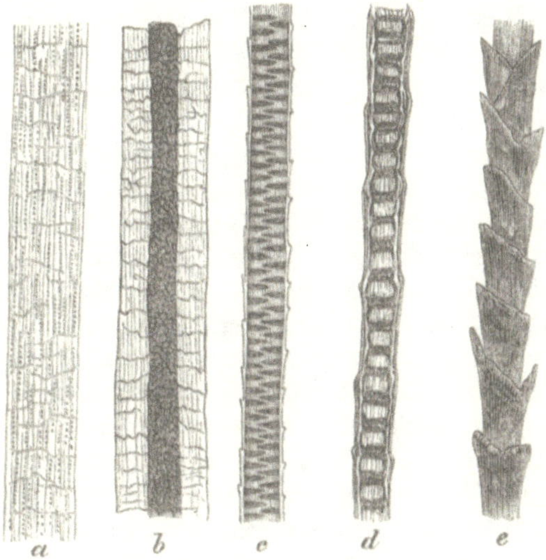

Fig. 118.
Haare a vom Menſchen, b vom Schaf, c vom Eichhörnchen, d von der Maus, e von der Fledermaus.

ein Blick auf die obenſtehende Figur 118 lehren. In a iſt ein hellbraunes feines Kopfhaar eines Menſchen abgebildet. Auf der Oberfläche ſieht man unregelmäßig quer verlaufende Linien, welche dem Oberhäutchen angehören. Im Innern zeigen sich die längs verlaufenden Fasern, welche die Hauptmasse des Haares bilden. Zwischen denselben liegen reihenweise Pigmentkügelchen, welche die Farbe des Haares bedingen. Sind es deren mehr als in der Zeichnung, dann ist das Haar im Ganzen natürlich dunkler.

Dickere Menschenhaare haben einen ähnlichen dunklen Markstreifen in der Axe, wie b. Diese zweite Figur b zeigt das Haar einer groben Schafwolle. Es ist dem menschlichen nicht unähnlich, doch stets mit einer starken Markhöhle im Innern versehen und im Ganzen gröber modellirt als jenes. c zeigt ein Haar vom Eichhörnchen. Dasselbe ist ausgezeichnet durch seine alternirenden Markhöhlen, welche dem Haare ein sehr charakteristisches Aussehen geben. Nicht weniger eigenthümlich ist die Zeichnung des Haares der Maus (d), welchem das der Ratte ganz ähnlich ist. Hier sind die lufthaltigen Markräume durch scharf-conturirte, aus der Figur ersichtliche Doppelwände getrennt. Am allersonderbarsten aber ist das Aussehen des Haares e der Fledermaus, welches durch die spiralig angeordneten Rindenzellen hervorgerufen wird. Die Zellen, welche sich dachziegelartig decken, springen weit nach außen vor, wodurch das in der Zeichnung wiedergegebene Bild entsteht. Bei Betrachtung der abgebildeten Verschiedenheiten der Haare wird der Leser gerne glauben, daß ein geübter Beobachter nach deren Bau manche Thierspecies annähernd zu bestimmen im Stande ist.

Eine andere Untersuchung der gerichtlichen Medicin kann es mit pflanzlichen Organismen zu thun haben, und zwar bei angeblichen Blutflecken auf Brodgebäcken. Dem Leser ist es vielleicht bekannt, daß auf Brod, welches an feuchten Orten längere Zeit liegt, oft rothe Flecken beobachtet werden. Dieselben hat man dem täuschenden Ansehen nach öfters für Blutflecke gehalten. Besonders machte es früher, in der Zeit des Wunderglaubens Aufsehen, wenn man sie auf dem geweihten Brode der Hostien fand. Gar mancher Jude, gar manche Hexe mußte hart für das Auftreten dieser Erscheinung büßen. Heute, wo man weiß, daß diese Flecke einem Schimmel von rother Farbe, dem sogenannten Blutpilz, ihr Dasein verdanken, ist man weniger schnell bei der Hand, ehrliche und friedliche Menschen eines Pilzes wegen dem Gefängniß und Tod zu überliefern.

Der Gerichtsarzt hat neben seiner Thätigkeit in der criminellen Justiz gewöhnlich noch die Ueberwachung der öffentlichen Gesundheitspflege zu besorgen. Auch in diesem Theil seines Amtes macht er oft Gebrauch vom Mikroskop. Vor Allem erinnere ich an die Trichinenschau, für welche man jetzt schon besondere Untersucher angestellt hat. Auch andere Parasiten des Fleisches sind nach dem oben gesagten leicht zu finden. Nächst dem Fleische aber ist die wichtigste Substanz, welche der hygieinischen Aufsicht unterliegt, die Milch. Ist dieselbe gut, so hat sie unter dem Mikroskope ein Aussehen, wie es in Fig. 119 auf folgender Seite abgebildet ist. Man sieht durch das Gesichtsfeld nichts weiter, als größere und kleinere kugelförmige Fetttröpfchen, die Milchkügelchen. Menschenmilch, ebenso wie Kuh-, Ziegenmilch oder die eines beliebigen Säugethieres stellt sich nach Art der Abbildung dar. Es ist also sehr leicht, fremdartige Beimischungen zu erkennen. Denn findet man außer den Kügelchen noch irgend etwas anderes, dann hat man eine Verfälschung vor sich. Die gewöhnlichen Verunreinigungen werden entweder durch Einrühren von Gehirn in die Milch bewirkt und dann findet man die Nervenelemente unter dem Mikroskope wieder, oder es wird dieselbe mit Mehl vermischt, in welchem Falle man die Stärkemehlkörner

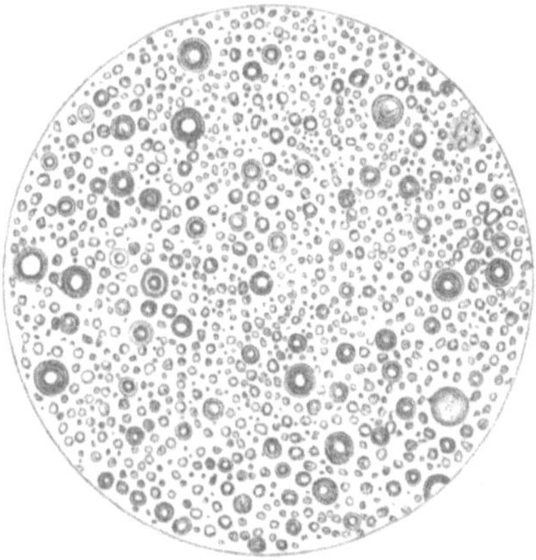

Fig. 119.
Mikroskopisches Bild der Milch.

nachzuweisen im Stande ist. Glücklicherweise sind diese Verfälschungen nicht gesundheitsgefährlich, indem sie mit ebenfalls nahrhaften Dingen bewirkt werden. Weit schlimmer ist die reine Verdünnung mit Wasser. Diese entzieht sich freilich der exacten mikroskopischen Beobachtung, indeß hat man in der sogenannten Milchwaage ein Werkzeug zur Hand, um auch sie genau bestimmen zu können.

Auch das Trinkwasser kann Gegenstand einer mikroskopischen Untersuchung werden. Wenn sich zwar meist die schädlichen Stoffe, welche dasselbe enthält, in Lösung befinden und dadurch Gegenstand einer chemischen Untersuchung werden, so kommt doch auch oft genug eine Verunreinigung durch pflanzliche und thierische Organismen vor, welche sich mit dem Mikroskope nachweisen lassen.

Ueber die Anwendung des Mikroskopes in der Anatomie und Physiologie der Pflanzen wurde oben schon das Nöthige beigebracht.

Die Pathologie des zweiten Naturreiches ist in systematischer Weise bis jetzt nicht behandelt. Man kennt zwar eine große Menge von Thatsachen, doch liegt hier das Bedürfniß einer genauen Kenntniß der krankhaften Veränderungen weniger vor, als im Thierreiche, wo ja der Mensch selbst ein Object darstellt, welches Interesse genug bietet, um die krankhaften Veränderungen seines Körpers zu studiren. Ebenso, wie man im Thierreiche neben uns selbst nur die Krankheiten der werthvollsten Hausthiere einer Beachtung würdigt, so sind es bei den Vegetabilien die werthvollen Culturpflanzen, deren Erkrankungen man genauer beachtet hat. Man kennt ja z. B. die Kartoffelkrankheit und die Fäulniß der Früchte als Pilzvegetationen, die Galläpfel und ähnliche Anschwellungen des Pflanzenparenchyms als das Resultat einer durch Insecten bewirkten Verletzung, während man die Krankheiten des Weinstockes, der Nadelhölzer u. a. m. als Verwüstungen parasitisch lebender Thiere entlarvt hat. Diese Krankheiten sind so Gegenstand der öffentlichen Aufmerksamkeit und sind so populär geworden, daß der Leser in jedem Conversationslexikon, fast in jeder Zeitung eingehende Notizen darüber antrifft.

Indem das Mikroskop den Grund dieser Krankheiten kennen lehrt, deutet es auf die Mittel hin, um diesen, die Volksinteressen so empfindlich schädigenden Krankheiten entgegenzutreten, und erweist dadurch den Landwirthen, indirekt dem ganzen Staate, eine Wohlthat von eminent praktischem Werthe. Trotz der großen Wichtigkeit zusammenhängender pathologisch-anatomischer Untersuchungen, sind diese Beobachtungen doch immer Einzelstudien geblieben; für ein Lehrgebäude der Pflanzenpathologie, durch dessen Errichtung uns gewiß ein weit klarerer Blick in jede Einzelerkrankung gestattet sein würde, hat sich noch Niemand interessirt. Es fehlt dafür der sammelnde Mittelpunkt der sich für die Thierwelt in unserem eigenen Ich so ungezwungen bietet.

Die letzte Abtheilung der wissenschaftlich mikroskopischen Betrachtung der Pflanzen, welche schon in nahe Beziehung mit der technischen Mikroskopie tritt, ist die vergleichende Untersuchung der vegetabilischen Droguen.

Dieser vor Allem von Schleiden gepflegte Zweig der Mikroskopie hat, wegen der unumstößlichen Beweise, welche er liefert, schon jetzt eine größere Bedeutung gewonnen und wird sich voraussichtlich immer mehr und mehr Feld erobern. Erstlich ist es die Pharmcognosie, welche das Mikroskop oft genug gebraucht, um etwaige Verfälschungen nachzuweisen, und dann ist es die Droguenkunde im weiteren Sinn, welche das Instrument benützt. Beide hängen so enge zusammen, daß sie wissenschaftlich nicht zu trennen sind.

Ein Beispiel aus der pharmaceutischen Waarenkunde möge genügen. Eines der allerwichtigsten, nützlichsten und kostbarsten Arzneimittel ist die Chinarinde. Sie kommt in einer großen Menge von einander näher und entfernter stehenden Varietäten vor, wodurch eine jedesmalige genaue Erkennung dem minder Geübten nicht wenig erschwert wird. Gewissenlose Händler versuchen es deßhalb manchmal, solchen Leuten eine der Chinarinde sehr ähnlich sehende im Uebrigen aber ganz unwirksame Rinde, die Cascarilla zu verkaufen. Wenn man nun über die Natur einer Rinde im Zweifel ist, dann wird ein Querschnitt zur vollen Sicherheit führen. Ist dieselbe eine echte Chinarinde, dann sind die Bastzellen auf dem Querschnitt als schichtweise verdickte Gebilde zu constatiren (Fig. 120 A).

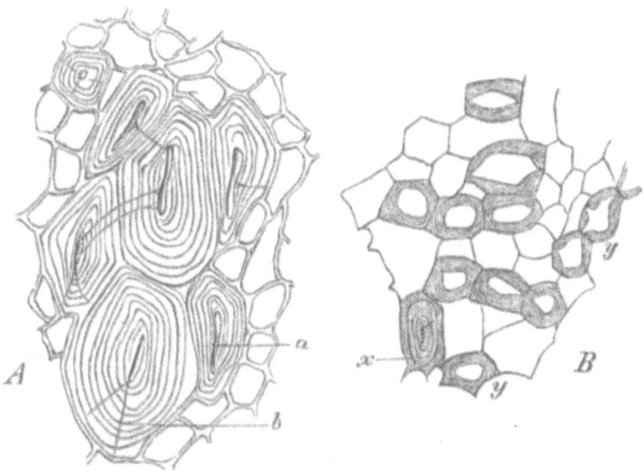

Fig. 120.
A Durchschnitt der Chinarinde. B Durchschnitt der Cascarilla. (Nach Schleiden.) Bezeichn. s. Text.

Der Durchmesser der sie durchsetzenden Höhle ist minimal, oft nur auf eine ganz dünne Spalte reducirt (A a), die gelben Wände sind von Porencanälchen (b) durchsetzt, die im Querschnitt nur als schwarze Linien erscheinen. Der Querschnitt der Cascarilla (Fig. 120 B) zeigt dagegen Bastzellen, deren Höhlung den Durchmesser der Wand um das Doppelte bis Dreifache übertrifft (y y). Nur selten findet man eine echte Chinabastzelle (x) zwischen den übrigen eingestreut.

Ohne auf andre rein pharmaceutische Droguen einzugehen, wo ebenfalls wie z. B. bei der Nießwurz, das Mikroskop die richtige Erkennung erlaubt, will ich sogleich eines für das tägliche Leben wichtigeren Pflanzenbestandtheiles gedenken, nämlich des Stärkemehles. Dasselbe findet

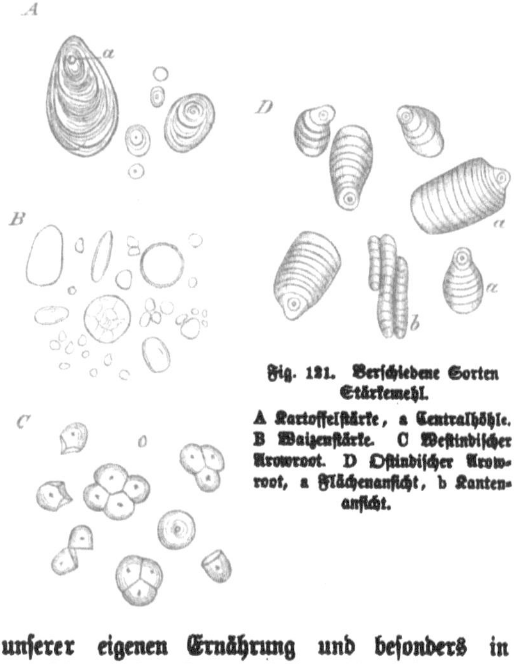

Fig. 121. Verschiedene Sorten Stärkemehl.

A Kartoffelstärke, a Centralhöhle. B Waizenstärke. C Westindischer Arowroot. D Ostindischer Arowroot, a Flächenansicht, b Kantenansicht.

in unserer eigenen Ernährung und besonders in der unserer Kinder eine so ausgedehnte Anwendung, daß es stets die genaueste Beachtung gefunden hat, sowohl von Seiten betrügerischer Händler als auch von Seiten wissenschaftlicher Untersucher. Auch hier ist wieder das Mikroskop das beste Mittel, um Fälschungen sicher nachzuweisen. Denn nicht allein ist es dem geübten Untersucher leicht, die Stärkemehlkörner von anderen Dingen zu unterscheiden, man ist sogar im Stande, die einzelnen Arten der Stärke zu erkennen. Ein Blick auf Fig. 121 wird dies beweisen. In A sind Körner der Kartoffelstärke abgebildet. Dieselben sind von den verschiedensten Größen. Die kleinsten immer regelmäßig kugelig, die mittleren und größeren meist regelmäßig eiförmig, die größten häufig unregelmäßig. Die Centralhöhle a ist gut erkennbar. Die Schichtenbildung ist außerordentlich deutlich. In B ist Waizenstärke gezeichnet. Dieselbe besteht fast nur aus großen und kleinen Körnern, ohne viele Mittelstufen zwischen beiden. Die Centralhöhle ist undeutlich, manche haben auf der Oberfläche eine netzförmige Zeichnung. C zeigt die Körner des westindischen Arowroot. Dieselben sind verhältnißmäßig klein. Die einzelnen zeigen sich fast immer zu 2, 3 oder 4 zusammengesetzt, im käuflichen Mehl aber wieder in ihre einzelnen Körner zerbrochen. Sie haben eine kleine oft etwas sternförmig aufgerissene Centralhöhle, aber keine deutlichen Schichten. D stellt die Körner des ostindischen Arowroot dar. Dieselben sind sehr große und flache Scheiben, a von der Fläche, b von der Kante aus gesehen. Die Schichten sind in beiden Ansichten deutlich zu erkennen.

Auch das gewöhnliche einheimische Arowroot, sowie die Sagoarten, die Cacaobohne u. s. w. haben ihre eigen geformten Körner, welche sie von anderen Dingen unterscheiden. Man wird deßhalb weder Kartoffelsago für ächten kaufen können, noch durch Chocolade, welche mit Kartoffelstärke verunreinigt ist, getäuscht werden, wenn man sich der mikroskopischen Untersuchung bedient.

Andre Droguen, welche für den Bedarf unserer Küche in größeren Mengen Verwendung finden und dadurch zu Verfälschung veranlassen, sind ebenfalls mikroskopisch zu controliren. Es ist dies gemahlener Caffee, gepulverter

Zimmet, Pfeffer u. dergl. Die Cichorien, welche ersterem leicht beigemischt sein könnten, werden bequem an ihren großen Zellen mit dünnen Wänden und ihren dickgestreiften Fibrovasalsträngen erkannt. — Gepulverter Zimmt und Pfeffer werden auf verschiedene Weise verfälscht; entweder um das Gewicht zu erhöhen durch mineralischen Staub, oder um das Volumen zu vergrößern, durch beigemischtes Stärkemehl oder durch Holztheile. Ist zum Zimmt Ziegelmehl, zu Pfeffer gewöhnlicher Staub gemischt, so genügt es, eine Priese des verdächtigen Stoffes in ein Glas Wasser zu werfen. Die unorganischen Bestandtheile fallen zu Boden und zeigen sich unter dem Mikroskop als unregelmäßige Mineraltrümmer; die Erkennung der Stärke ist nach dem eben gesagten sehr leicht. Ist die Verfälschung mit Holzsägemehl vorgenommen, dann sind die charakteristischen Holzzellen meist deutlich genug nachzuweisen, um eine sichere Diagnose zu gestatten[1]).

Diejenigen Naturwissenschaften, welche nicht direct mit der Untersuchung belebter Organismen zu thun haben, wenden das Mikroskop wenig oder gar nicht an. Vor Allem wird das Instrument von der Physik stiefmütterlich behandelt. Sie hat uns dasselbe zwar geschenkt, ohne jedoch selbst irgend einen ausgedehnteren Gebrauch von demselben zu machen. Man verwendet dasselbe zum Ablesen sehr feiner Theilungen und benützt es gelegentlich, um die feine Vibration schwingender Saiten zu beobachten. Zu diesen mehr technischen Diensten, welche das Mikroskop zu leisten hat, gesellt sich noch die rein wissenschaftliche Anwendung zur Bestimmung der Brechungsindices von

[1]) Ueber die Pflanzentheile, welche in der rein technischen Mikroskopie in Frage kommen, unten mehr.

Flüssigkeiten. Damit aber ist auch die physikalische Thätigkeit des Instrumentes ziemlich erschöpft.

Nach einer Richtung hin wird jedoch von der Physik die Arbeit mit dem Mikroskop nicht ganz zurückgewiesen werden können und zwar bei der Untersuchung der Molecularbewegung. Dieselbe wurde von dem Botaniker Brown schon vor vielen Jahrzehnten entdeckt, sehr bald als eine rein physikalische Eigenschaft der Körper erkannt und in Folge dessen von der beschreibenden Naturwissenschaft unbeachtet gelassen. Die Physiker aber, in deren Bereich also das genannte Phänomen gehört, haben dasselbe nach seinem Wesen noch nicht erkannt, und so harrt es noch immer einer Erklärung.

Molecularbewegung nennt man das Himundherschwingen kleinster Körper in dünnen Flüssigkeiten. Diese Moleküle mögen nämlich bestehen, woraus sie wollen, mögen es Pigmentkörnchen, Fetttröpfchen, Zinnober oder Kohlentheilchen oder kleine Krystalle sein, stets befinden sie sich in tanzender, sehr schnell hin und her schwingender Bewegung. In den dünnsten Flüssigkeiten, wie Alkohol und Aether schwingen die Theilchen am stärksten; in dicken, wie z. B. in reinem Glycerin und Gummilösungen werden die Bewegungen sehr schwach oder hören ganz auf. Die Erscheinung dauert nur so lange, als die Moleküle schwimmen; sinken sie zu Boden, dann liegen sie auch stille. Selbstverständlich werden also specifisch schwere Körper früher, specifisch leichte später zur Ruhe kommen. Die Bewegung ist eine so charakteristische und leicht zu unterscheidende, daß im Allgemeinen nur Anfänger einer Täuschung ausgesetzt sein können. Nur bei der Betrachtung der oben erwähnten Pilzsporen sind Verwechselungen leicht möglich, indem diese zum Theil mit einer Lebensbewegung ausgestattet sind, welche der Molecularbewegung sehr ähnelt.

Erklärungen sind für die Molecularbewegung sehr viele gegeben worden, welche aber, wie gesagt, alle noch nicht genügen; der eine glaubte den Grund in der gegenseitigen Anziehung und Abstoßung der Körperchen gefunden zu haben. Ein anderer meinte das Hinundherschwingen der Moleküle durch die Verdunstung der Flüssigkeit, in welcher sie suspendirt sind, erklären zu können. Wieder ein anderer dachte, das Räthsel durch Herbeiziehen des Temperaturwechsels in der Flüssigkeit und die dadurch hervorgerufene Strömung gelöst zu haben. Ja man ging sogar so weit, die Molecularbewegung auf die fortwährenden mikroskopischen Erschütterungen des Instrumentes durch vorbeifahrende Wagen u. dgl. schieben zu wollen. Alle diese und noch andere Erklärungsversuche lassen sich durch sehr einfache Experimente entkräften. So besteht denn noch heute die paradoxe Thatsache, daß die Physik, welche das Mikroskop erfunden und zu der Vollkommenheit gebracht hat, welche wir jetzt an demselben bewundern, die wichtigste Untersuchung, welche sie bis jetzt auf ihrem speciellen Feld mit diesem Instrumente anstellte, nicht zu Ende zu bringen vermag.

Die Chemie, die Schwesterdisciplin der Physik kann kaum einen ausgedehnteren Gebrauch von dem Mikroskope machen. Vorzüglich sind es Krystalluntersuchungen, welche oft mit demselben ausgeführt werden. Hat man z. B. eine Substanz zu untersuchen, welche nur in sehr geringer Menge vorhanden ist, so wird man die Form der Krystalle auf keine andere Art, als durch mikroskopische Untersuchung zu eruiren vermögen. Ein ander Mal sind die Kryställchen auch in größeren Mengen so klein, daß die Substanzen scheinbar amorphe Körper bilden, während unter dem Mikroskope doch ein vollständig krystallinisches Gefüge erscheint. Und wenn man weiß, wie wichtig in vielen Fällen die Erkennung der Krystallform für die Erkennung des ganzen Körpers ist, dann wird man trotz der beschränkten Anwendungsfähigkeit die Bedeutung des Mikroskopes für die Chemie nicht unterschätzen.

Die letzten naturwissenschaftlichen Fächer, welche durch das Mikroskop Förderung erfahren haben, sind diejenigen, welche sich mit der Untersuchung der Gesteine beschäftigen, die Mineralogie, Geologie und Paläontologie. Früher verbunden, trennen sie sich im Laufe der Jahre immer mehr und mehr. Die eigentliche Mineralogie beschränkt sich lediglich auf die physikalisch-chemische Seite der Gesteinskunde, während sich die Geologie vollständig in die Arme der anatomisch-zoologischen Wissenschaft geworfen hat, was durch die aus ihr heraus erfolgte Schöpfung der Paläontologie bewiesen wird.

Auch die Anwendung des Mikroskopes scheidet sich in den mineralogischen Disciplinen, wenn man noch so sagen darf, in zwei scharf getrennte Theile. Auf der einen Seite stehen die rein krystallographischen Forschungen, die sich also den chemisch-mikroskopischen Untersuchungen anschließen, auf der anderen Seite aber befinden sich die damit gar nicht in Zusammenhang stehenden Beobachtungen der Reste vorweltlicher Thiere und Pflanzen, welche jetzt nur noch einen Theil der anatomischen Fächer bilden.

Was zuerst die krystallographischen Forschungen betrifft, so sind sie durch das Mikroskop sehr erheblich gefördert worden. Besonders sind es die dichten vulkanischen Gesteine, welche mit freiem Auge nur selten eine krystallinische Structur erkennen lassen. Das Mikroskop aber weist ohne Schwierigkeit in allen, welche nicht reine Glasflüsse sind, mehr oder weniger Krystalle nach. In den beiden Abbildungen Fig. 122 u. 123 sind mikroskopische Dünnschliffe einer Lava vom Vesuv und von Obsidian aus Mexico abgebildet. Wie völlig structurlos die erstere beim Besehen mit bloßem Auge gewöhnlich aussieht, ist dem Leser gewiß bekannt. Auch der Mineralogie schien sie in ihrer Hauptmasse structurlos zu sein, bis die mikroskopische Beobachtung krystallinische Einschlüsse so massenhaft zeigte, wie es die Abbildung wiedergibt.

Fig. 122.
Lava vom Vesuv. Dünnschliff.

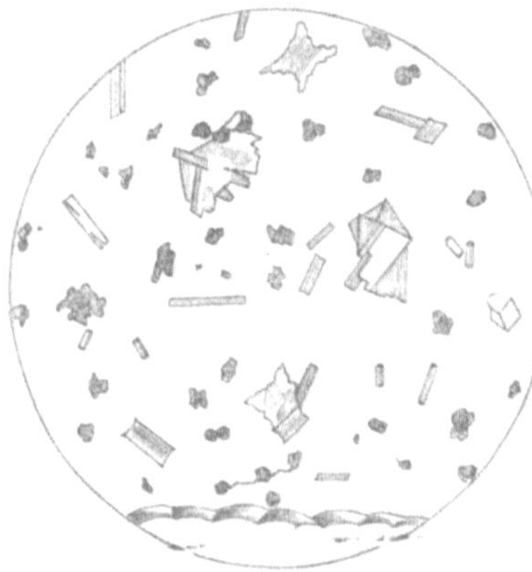

Fig. 123.
Obsidian aus Mexico. Dünnschliff.

Der Obsidian ist eine vollkommen

glasartige Masse scheinbar ohne jede Spur von Structur. Ein Bick auf die nebenstehende Figur 123 aber beweist, daß selbst hier kleine Kryställchen von Augit nicht fehlen, welche freilich spärlich und sehr klein sind. Neben ihnen sind noch die dunklen körnchenartigen, in ihrem krystallinischen Gefüge nur schwer zu erkennenden Massen von Meteoreisen zu sehen, welche dem Obsidian seine makroskopisch sehr gleichmäßig aussehende Färbung ertheilen. Basalte und andere vulkanische Gesteine zeigen auf Dünnschliffen einen ähnlichen krystallinischen Bau und es hat in neuerer Zeit das Studium der mikroskopischen Structur derselben so sehr zugenommen, daß es jetzt sogar Fabriken gibt, welche davon und von anderen Gesteinsarten Dünnschliffe en gros herstellen.

Viel reichhaltiger als bei der Untersuchung der Krystallformen, mußte die Ausbeute beim Studium paläontologischer Reste vorweltlicher Thiere und Pflanzen ausfallen; und in der That sind nach manchen Richtungen die erhaltenen Aufschlüsse geradezu überraschend. So hat man in mächtigen Felsen, welche von Ewigkeit her zu bestehen scheinen, die zu Stein verdichteten Schlammmassen erkannt, wie sie sich durch Jahrtausende lange Ablagerung auf dem Boden tiefer Meere bilden. Das Mikroskop wies z. B. die gewöhnliche Schreibkreide als ein Gebilde nach, welches fast ganz aus den Panzern unendlich kleiner Organismen besteht, welche nach dem Tode der Individuen zu Boden gesunken waren und sich hier zu enormen Schichten angehäuft hatten. Figur 124 auf der folgenden Seite stellt Kreidemehl dar, wie es sich unter dem Mikroskope ausnimmt. Neben Bruchstücken von unbestimmter Form sieht man eine große Menge sehr charakteristisch geformter Thier- und Pflanzenreste, meistens die Panzer von Foraminiferen. Wie mußte man erstaunen, diese Formen vollkommen identisch zu finden mit solchen, welche noch

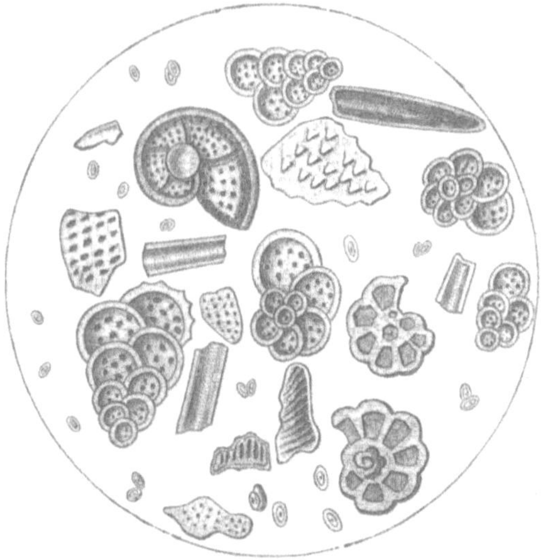

Fig. 124.
Schreibkreide nach Zittel.

heute auf dem Boden des atlantischen Oceans leben und welche von da bei Tieflothungen zum Vorschein gebracht worden waren! Wie prächtig wurden durch diesen und ähnliche Funde die reformirenden Lehren eines Lyell und Darwin illustrirt und bewiesen.

Auch die versteinerten Reste höherer Thiere und Pflanzen wurden in den Bereich der mikroskopischen Untersuchung gezogen und die so gewonnenen Erfahrungen dienten zur Bestätigung und Erweiterung der durch die makroskopische Forschung gewonnenen Untersuchungsresultate.

In Figur 125 ist ein Dünnschliff durch eine Steinkohle abgebildet. Man sieht aufs Allerbeste die pflanzliche

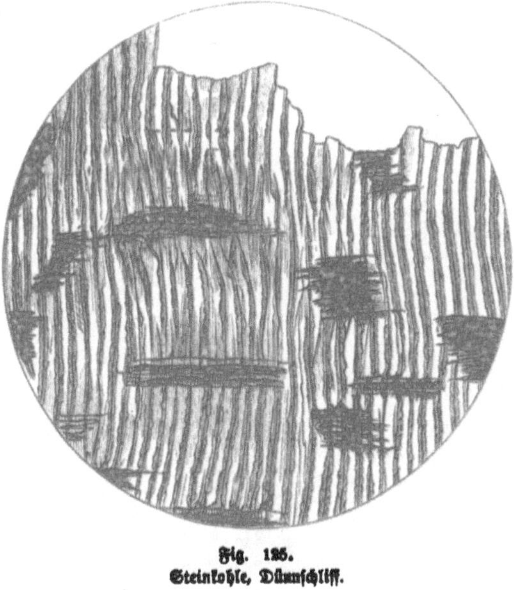

Fig. 125.
Steinkohle, Dünnschliff.

Structur der Versteinerung erhalten und man kann bei Anwendung einer stärkeren Vergrößerung selbst die Tüpfel der einzelnen Zellen deutlich unterscheiden. Auch andere Steinkohlen-Arten sowie Braunkohle u. s. w. zeigen ihren feinen Bau so vortrefflich erhalten, daß es stets gelingt, die Gattung des Holzes, von welchem der Schliff stammt, zu bestimmen.

In Bezug auf die mikroskopische Untersuchung der Reste höherer Thiere wird ein Beispiel genügen, um deren Erfolge zu zeigen. Im Lias (schwarzen Jura) finden sich oft in großer Menge die versteinerten Excremente der gewaltigen Amphibien Ichthyosaurus, Plesiosaurus und

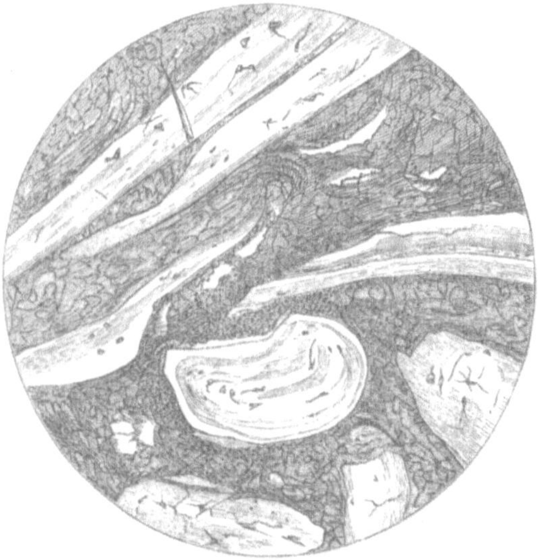

Fig. 126.
Coprolith, Dünnschliff.

Teleosaurus; man nennt sie Coprolithen. Der Durchschnitt eines solchen Kothballens (Fig. 126) zeigt in den ungeformten, unbestimmbaren Massen deutlich die eingeschlossenen Knochenschuppen niederer (Ganoid-) Fische, in denen man sogar noch deutlich die verästelten Knochenkörperchen erkennt. Wir wissen also hieraus nicht allein, was die Nahrung dieser Seeungeheuer war, sondern auch wie sie dieselbe verdaut haben.

Soviel von der wissenschaftlichen Anwendung des Mikroskopes. Der Leser wird mir nach der Lectüre des

Vorstehenden beistimmen, wenn ich die Triumphe, welche dieses Instrument in den fünfzig Jahren seines ausgedehnteren Gebrauches in der Naturforschung gefeiert hat, als außerordentliche und nie dagewesene bezeichne.

Handel und Wandel des gewöhnlichen Lebens stehen mit der Wissenschaft in einem so lockeren Zusammenhang, daß es stets schwer fiel, die reine Empirie durch einen Betrieb zu ersetzen, welcher auf höheren Grundlagen ruht. Der handgreifliche Nutzen jedoch, den die Physik, besonders aber die technische Chemie einer großen Menge von Berufszweigen bietet, hat doch in den letzten Jahrzehnten die harte Schale durchbrochen und der Wissenschaft auch in technischen Kreisen Achtung und Ansehen verschafft. Ja manchmal ist sogar die Anwendung der Chemie eine allzu gründliche geworden, wie man bei dem Genuß von Bier und Wein oft genug zu beklagen hat. Neben anderen wissenschaftlichen Instrumenten, wie dem Thermometer und Barometer hat auch das Mikroskop siegreich seinen Einzug in die Technik gehalten und ist in derselben schon ein Werkzeug geworden, welches vielen Nutzen stiftet, indem vor ihm eine Fälschung nicht bestehen kann. Mag Juchtenleder noch so schön aus Stoff nachgeahmt, noch so schön parfümirt sein, das Mikroskop weist auf den ersten Blick nach, daß man kein Leder vor sich hat. — Mag ein seidenes Taschentuch noch so kunstreich und unmerklich mit Baumwolle gefälscht sein, das Mikroskop führt uns den unwiderleglichen Beweis des Betruges. Jedoch kann man das Instrument nicht blos als aufmerksamen Detectiv benützen, auch als Föderer der Industrie thut es seine Wirkung. Denn es lassen sich alle schon erwähnten wissenschaftlichen Erfahrungen auf die Technik anwenden und oft für einen rationellen Betrieb verwerthen.

Wende ich mich nun zu den einzelnen Fällen, in welchen das Mikroskop technisch verwendet wird, so sind alle diejenigen Gewerbe ins Auge zu fassen, welche sich mit der Verarbeitung thierischer und pflanzlicher Stoffe beschäftigen.

Unter diesen sind wieder vor allen anderen wichtig die Geschäfte, welche Nahrungsmittel herstellen und verarbeiten, Schlachterei, Müllerei, Bäckerei, Zuckerfabrikation, Bierbrauerei, Branntweinbrennerei und Weindarstellung, dies sind die Industrien, welche in nähere Berührung mit dem Mikroskop gekommen sind oder doch wohl bald kommen werden.

Bezüglich der Schlachterei wurde die sehr populäre Anwendung des Mikroskopes zur Erkennung von Trichinen und Finnen schon oben erwähnt. Ebenso ist schon gesagt, daß man die verschiedenen Stärkmehlsorten unterscheiden könne. Doch hat uns das Mikroskop in Bezug auf Brodbereitung noch mehr gelehrt. Es zeigte uns die innere Architectur des Getreidekorns, welche so ist, daß in seinem Centrum die Stärkmehlzellen, in der Peripherie die eiweißhaltigen Zellen sich befinden. Mit einem Mal wurde durch diese Erfahrung die Nahrhaftigkeit des Kleienbrodes erklärt. Denn je feiner das Mehl ist, um so sorgfältiger ist es von den Cellulosehülsen der Körner gereinigt. An diesen aber sitzt ein großer Theil der eiweißhaltigen Zellen fest und geht mit ihnen verloren. Läßt man dagegen die Kleie im Brod, dann kommen auch sie dem Genießenden zu Gute.

Die Kenntniß des Grundes, weßhalb andererseits das feine Mehl leichter verdaulich ist als grobes, verdankt man ebenfalls dem Mikroskop, welches den Nachweis lieferte, daß in groben Mehlsorten größere Zellencomplexe unversehrt sind. Die Hüllen derselben setzen aber der Verdauung bedeutende Hindernisse entgegen. In feinen Mehlsorten sind die Hüllen zersprengt, so daß hier mit Leichtigkeit der Gesammtinhalt des Mehles für die Ernährung nutzbar gemacht werden kann.

In der Zuckerfabrikation war der Einfluß des Mikroskopes ein so bedeutender, daß man demselben sogar eine neue Methode der Saftgewinnung, die sogenannte Diffusionsmethode verdankt. Bei der Zuckerfabrikation aus Runkelrüben wurde in früherer Zeit vor Allem das auch jetzt noch nicht verlassene Preßverfahren angewendet. Hierbei wurden die Rüben zu Brei zerrieben, dieser Brei in Tücher eingehüllt und ausgepreßt. Nun versteht es sich, daß bei einem solchen Verfahren nicht nur der gewünschte Zucker, sondern auch viele andere Theile des Inhaltes der Rüben in Lösung gehen, indem eine mikroskopische Untersuchung des Rückstandes außerordentlich zersetzte Zellenreste zeigt, deren Inhalt fehlt. So findet man in der gewonnenen Flüssigkeit noch vor allem viel Protoplasma und dann Hefezellen, welche auf der Oberhaut der Rüben angesiedelt waren. Es ist dadurch das Eintreten von Fäulniß und Gährung ausnehmend begünstigt und nur die schnellste Verarbeitung sichert vor Schaden. Eine andere Art der Zuckergewinnung, die Methode der Maceration, welche ebenfalls beliebt ist, verfährt mit den Rüben so, daß dieselben in längliche Stücke geschnitten werden, welche man dann in heißem Wasser ausbrüht. Das Mikroskop zeigt in den Abfällen die Zellwände durch die Einwirkung des Wassers sehr verdickt. Diese Verdickung aber verlegt dem in den Zellen befindlichen Zuckersaft den Weg, während das Eiweiß durch das heiße Wasser in großen Mengen gelöst wird.

Man erreicht also bei diesen beiden Methoden seinen Zweck nicht, sondern macht nur noch obendrein die ihres Eiweißes beraubten Rückstände untauglich für Viehfutter. Von diesen dem Mikroskop zu verdankenden Belehrungen ausgehend, erfand man nun die erwähnte Diffusionsmethode, bei welcher man die Rübe in dünne Scheiben schneidet, und durch mäßig warmes Wasser auslaugt. In den so behandelten Stücken läßt das Mikroskop die ganze Structur der Zellen unverändert erscheinen, und das Eiweiß findet sich zum größten Theile noch an seinem Platze. Der Zucker aber ist nicht mehr nachzuweisen, er ist gänzlich in Lösung gegangen. Die Zeit hat bereits gelehrt, welch' großen Erfolg diese neue wissenschaftliche Methode der Zuckergewinnung aus der Runkelrübe hat.

Bei der Bearbeitung des Zuckerrohres verhält sich die Sache praktisch genau ebenso, wie bei der Rübe, während die wissenschaftliche Begründung eine etwas andere ist. Hier wurde und wird der Saft bekanntlich so gewonnen, daß man die Stengel zwischen zwei Walzen durchgehen läßt und sie dadurch auspreßt. Die mikroskopische Betrachtung des Zuckerrohres zeigt aber, daß die zuckerführenden Zellen im Innern liegen, umgeben von dickwandigen Holzzellen und ungemein verdickten Bastzellen, welche eine so feste Hülle bilden, daß der Saft durchaus nicht vollständig austreten kann. Auch hier hat die Diffusionsmethode, welche man in Folge von wissenschaftlichen Erwägungen eingeführt hat, die besten Resultate gehabt, indem bei Anwendung derselben die dünnen Scheiben, in welche das Rohr zerlegt wird, einen vollständigen Austritt des Zuckersaftes bequem zulassen.

Für die Verfertigung der alkoholischen Flüssigkeiten, Bier, Wein und Branntwein ist die Untersuchung der Hefe nicht ohne Nutzen geblieben. Das Mikroskop hat gelehrt, daß dieselbe lediglich aus Pilzen besteht, und zwar aus solchen, welche sich im Stadium lebhafter Fortpflanzung befinden. Die Pilzarten, welche die Gährung einleiten, sind verschiedener Art, jedoch in ihren specifischen Eigenthümlichkeiten noch nicht vollkommen durchforscht. Ihre Sporen sehen den in Figur 115 dargestellten sehr ähnlich. Die Gegenwart der Hefepilze bedingt den Gährungsvorgang, d. h. die Spaltung des vorhandenen Zuckers in Alkohol und Kohlensäure. Ist die Hefe schlecht, dann sproßt sie nicht mehr, sondern wird durch die gewöhnlichen Schimmelpilze, deren Keime ihr stets in großen Mengen beigemischt sind, verdrängt und getödtet.

Es ist nicht zweifelhaft, daß das mikroskopische Studium der Gährungspilze noch schätzenswerthe und in der Praxis verwendbare Winke für eine ganz rationelle Bereitung der alkoholischen Flüssigkeiten geben wird.

Außer diesen für Consumtion bestimmten Thier- und Pflanzentheilen wird bekanntlich eine Reihe organischer Substanzen auch zu Waaren anderer Bestimmung verarbeitet. Von thierischen Stoffen sind besonders Leder, Elfenbein, Schildpatt, Knochen, Horn, Wolle und Seide hervorzuheben, während von pflanzlichen Leinen, Baumwolle und die Dinge, aus welchen Papier bereitet wird, zu nennen sind. Sie alle können zur Prüfung ihrer Aechtheit mit Nutzen der mikroskopischen Untersuchung unterworfen werden, indem hierdurch jede Fälschung ebenso rasch als sicher erkannt werden kann.

Leder, Elfenbein und Schildpatt werden mit jedem Jahre mehr zu Gebrauchs- und Luxusartikeln verarbeitet. Da sie aber durch die fortwährend steigende Nachfrage immer theurer werden, so sind auch die Verfälschungsversuche immer vollkommener geworden und werden jetzt oft mit einer Virtuosität ausgeführt, die auch dem geübtesten Kenner irrezuführen im Stande ist. Die mikroskopische Structur aber, bei welcher nur die Natur allein den Baumeister spielt, kann auch durch das künstlichste Falsificat nicht nachgeahmt werden. Bei Leder, welches durch allerlei Compositionen gefälscht wird, denen man durch Pressen der Oberfläche ein lederähnliches Ansehen gibt, erhält man durch einen Querschnitt den nöthigen Aufschluß. Thierische Haut besteht aus einem äußerst dicht gewebten Faserpilz, dessen vielfach durchschnittene Bündel in dem Präparate sichtbar sind. Fälschungen zeigen davon natürlich keine Spur. Elfenbein muß nach seiner Abstammung die mikroskopische Structur des Zahnes zur Schau tragen und in der That sieht man den Querschnitt in der Art beschaffen, wie es die Figur 127 zeigt. Die Ringe entsprechen mikroskopischen Röhrchen, welche den Zahn durchsetzen. Eine Verfälschung durch Knochen ist sehr leicht zu finden, denn eine Aehnlichkeit mit dessen Structur (vergl. Fig. 95) ist ja in keiner Weise vorhanden. Schildpatt schließlich ist ein Oberhautgebilde, welches man seiner Natur nach mit den Schwielen der menschlichen Hand vergleichen kann. Läßt man ein Stückchen davon aufquellen, dann erscheinen deutlich die einzelnen Zellengränzen. Zu Verfälschungen werden Horn und in Salzsäure aufgeweichtes Elfenbein benützt. Das Letztere zeigt, wie aus dem Vorstehenden erhellt, durchaus kein zelliges Gefüge, kann also unter dem Mikroskop mit Schildpatt nicht verwechselt werden. Auch das Horn ist demselben mikroskopisch so unähnlich — es ist aus Lamellen zusammengesetzt —, daß ein Zweifel an dem Wesen des untersuchten Gegenstandes ausgeschlossen erscheint.

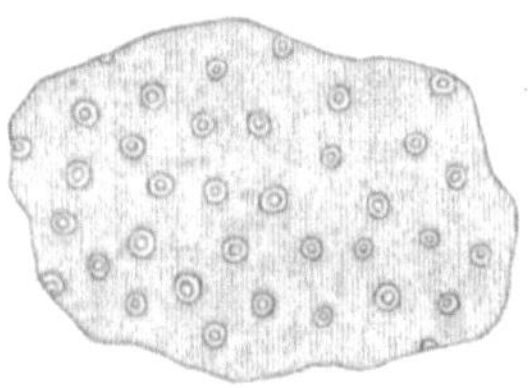

Fig. 127.
Elfenbein. Querschnitt.

Last not least in der technischen Anwendung des

Mikroskopes sind wie erwähnt diejenigen Stoffe, welche zu Geweben verarbeitet werden und in engem Anschluß an sie diejenigen Substanzen, welche in der Papierfabrikation in Frage kommen. Die eminent praktische Bedeutung einer durchaus sicheren und unanfechtbaren Methode der Unterscheidung der einzelnen Materialien von einander liegt auf der Hand und so ist auch von vielen Seiten das 1853 erschienene Buch von Schacht mit Freude begrüßt worden, welches zuerst genauere Abbildungen der in der Weberei und Papierfabrikation benützten Stoffe gibt, sie beschreibt und auf Reagentien aufmerksam macht, welche in irgendwie zweifelhaften Fällen eine genaue Unterscheidung erlauben. Für die überwiegend größte Anzahl von Fällen wird ein einfaches Zerzupfen des fraglichen Gewebes in einem Tröpfchen Wasser genügen, um Klarheit zu gewinnen. Vergleicht man die Figur 128, 129 und 130 unter sich und mit Figur 118 b, so wird man sich von der Verschiedenheit der Materialien sogleich ein Bild machen können.

Die Wolle (118 b) zeigt alle oben schon erwähnten Merkmale des thierischen Haares. Die Seide (Fig. 128 folgende Seite) besteht aus ganz homogenen, soliden, glänzenden Fäden. Dieselben sind ohne jede Structur, indem sie sich nicht aus thierischen Elementartheilen aufbauen, sondern das erstarrte Secret der Spinndrüsen der Seidenraupe sind. Sie pflegen nicht zu reißen, sondern quer abzubrechen. Je feiner die Seide ist, um so gleichmäßiger sind die einzelnen Fasern und um so dicker ist deren Durchmesser. Die Leinenfasern (Fig. 129) sind rund und zeigen im Centrum ein Lumen, welches meist sehr fein ist. Oft ist eine Längsstreifung zu sehen und ebenso findet man manchmal schiefe Querstreifen (a a), den Porenkanälchen entsprechend, welche die Wand der Faserzelle durchsetzen. Baumwolle ist von Leinen außerordentlich leicht zu unterscheiden. Die Fasern derselben (Fig. 130) sind stets platt mit einer großen Innenhöhle versehen und fast immer wie in der Figur spiralig um die eigene Axe gedreht.

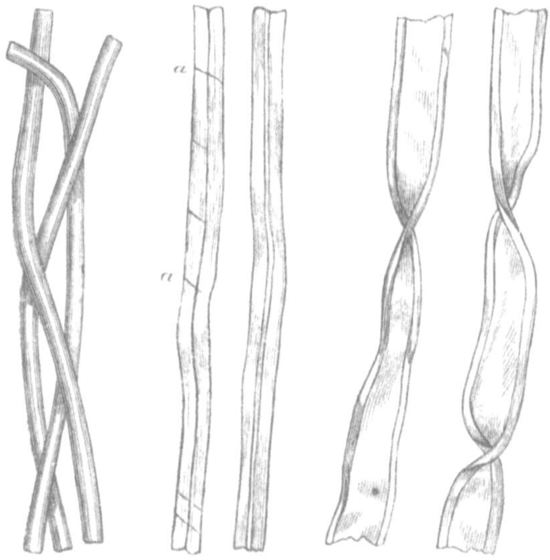

Fig. 128. Fig. 129. Fig. 130.

Fig. 128. Seidenfäden stark vergrößert. Fig. 129. Leinenfasern. Fig. 130. Baumwollenfasern.

Nesselfasern, Hanf, Chinagras und neuseeländischer Flachs, welche für das tägliche Leben der gebildeten Welt weniger wichtig sind, lassen sich ebenso wie die abgebildeten Fasernarten in ihren Besonderheiten erkennen.

Die Papierfabrication hat in alter, jetzt lange verflossener Zeit fast nur leinene Lumpen zur Herstellung ihrer Producte benützt. Dieselben wurden stark zerkleinert bis zur Zerstörung der einzelnen Fasern bearbeitet und dann zu Papier verfilzt. Man wird also in solchen Leinenpapieren ebenso wie in gewebten Stoffen die Leinfasern wiederfinden, wenn sie auch häufig gebrochen oder zersplittert erscheinen. Ein solches Papier ist fest und stark, so daß man sich, an die heutige gebrechliche Waare gewöhnt, wundert, welch' kräftigen Widerstand es dem Zerreißen entgegensetzt.

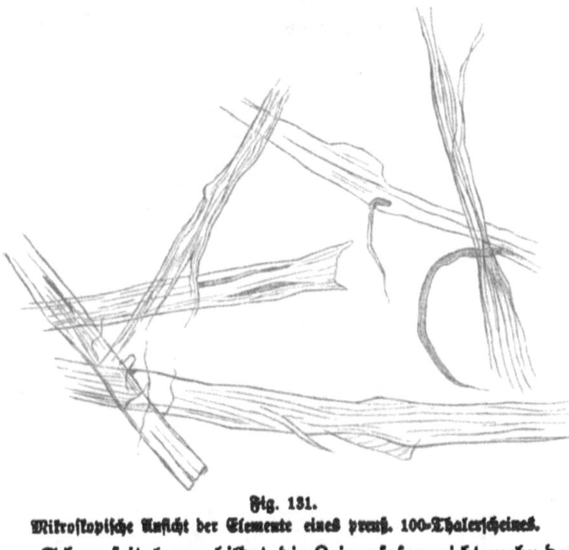

Fig. 131.
Mikroskopische Ansicht der Elemente eines preuß. 100-Thalerscheines.

Schon seit lange bildet die Leinenfaser nicht mehr das ausschließliche Material für die Fabrication besserer Papiere, sondern nur einen mehr oder weniger überwiegenden Bestandtheil. Außer ihr kommt noch Baumwolle, Stroh, Mais, Holz u. dgl. zur Verwendung und ich konnte selbst in kostbareren Sorten von weißem Schreibpapier die Elemente dieser Leinen-Surrogate nachweisen. Ohne aber den Leser mit der Aufzählung der einzlenen Papiersorten ermüden zu wollen, beschränke ich mich darauf, zwei Beispiele herauszugreifen. Ich wähle dazu Papiere, welche der Staat benützt. Das erste (Figur 131 auf der vorigen Seite) ist dem preußischen Einhundertthalerschein I Lit. C Nr. 343,383 entnommen. Es enthält, wie die Abbildung zeigt, nichts als zerrissene und zersplitterte Fasern, welche den Leinenfasern sehr ähnlich sehen. Die Scheine sollen aber nicht aus Leinen, sondern ganz aus Hanf bestehen,

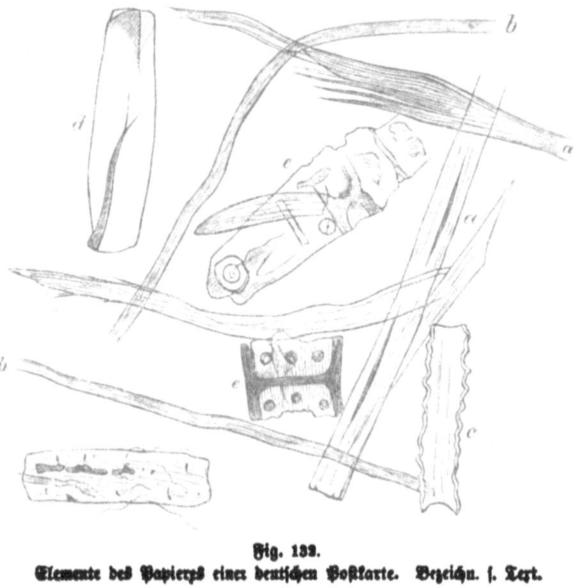

Fig. 132.
Elemente des Papierzs einer deutschen Postkarte. Bezeichn. s. Text.

dessen Fasern aber den Leinenfasern so ähnlich sehen, daß sie in dem Zustande der Zerstörung, in welchem sie sich in dem Papiere befinden, nicht davon unterschieden werden können. Jedenfalls ist aber dieses Papier ein außerordentlich reines und aus dem besten Material hergestelltes.

Es geht dies ja auch aus der sehr bedeutenden Haltbarkeit der so viel circulirenden Scheine hervor.

Als Gegensatz hierzu habe ich das Papier der vor einiger Zeit eingeführten Postkarten gewählt, und ein Exemplar vom August 1874 benützt. In diesem Papier (Fig. 132) findet sich eine bunte Musterkarte der verschiedensten Ingredienzen und man kann die Postverwaltung der Verschwendung in Bezug auf das verwendete Material gewiß nicht anklagen. a a sind Leinenfasern in den gewöhnlichen Zersplitterungsformen, wie sie im Papier vorkommen. In b b sieht man Bastfasern des Strohes, c ist eine Oberhautzelle, d eine Parenchymzelle des Strohes. Die in e e abgebildeten Bruchstücke sind durch ihre Tüpfeln deutlich als Holzpartikel charakterisirt.

So sieht man denn, daß das Mikroskop als treuer Helfer ebenso wie dem Gelehrten auch dem Geschäftsmann, der die Güte seiner Waare prüfen will, beisteht und durch die Wahrheit seines Zeugnisses vor Schaden schützt.

Die außerwissenschaftliche Benützung des Mikroskopes geht vorläufig über die Untersuchung der eben genannten organischen Gebilde nur wenig hinaus und es ist eigentlich nur eine einzige Art anderer Objecte, welche Popularität erlangt hat. Ich meine die photographischen Abbildungen. Oben (Cap. VI. 4) wurde erwähnt, daß man mittelst des photographischen Mikroskopes die kleinsten Objecte beliebig groß darstellen könne. Im Gegensatz hierzu ermöglichen die photographischen Maschinen auch einen großen Gegenstand beliebig klein abzubilden. Davon Gebrauch machend, hat man Photographien von allen möglichen Dingen auf die eine Fläche ganz kleiner Cylinderlupen entworfen, wie sie die Figur 23 zeigt. Dieselben haben beim großen Publikum so großen Beifall gefunden, daß sie jetzt an Cigarrenspitzen, Federhaltern u. s. w. angebracht und viel gekauft werden. In neuerer Zeit geht man mit der Verkleinerung noch weiter und stellt Bilder her, welcher einer hundertfachen und stärkeren Vergrößerung bedürfen, um deutlich erkannt zu werden. So liegt mir eine photographische Abbildung einer Beilage der „Hamburger Nachrichten" von Möller in Wedel vor, welche in der Breite nicht ganz zwei, in der Höhe 2½ Mm. mißt. Mit bloßem Auge erscheint sie nur als ein kleiner, schwach grauer, viereckiger Flecken. Mit siebzig- bis achtzigfacher Vergrößerung kann man bequem die Verlobungs- und Todesanzeigen, die verlorenen Hunde und Regenschirme und die gesuchten Gouvernanten lesen. Im Allgemeinen haben diese Abbildungen keinen Zweck weiter, als zu überraschen und zu erheitern. Doch läßt sich davon auch ein sehr ernster Gebrauch machen, wie der letzte Krieg zeigte.

Die Franzosen, welche bei der Belagerung von Paris durch die Noth gar erfinderisch gemacht worden waren, kamen auf den Gedanken, ihren Brieftauben statt großer Papierdepeschen, solche unter dem Mikroskope zu lesende Schriftstücke anzuhängen, welche nun natürlich weit länger und ausführlicher sein konnten, ohne die Thiere im Mindesten in der Schnelligkeit ihres Fluges zu hindern. Wenn auch dieser Versuch, das Mikroskop in einer ganz neuen Sphäre nutzbar zu machen, noch allein dasteht, so ist es doch kaum zu bezweifeln, daß wir hier nur einen Anfang vor uns sehen, der gewiß noch viele Nachfolge findet, wenn erst das Mikroskop ein populäreres Instrument geworden sein wird.

Schlußbemerkung.

Nachdem nun der Leser durch die Lectüre des vorliegenden Buches einen Einblick in das Wesen und die Leistungen des zusammengesetzten Mikroskopes gewonnen hat, wird er zum Schluße noch nach der Weltstellung des Instrumentes im Ganzen fragen. Sollen wir dasselbe eine „große Erfindung" nennen, d. h. müssen wir das Mikroskop ähnlich ansehen, wie die Dampfmaschine, das Schießgewehr und die Druckerpresse, oder haben wir es unter die Errungenschaften zweiten Ranges zu subsummiren, wie es etwa die Erfindung der Taschenuhr und der Galvanoplastik ist?

Große Erfindungen haben wohl meistens Vorläufer und bereiten durch allerlei Anzeichen auf ihr Erscheinen vor, im Moment des Auftretens aber setzen sie doch oft genug die Menschheit durch die Großartigkeit ihrer Leistungen in das höchste Erstaunen. Eine solche tief eingreifende Erfindung ist das Mikroskop nun gewiß nicht. Hat es doch zweier Jahrhunderte bedurft, um sich überhaupt zur Brauchbarkeit emporzuarbeiten und hat es doch lange Jahre als Spielzeug der unwürdigsten Oberflächlichkeit gedient. — Und dennoch muß man das Mikroskop unter die großen epochemachenden Erfindungen einreihen. Denn es theilt mit diesen das hauptsächlichste und charakteristischeste Kennzeichen; es hat uns eine bis dahin völlig unbekannte und ungeahnte Welt erschlossen. Nur muß man die Leistungen des Mikroskopes in den früheren Jahrhunderten als Vorläufer der eigentlichen Erfindung ansehen. Diese datirt erst von der Achromatisirung der Linsen. Man kann das Verhältniß sehr treffend mit der Erfindung des Buchdruckes vergleichen. Vor dieser kannte man ebenfalls längst den Druck selbst; es ist doch bekannt genug, daß gedruckte Heiligenbilder und Profanfiguren schon Jahrhunderte vorher angefertigt worden waren. Die Genialität lag nur in dem Beweglichmachen der Lettern, ebenso wie in unserem Fall in der Zusammensetzung der Linsen.

Ist aber eine Erfindung eine wirklich große zu nennen, dann muß sie auch eine Umwälzung im Leben der Gesammtmenschheit hervorbringen, was man ja von der Dampfkraft, von dem Compaß, vom Buchdruck, vom Schießpulver in der That sagen kann.

Auch das Mikroskop ist nicht blos ein Förderer der reinen Wissenschaft, es hat, wie die vorstehenden Seiten zeigten, die Fähigkeit und das Recht, in Bezug auf das Gesammtwohl des Staates und das der Einzelindividuen ein gewichtiges Wort mitzusprechen.

Im Augenblicke freilich ist die Popularität des Instrumentes noch eine relativ geringe, allein es unterliegt keinem Zweifel, daß es in kurzem seinem bisher so bevorzugten Bruder, dem Fernrohr nacheilen wird, vielleicht sogar ihm einen Vorsprung abgewinnt. Dies letztere kann heute kein Schiffer, kein Officier mehr entbehren. Sie wüßten nicht, wie sie auf der See und dem Schlachtfelde operiren sollten, wenn man es ihnen plötzlich entziehen wollte. Glaubt ja doch bereits jeder Tourist, der eine Schweizerreise macht, ohne ein Fernrohr dieselbe überhaupt kaum unternehmen zu können. Ebenso unentbehrlich wird auch in nicht allzu ferner Zeit das Mikroskop sein. Während heute nur der Gelehrte und Arzt mit demselben hantirt, wird dann jede Hausfrau ihr Fleisch selbst untersuchen und wird ihre seidenen Kleider, ihr Leinenzeug einer nie täuschenden Betrachtung unterwerfen. Der Kaufmann wird seine Waaren, der Landmann seine Feldfrüchte mit dem Mikroskop durchmustern. Und da heute keine Erfindung mehr ein Anrecht auf Bedeutung hat, welche nicht im Kriege gebraucht werden kann, so kann man auch vorhersagen, daß es nicht mehr lange dauern wird, bis ein geheimer Courier seine Depeschen, anstatt sie zwischen die doppelten Sohlen der Stiefel zu stecken, oder an einem gleich leicht zu entdeckenden Orte zu verbergen, in den Westenknopf einnäht, oder in unschuldigster Atrappe als Charivari an der Uhr trägt. Und dann ist die Zeit gekommen, wo nicht allein der Gelehrte den Werth des Instrumentes kennt, wo auch das Gesammtvolk von der Ueberzeugung durchdrungen ist und laut ausspricht:

Das Mikroskop ist eine große Erfindung.

Bücher,

welche bei der Abfassung der vorliegenden Schrift benützt wurden.

1. *J. B. Porta.* Magiae naturalis libri viginti. Francofurti, 1607.
2. *J. Hevelii* Selenographia etc. Gedani, 1647.
3. *Petr. Borellus.* De vero telescopii inventore cum brevi omnium conspiciliorum historia etc. Hagae comitum, 1655.
4. *R. Hooke.* Micrographia: or some physiological descriptions of minute bodies made by magnifying glasses. London, 1667.
5. *P. Cherubinus Aurelianensis Capucinus.* De Visione perfecta sive de amborum visionis axium concursu in eodem objecti puncto. Parisiis apud Sebast. Mabre-Cramoisy, 1678.
6. *Fr. Schrader.* Dissert. epistolica de microscopiorum usu etc. in Th. Conerdingium. Gottingae, typ. Hampii, 1681.
7. *A. P. P. Bonannus S. J.* Recreatio mentis et oculi in observatione animal. testaceorum. Romae, 1684.
8. *R. P. F. Joh. Zahn.* Oculus artificialis teledioptricus sive telescopium ex abditis rerum naturalium et artificialium principiis protractum nova methodo etc. etc. Herbipoli, sumpt. Quirini Heyl., 1685.
9. *M. Malpighi.* Opera omnia, Londini, Scott et Wells, 1686.
10. *Joh. Fr. Griendel von Ach.* Micrographia nova oder neu curieuse Beschreibung verschiedener kleiner Körper, welche vermittelst eines absonderlichen, von dem Authore neuerfundenen Vergrösser-Glases verwunderlich gross vorgestellet werden etc. Nürnberg, Johann Ziegler, 1687.
11. *Leeuwenhoek.* Epistolae, Lugd. Batav. 1687. Continuatio epistolarum 1689. Arcana naturae Delphis. Batav., 1695.

12. *H. A. Langenmantel.* Microscopii Tortaniani fabrica tam exterior, quam interior melius concepta et explanata. In Miscellanea curiosa Academ. Leopoldinae, annus septimus. p. 442. Norimbergae, 1689.
13. *Bonnanus, S. J.* Observationes circa viventia etc., cum micrographia curiosa. Romae, 1691.
14. Histoire de l'academie royale des inscriptions et belles lettres. Bd. I. Paris, 1717.
15. *Rob. Smith.* A compleat system of opticks Cambridge, 1738.
16. Histoire de l'Academie royale des Sciences et belles lettres à Berlin. Haude und Spener. 1. Bd., 1746.
17. *Alb. v. Haller.* Disputation. anatomicae selectiores. Göttingen, Vandenhoek, 1746—61.
18. *M. Needham.* Nouvelles observations mikroscopiques. Paris, Ganeau, 1750. (Die franz. Uebersetzung des englischen Originales.)
19. *W. G. Muys.* Musculorum artificiosa fabrica. Lugd. Batav. Bonk u. De Pecker, 1751.
20. *J. Swammerdam.* Bibel der Natur. Herausg. von H. Boerhave. Leipzig, Gleditsch, 1752.
21. *H. Baker.* Das zum Gebrauch leicht gemachte Microscopium, und L. Steiners Beschreibung seines neu erfundenen Universalmicroscopii. Zürich, Heidegger und Comp., 1753.
22. *Baker.* Beiträge zu nützlichem und vergnügendem Gebrauch und Verbesserung des Microscopii etc. Uebersetz. Augsburg, Klett, 1754.
23. *P. Lyonet.* Traité anatomique de la chenille, qui ronge le bois de saule. A la Haye, de Hondt, 1760.
24. *M. F. Ledermüller.* Mikroskopische Gemüths- und Augenergötzung. Selbstverlag, 1761.
25. *M. F. Ledermüller.* Nachlese seiner mikroskopischen Gemüths- und Augenergötzungen. Nürnberg, Winterschmidt, 1762.
26. *G. Adams.* Micrographia illustrata, or the microscope explained etc. 4. Aufl. London, 1771.
27. *M. F. Ledermüller.* Letzte Beobachtungen. Nürnberg, Winterschmidt, 1776.
28. *W. F. von Gleichen.* Auserlesene mikroskopische Entdeckungen bei den Pflanzen, Blumen und Blüthen, Insecten und andern Merkwürdigkeiten. Nürnberg, Winterschmidt, 1777.
29. *Mart. Slabber.* Natuurkundige Verlustigingen, behelzende mikroscopise Waarnemingen etc. Haarlem, Bosch, 1778.

30. *J. Hedwig*. Historia naturalis muscorum frondosorum Lipsiae, Crusius, 1782.
31. *F. Fontana*. Abhandlung über das Vipergift etc., nebst einigen Beobachtungen über den ursprünglichen Bau des thierischen Körpers. Uebersetz. Berlin, Himburg, 1787.
32. *C. Plinii Secundi* Naturalis historia edit. Franzius, Vol. IX, X. Lipsiae, Sommer, 1791.
33. *Senebier*. Ueber die vornehmsten mikroskopischen Entdeckungen in den drey Naturreichen. Mit Zusätzen von J. A. Donndorff. Leipzig, Gräff, 1795.
34. *G. Adams*. Essays on the Microscope secd. edition by Kammacher. London, 1798.
35. *J. Hedwig*. Theoria Generationis et fructificationis plantarum cryptogamicarum. Lipsiae, Breitkopf und Härtel, 1798.
36. *G. Prochaska*. Opera minora. Viennae, Wappler und Beck, 1800.
37. *Gilberts* Annalen der Physik, Bd. 38 (1811), Bd. 74 (1823).
38. *D. G. Kieser*. Grundzüge der Anatomie der Pflanzen. Jena, Cröcker, 1815.
39. *J. S. T. Gehlers* Physikalisches Wörterbuch, neu bearbeitet von Brandes, Gmelin, Horner, Muncke, Pfaff. Leipzig, Schwickert, 1825.
40. *E. H. Weber*. Hildebrandt, Handbuch der Anatomie d. M. I. Bd. Braunschweig, Schulbuchhandlung, 1830.
41. *J. A. F. Arnold*. Die neueren Erfindungen und Verbesserungen in Betreff der optischen Instrumente. Quedlinburg und Leipzig, Basse, 1833.
42. *A. Moser*. Anleitung zum Gebrauch des Mikroskopes etc. Berlin, Liebermann u. Comp., 1839
43. *Dr. Th. Schwann*. Mikroskopische Untersuchungen über die Uebereinstimmung in der Structur und dem Wachsthum der Thiere und Pflanzen. Berlin, Sander (Reimer), 1839.
44. *J. Henle*. Allgemeine Anatomie. Lehre von den Mischungs- und Formbestandtheilen des menschlichen Körpers. Leipzig, L. Voss, 1841.
45. *Dr. J. Vogel*. Anleitung zum Gebrauche des Mikroskopes etc. Leipzig, L. Voss, 1841.
46. *Todd*. Cyclopädia of Anatomy and Physiol. Vol. III. 1839—47 (1842).
47. *C. Chevalier*. Die Mikroskope und ihr Gebrauch, übersetzt von Kerstein. Quedlinburg und Leipzig. Basse, 1843.

48. *Dr. Ludwig Merz*. Die neueren Verbesserungen am Mikroskope. München, Palm, 1844.
49. *H. v. Mohl*. Mikrographie oder Anleitung zur Kenntniss und zum Gebrauche des Mikroskopes. Tübingen, L. F. Fues, 1846.
50. *A. Donné*. Die Mikroskopie als Hilfswissenschaft der Medicin. Bearbeitet von Gorup-Besanez. Erlangen, Enke, 1846.
51. *E. Brücke*. Anatom. Beschreibung des menschl. Augapfels. Berlin, 1847.
52. *C. Robin*. Du Microscope et des injectiones etc. Paris, Baillière, 1849.
53. *Dr. H. Schacht*. Die Prüfung der im Handel vorkommenden Gewebe durch das Mikroskop und durch chemische Reagentien. Berlin, G. W. F. Müller, 1853.
54. *Hannover*. Das Mikroskop, seine Construction und sein Gebrauch. Leipzig, Voss, 1854.
55. *Quekett's* practical treatise on the use of the mikroskope. 3. edit. London, 1855.
56. *Griffith and Henfrey*. The micrographic dictionary etc. London, J. v. Voorst, 1856.
57. *Friedr. Reinicke*. Beiträge zur neueren Mikroskopie. Dresden, Kuntze, 1858.
58. *Amici*. Ueber die Muskelfaser. Virchow's Archiv Bd. 16, 1859.
59. *Dr. Schacht*. Das Mikroskop und seine Anwendung insbesondere für Pflanzenanatomie. 3. Auflage. Berlin, G. W. F. Müller, 1862.
60. *Gerlach*. Die Photographie als Hülfsmittel mikroskopischer Forschung. Leipzig, 1863.
61. *H. Reinhard*. Das Mikroskop und sein Gebrauch für den Arzt. Leipzig und Heidelberg. Winter, 1864.
62. *L. S. Beale*. How to work with the microscope. 3. Aufl. London, Harrison, 1865.
63. *P. Harting*. Theorie und allgemeine Beschreibung des Mikroskopes. Deutsche Originalausgabe vom Verfasser revidirt und vervollständigt. Herausgeg. v. F. W. Theile. Zweite Aufl. Braunschweig, Vieweg, 1866.
64. *Th. v. Hessling*. Grundzüge der allgemeinen und speciellen Gewebelehre d. M. Leipzig, Engelmann, 1866.
65. *Wiesner*. Einleitung in die technische Mikroskopie. Wien, Braumüller, 1867.
66. *Nägeli und Schwendener*. Das Mikroskop. Leipzig, Engelmann, 1867.

67. *Beneke*. Die Photographie als Hülfsmittel mikroskopischer Forschung. Braunschweig, 1868.
68. *D. A. Pollender*. Wem gebührt die Priorität in der Anatomie der Pflanzen, dem Grew oder dem Malpighi? Vortrag, Naturforscherversammlung 1867. Bonn, Georgi, 1868.
69. *Pisko*. Licht und Farbe. Naturkräfte, Bd. II, R. Oldenbourg, München, 1869.
70. *H. van Heurck*. Le Mikroskope, sa construction, son maniement et son application aux études d'anatomie végétale. 2. Aufl. Anvers, Baggermann, 1869.
71. *A. Chevalier*. Catalogue des instruments d'optique 1869.
72. *J. Sachs*. Lehrbuch der Botanik. 2. Aufl. Leipzig, Engelmann, 1870.
73. *L. Lane Clarke*. Objects for the microscope. Fourth edition. London, Groombidge and sons, 1871.
74. *Ch. Robin*. Traité du microscope. Paris, Baillière et fils, 1871.
75. *H. Frey*. Das Mikroskop und die mikroskopische Technik. 4. Aufl. Leipzig 1871, Engelmann.
76. *Dr. L. Dippel*. Das Mikroskop und seine Anwendung, I. Theil. Braunschweig, Vieweg, 1872.
77. *M. Schultze*. Retina im Handbuch der Lehre von den Geweben etc., herausgegeben von L. Stricker, Bd. II. Leipzig, Engelmann, 1872.
78. *Socin* und *Klebs*. Chirurgische und pathologisch-anatomische Beiträge zur Kriegsheilkunde. Leipzig, Vogel, 1872.
79. *Zittel*. Aus der Urzeit. R. Oldenbourg, München, 1872.
80. *Dr. E. Abbe*. Beiträge zur Theorie des Mikroskopes und der mikroskopischen Wahrnehmung. Archiv für mikroskopische Anatomie. Bd. IX, 1873.
81. *S. Exner*. Leitfaden bei der mikroskopischen Untersuchung thierischer Gewebe. Leipzig, Engelmann, 1873.
82. *A de Bary*. Ueber Schimmel und Hefe. 2. Aufl. Berlin, Lüderitz, 1873.